国家级一流课程系列教材

泛函分析辅导

Functional Analysis Tutorial

杨有龙　编著

西安电子科技大学出版社

内 容 简 介

本书是学习线性泛函分析的辅导教材，也是杨有龙编著的《泛函分析引论》一书（西安电子科技大学出版社出版）的配套学习资料，内容涉及度量空间、线性赋范空间与内积空间、线性算子、线性算子的谱分析以及泛函分析应用选讲. 每章包含五部分内容：基本概念、主要结论、答疑解惑、习题扩编、习题解答.

本书各章首先对基本概念、主要结论进行归纳整理，方便学生记忆、查询检索相关知识；然后对疑难点进行深度解析，便于学生理解相关知识；最后按知识点编写相关习题及习题答案，以便学生巩固所学知识.

本书可作为数学与统计等相关专业高年级本科生、理工科低年级研究生的辅导教材，也可作为工程技术人员、高年级研究生和相关任课教师的参考书.

图书在版编目(CIP)数据

泛函分析辅导/杨有龙编著. —西安：西安电子科技大学出版社，2021.4
(2022.5 重印)
ISBN 978-7-5606-5955-8

Ⅰ. ①泛…　Ⅱ. ①杨…　Ⅲ. ①泛函分析　Ⅳ. ①O177

中国版本图书馆 CIP 数据核字(2021)第 014579 号

策　　划　刘小莉
责任编辑　曹攀　阎彬
出版发行　西安电子科技大学出版社(西安市太白南路 2 号)
电　　话　(029)88202421　88201467　　邮　　编　710071
网　　址　www.xduph.com　　电子邮箱　xdupfxb001@163.com
经　　销　新华书店
印刷单位　咸阳华盛印务有限责任公司
版　　次　2021 年 4 月第 1 版　2022 年 5 月第 2 次印刷
开　　本　787 毫米×1092 毫米　1/16　印张　11.25
字　　数　262 千字
印　　数　1001～2000 册
定　　价　30.00 元
ISBN 978-7-5606-5955-8/O

XDUP 6257001-2

作 者 简 介

杨有龙现为西安电子科技大学数学与统计学院教授、博士生导师，主讲并负责的“泛函分析”课程被评为国家级一流本科课程. 1990 年、1993 年分别在陕西师范大学数学系获理学学士学位和硕士学位，2003 年在西北工业大学获博士学位，2006 年在西安电子科技大学博士后流动站出站，2007 年作为访问学者在美国罗切斯特大学(University of Rochester)访学一年.

杨有龙已主持结题完成国家自然科学基金二项和陕西省自然科学基金一项. 2005 年获陕西高等学校科学技术奖一等奖，2006 年获陕西省科学技术奖二等奖，2008 年获陕西高等学校科学技术奖二等奖，2014 年获国家教学成果二等奖，2016 年主持的“高等数学”获国家精品资源共享课称号，主持的“数学建模”获陕西省精品资源共享课称号，2019 年负责的统计学专业获陕西省一流专业. 获得西安电子科技大学“师德标兵”“教学名师”和“优秀党员”等称号.

杨有龙现主要从事高维数据分析、概率图模型等理论与应用研究工作，主讲本科生课程“泛函分析”“高等数学”，研究生课程“应用泛函分析”“高维统计”以及“现代数据分析”等，授课力求深入浅出、循序渐进、形象生动，重视知识学习与能力提高，强调数学思维的教育与培养，深受学生喜欢.

前　言

泛函分析综合函数论、几何和代数的观点与方法研究无穷维向量空间上的函数、算子和极限理论，强有力地推动着其他学科的发展，例如它在微分方程、概率论、函数论、连续介质力学、量子物理、计算数学、控制论、最优化理论等学科中都有重要的应用. 泛函分析的观点和方法已经渗入到不少工程技术性的学科之中，并起着重要的作用. 泛函分析已经成为进一步从事高水平理论研究和应用研究必需的知识储备.

然而泛函分析的教学却是“学然后知不足，教然后知困”，高度抽象的纯粹理论知识教学，往往更需要提升学生的学习兴趣，激发学生的求知欲. 如何提升学习兴趣、激发求知欲？如何引导学生加强自主学习？如何引导学生探究式学习？多年来作者不断探索，仍感觉泛函分析的教学效果还有较大的提升空间，特别需要为学生的自主学习、探究式学习提供必需的辅导资料. 为此，我们编写了本书，本书各章均包括基本概念、主要结论、答疑解惑、习题扩编、习题解答五个部分. 其中：“基本概念”与“主要结论”部分集中展示了相关概念、结论等(定义、定理编号与教材一致)，便于学生梳理知识，整体把握内容框架；“答疑解惑”部分澄清了易混概念和结论，便于学生延伸增加相关内容，扩大知识面；“习题扩编”与“习题解答”部分针对不同层次的教学需求，扩编了原有习题，并提供了详尽的参考解答，便于学生自我测试和检查对比.

本书共五章. 第一章和第二章涉及度量空间、线性赋范空间与内积空间. 第三章为线性算子，涉及线性算子的主要结论和重要定理. 第四章为线性算子的谱分析，涉及伴随算子、正则算子以及紧算子等算子的性质与谱分析. 第五章为泛函分析应用选讲，涉及不动点定理、延拓定理的应用、凸集分离定理以及最佳逼近定理等内容. 本书由杨有龙执笔，经过反复斟酌、修改后定稿. 本书中所有矩阵、矢量、向量等，统一看成集合或空间中的元素，不再以黑斜体表示.

本书在编写过程中得到了相关授课教师、研究生助教的支持，他们对本书的编写提出了许多宝贵的建议和修改意见. 本书也吸纳了作者授课班级学生提出的建议和修改意见. 本书的出版得到了西安电子科技大学出版社领导以及曹攀、刘小莉编辑等的大力支持，作者在此一并表示感谢.

由于作者水平有限，书中难免存在不妥之处，恳请读者批评指正(作者的工作邮箱：ylyang@mail. xidian. edu. cn)，再版时会及时更正.

杨有龙

2021 年 1 月

目　　录

第一章 度 量 空 间

1.1 基 本 概 念

本章涉及的基本概念：度量空间、拓扑空间、可分的度量空间、完备的度量空间、同构空间、紧空间；有界集、稠密子集、可分点集、完备集、列紧集、紧集、全有界集；一致连续、基本列、ε 网、开覆盖.

定义 1.1.1 度量空间(Metric Space)

设 X 为一非空集合，若存在二元映射 $d: X\times X\to\mathbb{R}$，使得 $\forall x, y, z\in X$，满足以下三个条件：

(1) **非负性(Positivity)**：$d(x, y)\geqslant 0$ 且 $d(x, y)=0$ 当且仅当 $x=y$；

(2) **对称性(Symmetry)**：$d(x, y)=d(y, x)$；

(3) **三角不等式(Triangle Inequality)**：$d(x, y)\leqslant d(x, z)+d(z, y)$，

则称 d 为 X 上的一个**距离函数**，称(X, d)为**距离空间**或**度量空间**，称 $d(x, y)$为 x 和 y 两点间的距离.

定义 1.2.1 邻域(Neighbourhood)

设(X, d)是度量空间，$x_0\in X$，$\delta>0$，称集合 $O(x_0, \delta)=\{x\mid d(x, x_0)<\delta, x\in X\}$为以 x_0 为中心、δ 为半径的**开球**，或 x_0 的一个 δ **邻域**，如果不特别强调半径，用 $O(x_0)$表示 x_0 的**邻域**；称 $\overline{O}(x_0, \delta)=\{x\mid d(x, x_0)\leqslant\delta, x\in X\}$为以 x_0 为中心、δ 为半径的**闭球**.

定义 1.2.2 内点(Interior Point)、开集(Open Set)与闭集(Closed Set)

设(X, d)是度量空间，$x_0\in G\subset X$，若存在 x_0 的 δ 邻域 $O(x_0, \delta)\subset G$，则称点 x_0 为 G 的**内点**，称 G 的全体内点所构成的集合为 G 的内部，表示为 $\mathrm{int}G$ 或者 G°. 如果 G 中的每个点均是它的内点，即 $\mathrm{int}G=G$，则称 G 为**开集**. 并规定空集 ϕ 为开集，对于 $F\subset X$，若 F 的补集 $F^C=X\backslash F$ 是开集，则称 F 为**闭集**.

定义 1.2.3 聚点(Accumulation Point)与闭包(Closure)

设(X, d)是度量空间，$A\subset X$，$x_0\in X$，如果在 x_0 的任意 δ 邻域 $O(x_0, \delta)$内含有 A 中异于 x_0 的点，则称 x_0 是 A 的一个**聚点**或极限点. A 的全体聚点所构成的集合称为 A 的**导集**，记为 A'，$A\cup A'$称为 A 的**闭包**，记为 $\overline{A}$ 或者 $\mathrm{cl}A$.

定义 1.2.4 拓扑空间(Topological Space)

设 X 是一个非空集合，如果 τ 是 X 的一个子集族，且满足如下条件：

(1) 空集 ϕ 和 X 都属于 τ；

(2) τ 内任意多个集合的并集都仍然属于 τ；

(3) τ 内任意两个集合的交集也仍然属于 τ，

则称子集族 τ 为 X 的拓扑，(X, τ)为一个拓扑空间，在不引起混乱的情形下简记为 X. τ 内的集合称为拓扑空间的开集，X 中的元素称为点.

定义 1.2.5　拓扑空间中的邻域和闭集(Neighbourhood and Closed Set of Topological Space)

设(X, τ)是一个拓扑空间，点 $x \in X$，U 为 X 的子集，若存在 $G \in \tau$，使得 $x \in G \subset U$，则称 U 为 x 的邻域. 设 F 为 X 的子集，如果存在 $G \in \tau$，使得 $G = F^{C} = X \backslash F$，则称 F 为拓扑空间 X 的闭集.

定义 1.2.6　离散拓扑空间(Discrete Topological Space)

设 X 是一个非空集合，τ 由 X 的所有子集构成，容易验证 τ 是 X 的一个拓扑，称之为 X 的离散拓扑，并且称拓扑空间(X, τ)为一个离散拓扑空间. 在离散拓扑空间(X, τ)中，X 的每一个子集既是开集，又是闭集.

定义 1.2.7　Hausdorff 空间(Hausdorff Space)

设(X, τ)是一个拓扑空间，如果 X 中任意两个不同的点都有不相交的邻域，则称 X 为 Hausdorff 拓扑空间.

定义 1.3.1　点列的极限(Limit of Sequence)

设(X, d)是度量空间，$x \in X$，$\{x_n\}$是 X 中的点列，若$\lim\limits_{n \to \infty} d(x_n, x) = 0$，则称点列$\{x_n\}$收敛于 x，即点列$\{x_n\}$**收敛**(Convergence)，且称 x 为点列$\{x_n\}$的**极限**，记作

$$\lim_{n \to \infty} x_n = x \text{ 或 } x_n \xrightarrow{d} x \text{ 或 } x_n \to x (n \to \infty).$$

用"$\varepsilon - N$"语言描述$\{x_n\}$收敛于 x：$\forall \varepsilon > 0$，$\exists N \in \mathbb{N}$，当 $n > N$ 时，恒有 $d(x_n, x) < \varepsilon$ 成立. 若点列$\{x_n\}$不收敛，则称其**发散**(**Divergence**).

定义 1.3.2　子空间(Subspace)与集合的直径(Diameter of a Set)

设(X, d)为度量空间，$A \subset X$，若将距离限制在 $A \times A$ 上，显然 A 也是一个度量空间，称其为 X 的**子空间**. 若 $x \in X$，$A \subset X$，则**点 x 到 A 的距离**定义为

$$d(x, A) = \inf_{y \in A} \{d(x, y)\}.$$

集合 A 的直径(Diameter)定义为

$$\text{dia}A = \sup_{x, y \in A} \{d(x, y)\}.$$

若 $\text{dia}A$ 有限，则称 A 为**有界集**；若 $\text{dia}A = +\infty$，则称 A 为**无界集**.

定义 1.3.3　连续(Continuous)与一致连续(Uniformly Continuous)

设(X, d)，(Y, ρ)是两个度量空间，f 是这两个度量空间之间的一个映射 $f: X \to Y$.

(1) 关于 $x_0 \in X$，如果 $\forall \varepsilon > 0$，$\exists \delta > 0$，当 $x \in X$ 且 $d(x, x_0) < \delta$ 时，有 $\rho(f(x), f(x_0)) < \varepsilon$，则称 f 在点 x_0 处**连续**. 若 f 在 X 的每一点处都连续，则称映射 f 在 X 上连续.

(2) 如果 $\forall \varepsilon > 0$，$\exists \delta > 0$，$\forall x, y \in X$，当 $d(x, y) < \delta$ 时，有 $\rho(f(x), f(y)) < \varepsilon$，则称 f 在 X 上**一致连续**.

定义 1.4.1　稠密(Dense)

设 X 是度量空间，A，$B\subset X$，如果 B 中任意点 $x\in B$ 的任何邻域 $O(x, \delta)$ 内都含有 A 的点，则称 A 在 B 中**稠密**. 若 $A\subset B$，通常称 A 是 B 的**稠密子集**.

定义 1.4.2　可分的度量空间(Separable Metric Space)

设 X 是度量空间，$A\subset X$，如果 A 存在可列的稠密子集，则称 A 是**可分点集**或**可析点集**. 当度量空间 X 本身是可分点集时，称 X 是可分的度量空间.

定义 1.5.1　基本列(Fundamental Sequence)

设 $\{x_n\}$ 是度量空间 X 中的一个点列，若对任意 $\varepsilon>0$，存在 $N\in\mathbb{N}$，当 m，$n>N$ 时，有 $d(x_m, x_n)<\varepsilon$，则称 $\{x_n\}$ 是 X 中的一个**基本列**(或 Cauchy 列).

定义 1.5.2　完备的度量空间(Complete Metric Space)

设 (X, d) 是度量空间，$M\subseteq X$，若 M 中的任何基本列都收敛，且收敛点属于 M，则称 M 是度量空间 X 的完备集(Complete Set). 若 X 是完备集，则称 X 是**完备的度量空间**.

定义 1.5.3　同构映射(Isomorphic Mapping)与同构空间(Isomorphic Space)

设 (X, d)，(Y, ρ) 是度量空间，如果存在一一映射 $T: X\to Y$，使得 $\forall x_1$，$x_2\in X$，有 $d(x_1, x_2)=\rho(Tx_1, Tx_2)$，则称 T 是 X 到 Y 上的**同构映射**，称 X 与 Y 是**同构空间**或**等距同构空间**，记为 $X\cong Y$.

定义 1.6.1　列紧集(Relatively Compact Set)、紧集(Compact Set)与紧空间(Compact Space)

设 X 是度量空间，$A\subset X$，如果 A 中任何点列都有收敛于 X 的子列，则称 A 为**列紧集**或**致密集**或**相对紧集**；如果 A 是列紧集，也是闭集，则称 A 为**紧集**；如果 X 本身是列紧集(必是闭集)，则称 X 为**紧空间**.

定义 1.7.1　ε 网(ε - Net)

设 X 是度量空间，A，$B\subset X$，给定 $\varepsilon>0$，如果对于 B 中任何点 x，必存在 A 中点 x'，使得 $d(x, x')<\varepsilon$，则称 A 是 B 的一个 **ε 网**，即 $B\subset\bigcup\limits_{x\in A} O(x, \varepsilon)$.

定义 1.7.2　全有界集(Totally Bounded Set)

设 X 是度量空间，$A\subset X$，如果对于任给的 $\varepsilon>0$，总存在 A 的一个**有限 ε 网**，则称 A 是 X 中的**全有界集**.

定义 1.8.1　开覆盖(Open Cover)

设 X 是度量空间，Λ 为一指标集，$A\subset X$，$\forall\lambda\in\Lambda$，G_λ 是 X 的开子集，如果 $A\subset\bigcup\limits_{\lambda\in\Lambda} G_\lambda$，则称 $\{G_\lambda\mid\lambda\in\Lambda\}$ 是 A 的**开覆盖**.

1.2　主要结论

定理 1.2.3　设 (X, d) 是度量空间，$x_0\in X$，$A\subset X$，那么下面的命题成立：

(1) $x_0\in A'$ 当且仅当存在 $\{x_n\}\subset A$，使得 $\lim\limits_{n\to\infty} x_n=x_0$.

(2) $\overline{A}$ 是闭集.

(3) A 是闭集当且仅当 $A=\overline{A}$.

(4) 若存在闭集 $F\subset X$，使得 $A\subset F$，则 $A\subset\overline{A}\subset F$.

定理 1.3.1　(极限的性质)设(X, d)是度量空间，$\{x_n\}$是 X 中的一个点列.

(1) 若点列$\{x_n\}$收敛，则其极限唯一.

(2) 若点列 $x_n\to x_0(n\to\infty)$，则$\{x_n\}$的任何子列 $x_{n_k}\to x_0(k\to\infty)$.

(3) 若将收敛点列$\{x_n\}$看作是 X 的子集，则它是有界的.

定理 1.3.2　(连续的等价条件)设(X, d)，(Y, ρ)是两个度量空间，$f: X\to Y$，$x_0\in X$，则下列各命题等价.

(1) 映射 f 在 x_0 点连续.

(2) 对于 $f(x_0)$的任一邻域 $O(f(x_0), \varepsilon)$，都存在 x_0 的一个邻域 $O(x_0, \delta)$，使得

$$f[O(x_0, \delta)]\subset O(f(x_0), \varepsilon).$$

(3) 对于 X 中的任意点列$\{x_n\}\subset X$，若 $x_n\to x_0(n\to\infty)$，则有

$$f(x_n)\to f(x_0)(n\to\infty),$$

即由$\lim\limits_{n\to\infty}x_n=x_0$ 可得$\lim\limits_{n\to\infty}f(x_n)=f(x_0)$.

定理 1.3.3　(连续的充要条件) 设(X, d)，(Y, ρ)是两个度量空间，那么映射 $f: X\to Y$ 是连续映射的充分必要条件是，对 Y 中的任一开集 G，其原像

$$f^{-1}(G)=\{x\mid x\in X, f(x)\in G\}$$

是开集.

定理 1.4.1　设(X, d)是度量空间，$A, B\subset X$，则下列各命题等价.

(1) A 在 B 中稠密.

(2) $\forall x\in B$，$\exists\{x_n\}\subset A$，使得$\lim\limits_{n\to\infty}d(x_n, x)=0$.

(3) $B\subset\overline{A}$.

(4) 任取 $\delta>0$，有 $B\subset\bigcup\limits_{x\in A}O(x, \delta)$.

定理 1.4.2　(稠密集的传递性)设 X 是度量空间，$A, B, C\subset X$，若 A 在 B 中稠密，B 在 C 中稠密，则 A 在 C 中稠密.

性质 1.4.1　设 $1\leqslant p<+\infty$，将 $C[a, b]$与 $B[a, b]$看成空间 $L^p[a, b]$的子空间，则

(1) $C[a, b]$在 $B[a, b]$中稠密.

(2) $B[a, b]$在 $L^p[a, b]$中稠密.

(3) $C[a, b]$在 $L^p[a, b]$中稠密.

推论 1.4.1　设 X 是度量空间，$Y\subset X$ 是不可列子空间，且存在 $\delta>0$，$\forall x, y\in Y$，满足 $d(x, y)\geqslant\delta$，则 X 不是可分空间.

定理 1.5.1　(基本列的性质) 设(X, d)是度量空间，则

(1) 如果点列$\{x_n\}$收敛，则$\{x_n\}$是基本列.

(2) 如果点列$\{x_n\}$是基本列，则$\{x_n\}$有界.

(3) 如果基本列$\{x_n\}$含有收敛子列$\{x_{n_k}\}$，即$\lim\limits_{k\to\infty}x_{n_k}=x_0$，则$\lim\limits_{n\to\infty}x_n=x_0$.

定理 1.5.2　(闭球套定理)设(X, d)是完备的度量空间，$B_n=\overline{O}(x_n, \delta_n)$是一套闭球，即

$$B_1\supset B_2\supset\cdots\supset B_n\supset\cdots,$$

如果球的半径 $\delta_n\to 0(n\to\infty)$，那么存在唯一的点 $x\in\bigcap\limits_{n=1}^{\infty}B_n$.

定理 1.5.3 设(X, d)是完备的度量空间，则$M\subset X$是完备集当且仅当M是闭集.

定理 1.6.1 设(X, d)是度量空间，$A\subset X$，则下列各命题成立.

(1) 任何有限集必是紧集.

(2) 列紧集的子集是列紧集.

(3) 任意多个列紧集的交是列紧集；有限多个列紧集的并是列紧集.

(4) 列紧集必是有界集，反之不真.

(5) A是X的列紧集当且仅当它的闭包$\overline{A}$是紧集.

推论 1.6.1 设X为紧空间，$A\subset X$，则

(1) 紧空间是有界空间.

(2) 紧空间是完备空间.

(3) A是紧集当且仅当A是闭集.

定理 1.6.2 设A是n维欧氏空间$\mathbb{R}^n$的一个子集，则

(1) A是列紧集当且仅当A是有界集.

(2) A是紧集当且仅当A是有界闭集.

引理 1.6.1 设f是从度量空间(X, d)到(Y, ρ)上的连续映射(这里的映射也称为算子)，A是X中的紧集，那么$f(A)$是Y中的紧集.

定理 1.6.3 (最值定理) 设A是度量空间X中的紧集，f是定义在X上的实值连续映射(这里的映射也称为泛函)，即$f: X\to\mathbb{R}$，那么f在A上取得最大值与最小值.

定理 1.7.1 (全有界集的特性) 设X是度量空间，$A\subset X$，若A是全有界集，则

(1) A是有界集.

(2) A是可分集.

定理 1.7.2 (全有界的充要条件) 设X是度量空间，$A\subset X$，则A是全有界集当且仅当A中的任何点列必有基本子列.

定理 1.7.3 (Hausdorff 定理) 设X是度量空间，$A\subset X$，那么下列结论成立.

(1) 若A是列紧集，则A是全有界集.

(2) 若X是完备的度量空间，则A是列紧集当且仅当A是全有界集.

定理 1.7.4 设X是度量空间，A是X的紧子集，则A的任何子集均是有界集，也是可分集.

定理 1.8.1 设X是度量空间，$A\subset X$，A是紧集当且仅当A的任意开覆盖存在有限开覆盖.

性质 1.8.1 设X是紧空间，$f: X\to\mathbb{R}$为连续映射，则f为一致连续映射.

性质 1.8.2 设(X, d)为度量空间，则X为紧空间的充要条件是：对X中的任意闭集族$\{F_\lambda \mid \lambda\in\Lambda\}$，若其中任意有限个闭集$F_\lambda$的交集都为非空集，则$\bigcap\limits_{\lambda\in\Lambda}F_\lambda$也必为非空集.

1.3 答疑解惑

1. 为什么要引入度量空间的概念？

答 度量空间是非空集合上两个元素之间的距离空间，它为数学研究提供统一的舞台和基础. 通过度量空间可建立邻域、开集、极限等概念，从而探索度量空间上的可分性、完

备性和紧性.

十九世纪后半叶至二十世纪初，数学思想和方法逐步转化为探求一般性、统一性和公理化，这也是二十世纪数学研究的特征之一. 1874 年德国数学家康托(Georg Cantor)创立了集合论，1887 年意大利数学家沃尔泰拉(Vito Volterra)提出将定义在某个区间上的函数全体看作一个集合，1897 年法国数学家哈达马(Jacques Hadamard)指出“值得去研究由函数构成集合的性质，这样的集合可能具有不同于数集或 n 维空间中点集的性质”. 1902 年法国数学家勒贝格(Henri Lebesgue)在点集测度的基础上建立了“勒贝格积分”理论. 1906 年法国数学家弗雷歇(Maurice Fréchet)在其博士论文中引入了集合 V，V 中任意两个元素 A 和 B 对应一个实数 (A, B)，满足 $(A, B)=(B, A)\geqslant 0$，$(A, B)=0$ 当且仅当 $A=B$，存在定义在正实数上的取值为正的函数 $f(\varepsilon)$，$\lim\limits_{\varepsilon\to 0}f(\varepsilon)=0$，使得当 $(A, B)\leqslant\varepsilon$ 且 $(B, C)\leqslant\varepsilon$ 时，有 $(A, C)\leqslant f(\varepsilon)$，可以看出，集合 V 与现在的度量空间已很接近，是度量空间的雏形. 弗雷歇的论文不仅为泛函分析学科的建立提供了基础，而且在文中引入的“可分性”“完备性”和“紧性”等概念对点集拓扑学也产生了重要影响.

2. 度量空间和拓扑空间的区别是什么？

答 度量空间：通过在非空集合上建立两个元素之间的距离，引出了邻域、开集的概念. 拓扑空间：通过在非空集合上建立开集族，引出了邻域、闭集的概念. 度量空间是一类特殊的拓扑空间，拓扑空间是度量空间的进一步抽象和推广，不是任何拓扑空间都是可以赋予度量的.

3. 度量空间中的收敛点列和微积分中的收敛点列的区别是什么？

答 微积分中的收敛点列 $\lim\limits_{n\to\infty}x_n=x_0$ 定义为：$\forall\varepsilon>0$，$\exists N\in\mathbb{N}$，当 $n>N$ 时，恒有 $|x_n-x|<\varepsilon$ 成立. 这里我们默认的“距离”就是 $d(x_n, x)=|x_n-x|$. 度量空间 (X, d) 中的收敛点列 $\lim\limits_{n\to\infty}x_n=x_0$ 定义为：$\forall\varepsilon>0$，$\exists N\in\mathbb{N}$，当 $n>N$ 时，恒有 $d(x_n, x)<\varepsilon$ 成立. 这里的“距离”就是指度量空间 d. 因此当回答极限 $\lim\limits_{n\to\infty}\frac{1}{n}=0$ 是否成立时，一定要清楚使用哪一种度量。若是离散度量空间 $(\mathbb{R}, d_0)$ 中的极限，则 $\lim\limits_{n\to\infty}\frac{1}{n}$ 不存在极限；若是欧氏度量空间 $(\mathbb{R}, d)$ 中的极限，则 $\lim\limits_{n\to\infty}\frac{1}{n}=0$ 成立.

4. 两个可分的度量空间 (X, d) 和 (Y, ρ) 等距同构吗？

答 度量空间可分是指其含有可列的稠密子集. 例如，欧氏空间 $(\mathbb{R}, d)$ 可分，是因为含有可列稠密子集——有理数集 $\mathbb{Q}$. 有理数集 $\mathbb{Q}$ 上的离散度量空间 $(\mathbb{Q}, d_0)$ 也是可分的. 由集合论的知识可知 $\mathbb{R}$ 与 $\mathbb{Q}$ 之间不可能存在一一映射，因此 $(\mathbb{R}, d)$ 与 $(\mathbb{Q}, d_0)$ 不可能等距同构.

5. “任何一个度量空间都可完备化”是什么意思？

答 对于给定的度量空间 (X, d)，若其任何基本列均收敛，则 (X, d) 是完备的度量空间，否则就不完备. 完备化定理告诉我们，对于不完备的度量空间 (X, d)，存在完备的度量空间 $(\hat{X}, \rho)$，使得在 $\hat{X}$ 中含有与 X 等距同构且在 $\hat{X}$ 中稠密的子空间 (Y, ρ)，这时就称 $\hat{X}$ 是 X 的一个完备化空间.

例如，连续函数空间 $C[a,b]$ 在度量 $d(f,g)=\max\limits_{t\in[a,b]}|f(t)-g(t)|$ 下是完备的. 由 $e^x=\sum\limits_{n=0}^{\infty}\frac{x^n}{n!}$ 知存在多项式函数列的极限不是多项式函数，所以实系数多项式函数空间 $P[a,b]$ 不完备. 由 Weierstrass 逼近定理知，多项式函数空间 $P[a,b]$ 在连续函数空间 $C[a,b]$ 中稠密. 因此，$C[a,b]$ 是 $P[a,b]$ 的完备化空间.

6. 由定理 1.5.3 知，完备度量空间的闭子集一定完备. 如果度量空间 (X,d) 的任意闭子集完备，那么 X 完备吗?

答　X 完备. 反证法证明：假设 X 不完备，则存在 Cauchy 列 $\{x_n\}\subset X$ 不是收敛列. 记 $M=\{x_n\}_{n=1}^{\infty}$，由于 M 没有收敛点，因此 M 是闭集，但 M 不完备，这与条件 X 的任意闭子集完备相矛盾，故 X 完备.

7. 从点列的角度如何刻画集合紧、列紧和全有界?

答　度量空间 (X,d) 的子集 A 紧是指 A 中任何点列都有收敛于 A 的子列. A 列紧是指 A 中任何点列都有收敛于 X 的子列. A 全有界是指 A 中的任何点列必有基本子列. 因此，紧集必是列紧集，列紧集必是全有界集.

8. 在非空集合 X 上有两个度量 d 和 ρ，$\forall\{x_n\}\subset X$，若

$$\lim_{n\to\infty}d(x_n,x_0)=0 \text{ 等价于} \lim_{n\to\infty}\rho(x_n,x_0)=0,$$

则称 X 上的度量 d 和 ρ 等价. 若 d 和 ρ 是非空集合 X 上的等价度量，那么在度量空间 (X,d) 和 (X,ρ) 之间一定存在等距同构映射吗?

答　不一定. 在实数域 $\mathbb{R}$ 上定义度量，$\forall x,y\in\mathbb{R}$，令

$$d(x,y)=|x-y|,\ \rho(x,y)=\frac{|x-y|}{1+|x-y|},$$

易验证 $(\mathbb{R},d)$、$(\mathbb{R},\rho)$ 均为度量空间. 由于 $\rho(x,y)\leqslant d(x,y)$，以及当 $|x-y|<1$ 时，有 $d(x,y)\leqslant 2\rho(x,y)$，因此 $\mathbb{R}$ 上的度量 d 和 ρ 等价.

假设 $(\mathbb{R},d)$ 和 $(\mathbb{R},\rho)$ 存在等距同构映射 φ，则 $\forall x,y\in\mathbb{R}$，有

$$d(x,y)=\rho(\varphi(x),\varphi(y)).$$

令 $x_n=n$，$x_0=0$，则 $d(x_n,x_0)=n\to\infty$，而 $\rho(\varphi(x_n),\varphi(x_0))\leqslant 1$，这与等距同构相矛盾，故在度量空间 (X,d) 和 (X,ρ) 之间不存在等距同构映射.

9. 设 X 是线性空间且 (X,d) 为度量空间(即度量线性空间)，如果点列 $\lim\limits_{n\to\infty}x_n=x_0$ 以及 $\lim\limits_{n\to\infty}y_n=y_0$，那么 $\lim\limits_{n\to\infty}(x_n+y_n)=x_0+y_0$?

答　不一定. ① 在实数域 $\mathbb{R}$ 上定义度量，$\forall x,y\in\mathbb{R}$，令

$$d(x,y)=\begin{cases}0, & x=y,\\ \max\{|x|,|y|\}, & x\neq y,\end{cases}$$

易验证 $(\mathbb{R},d)$ 为度量空间. 取点列 $x_n=1$，$y_n=-\frac{1}{n}$，则

$$\lim_{n\to\infty}d(x_n,1)=0,\ \lim_{n\to\infty}d(y_n,0)=\lim_{n\to\infty}\frac{1}{n}=0,$$

即 $\lim\limits_{n\to\infty}x_n=x_0=1$ 以及 $\lim\limits_{n\to\infty}y_n=y_0=0$，但是

$$\lim_{n\to\infty}d(x_n+y_n,x_0+y_0)=\lim_{n\to\infty}d\left(1-\frac{1}{n},1\right)=1,$$

因此$\lim\limits_{n\to\infty}(x_n+y_n)\neq x_0+y_0$.

② 如果度量满足平移不变性：

$$\forall x, y, z\in X, d(x+z, y+z)=d(x, y),$$

则有

$$\begin{aligned}d(x_n+y_n, x_0+y_0)&\leqslant d(x_n+y_n, x_0+y_n)+d(x_0+y_n, x_0+y_0)\\&=d(x_n, x_0)+d(y_n, y_0),\end{aligned}$$

于是由点列$\lim\limits_{n\to\infty}x_n=x_0$ 以及$\lim\limits_{n\to\infty}y_n=y_0$ 可得$\lim\limits_{n\to\infty}(x_n+y_n)=x_0+y_0$.

10. 设空间 $C[0, 1]$和 $C[a, b]$上的度量分别为

$$d(x, y)=\max_{0\leqslant t\leqslant 1}|x(t)-y(t)| \text{ 和 } \rho(x, y)=\max_{a\leqslant t\leqslant b}|x(t)-y(t)|,$$

那么在等距同构意义下，空间 $C[0, 1]$和 $C[a, b]$是同一个度量空间吗？

答 在等距同构意义下，空间 $C[0, 1]$和 $C[a, b]$是同一个度量空间. 设映射

$$\varphi(t)=\frac{t-a}{b-a}:[a, b]\to[0, 1], Tx=x\circ\varphi:C[0, 1]\to C[a, b],$$

于是$\forall x, y\in C[0, 1]$，有

$$\begin{aligned}\rho(Tx, Ty)&=\max_{a\leqslant t\leqslant b}|Tx(t)-Ty(t)|=\max_{a\leqslant t\leqslant b}\left|x\left(\frac{t-a}{b-a}\right)-y\left(\frac{t-a}{b-a}\right)\right|\\&=\max_{0\leqslant t\leqslant 1}|x(t)-y(t)|=d(x, y).\end{aligned}$$

可见当 $Tx=Ty$ 时，必有 $d(x, y)=\rho(Tx, Ty)=0$，所以 T 是单射. 当 $z(t)\in C[a, b]$时，有 $z\circ\varphi^{-1}\in C[0, 1]$以及 $T(z\circ\varphi^{-1})=z$，所以 T 是满射. 因此 T 是从空间 $C[0, 1]$到 $C[a, b]$上的等距同构映射.

11. 设 F 是度量空间 X 中的闭集，是否存在开集族$\{G_n\}_{n=1}^{\infty}$，使得 $F=\bigcap\limits_{n=1}^{\infty}G_n$？

答 是. 令 $G_n=\left\{x\in X \,\middle|\, d(x, F)<\dfrac{1}{n}\right\}$，其中 $n=1, 2, \cdots$，显然 G_n 是 X 中的开集，且 $F\subseteq G_n$，所以 $F\subseteq\bigcap\limits_{n=1}^{\infty}G_n$.

对于任意的 $x_0\in\bigcap\limits_{n=1}^{\infty}G_n$，有 $0\leqslant d(x_0, F)<\dfrac{1}{n}$，其中 $n=1, 2, \cdots$，于是知 $x_0\in F'$，因为 F 是闭集，所以 $x_0\in F$，即 $F\supseteq\bigcap\limits_{n=1}^{\infty}G_n$.

综上可得，$F=\bigcap\limits_{n=1}^{\infty}G_n$.

12. 度量空间诱导的拓扑空间是 Hausdorff 空间，所以度量空间中任意两点均可被不相交的邻域分开，那么对于度量空间 X 中任意两个子集 E，F，若

$$d(E, F)=\inf\{d(x, y)\mid x\in E, y\in F\}>0,$$

是否存在不相交的开集 G 和 D，使得 $E\subseteq G$ 和 $F\subseteq D$？

答 是. 对于任意的 $x\in E$，记 $\delta_x=\dfrac{1}{2}d(x, F)$，令

$$G=\bigcup_{x\in E}O(x, \delta_x),$$

显然 G 是开集且 $E\subseteq G$. 同理可构造开集 $D=\bigcup\limits_{y\in F}O(y, \delta_y)$，$\delta_y=\dfrac{1}{2}d(y, E)$，同样有 D 是

开集且 $F\subseteq D$.

假设存在 $p\in G\cap D$，则有 $x\in E$ 和 $y\in F$，使得 $p\in O(x, \delta_x)$ 和 $p\in O(y, \delta_y)$，于是

$$d(x, p)<\delta_x=\frac{1}{2}d(x, F), \ d(y, p)<\delta_y=\frac{1}{2}d(y, E),$$

所以

$$d(x, y)\leqslant d(x, p)+d(p, y)<\frac{1}{2}[d(x, F)+d(y, E)].$$

因为 $d(x, F)\leqslant d(x, y)$，$d(y, E)\leqslant d(y, x)$，所以

$$d(x, y)\geqslant\frac{1}{2}[d(x, F)+d(y, E)]>d(x, y),$$

显然 $d(x, y)\geqslant d(E, F)>0$，产生矛盾，故 $G\cap D=\phi$，即 G 与 D 不相交.

1.4 习题扩编

◇知识点 1.1　度量空间的定义

1. 在全体实数 $\mathbb{R}$ 上定义两个二元映射 $\rho(x, y)=(x-y)^2$ 和 $d(x, y)=\sqrt{|x-y|}$，证明

(1) $(\mathbb{R}, \rho)$ 不是度量空间.

(2) $(\mathbb{R}, d)$ 是度量空间.

2. 设 $f(x)$ 是实数 $\mathbb{R}$ 上的实值连续函数，$\forall x, y\in\mathbb{R}$ 定义 $d(x, y)=|f(x)-f(y)|$，证明 $(\mathbb{R}, d)$ 是度量空间当且仅当 $f(x)$ 为严格单调函数.

3. 设 (X, ρ) 为度量空间，f：$[0, +\infty]\to[0, +\infty]$ 为严格单调递增函数，且满足 $\forall x, y\in[0, +\infty]$，$f(0)=0$，$f(x+y)\leqslant f(x)+f(y)$. 令 $d(x, y)=f(\rho(x, y))$，证明 (X, d) 为度量空间.

4. 设 (X, d) 为度量空间，证明 $\forall x, y, z, w\in X$，

$$|d(x, z)-d(y, w)|\leqslant d(x, y)+d(z, w).$$

5. 设全体实数列组成的集合为 $X=\{(x_1, x_2, x_3, \cdots, x_n, \cdots)\mid x_i\in\mathbb{R}, i=1, 2, \cdots\}$，定义

$$d(x, y)=\sum_{k=1}^{\infty}\frac{1}{2^k}\frac{|x_k-y_k|}{1+|x_k-y_k|},$$

其中 $x=(x_1, x_2, x_3, \cdots, x_n, \cdots)$ 及 $y=(y_1, y_2, y_3, \cdots, y_n, \cdots)\in X$，证明 (X, d) 为度量空间.

6. 设 $X(n)$ 为由 0 和 1 组成的 n 维有序数组，例如

$$X(3)=\{000, 001, 010, 011, 100, 101, 110, 111\},$$

对于任意的 $x, y\in X(n)$，定义 $d(x, y)$ 为 x 和 y 中取值不同的个数，例如在 $X(3)$ 中，

$$d(110, 111)=1, \ d(010, 010)=0, \ d(010, 101)=3.$$

证明 $(X(n), d)$ 为度量空间.

7. 设 (X, d_1)、(X, d_2) 为同一非空集合 X 上的两个度量空间，证明存在 X 上的度量

空间(X, ρ)，使得$\forall x, y\in X$，满足$\rho(x, y)>d_1(x, y)$以及$\rho(x, y)>d_2(x, y)$.

8. 设(X, d_1)、(X, d_2)为同一非空集合X上的两个度量空间，举例说明不存在X上的度量空间(X, ρ)，使得$\forall x, y\in X$，满足$\rho(x, y)<d_1(x, y)$以及$\rho(x, y)<d_2(x, y)$.

◇知识点 1.2 度量空间的拓扑性质

9. 设(X, d)为度量空间，$A\subset X$且$A\neq\phi$，证明A是开集当且仅当A为开球的并.

10. 设A是度量空间X的子集，证明

(1) $X\backslash\overline{A}=\text{int}(X\backslash A)$.

(2) $X\backslash\text{int}A=\overline{X\backslash A}$.

11. 设A是度量空间X的子集，$\{U_i\}$是X的一簇开集且$A\subset U_{U_i}$，$U\in\{U_i\}$，证明A是开集当且仅当$\forall U\in\{U_i\}$，$A\cap U$是开集.

12. 设A是度量空间X的子集，如果$\forall a\in A$，存在X的开集U_a，使得$a\in U_a$且$U_a\cap A$是U_a的闭子集，则称度量空间X的子集A是局部闭集. 证明A是X的局部闭集当且仅当存在X的开集U和闭集C，使得$A=C\cap U$.

13. 设A是度量空间X的子集，证明

(1)若$G\subseteq A$，G是开集，则$G\subseteq\text{int}A$.

(2)若$A\subseteq F$，F是闭集，则$\overline{A}\subseteq F$.

14. 设A是度量空间X的子集，称$\overline{A}\backslash\text{int}A$为$A$的边界，记为$\partial A=\overline{A}\backslash\text{int}A$. 证明

(1) A是X的闭集当且仅当$\partial A\subseteq A$.

(2) $\partial A=\overline{A}\cap\overline{X\backslash A}=\partial(X\backslash A)$.

15. 设A是度量空间X的子集，证明$X=\text{int}A\cup\partial A\cup\text{int}(X\backslash A)$，其中$\text{int}A$，$\partial A$，$\text{int}(X\backslash A)$互不相交.

◇知识点 1.3 度量空间中的极限与连续

16. 设(X, d)为度量空间，$A\subset X$且$A\neq\phi$，证明

(1) $\forall x, y\in X$，有$|d(x, A)-d(y, A)|\leqslant d(x, y)$.

(2) $d(x, A): X\to\mathbb{R}$是连续映射.

17. 设(X, d)为度量空间，$F\subset X$是非空子集，证明$d(x, F)>0$当且仅当$x\notin\overline{F}$.

18. 设(X, d)为度量空间，A，B为闭集，A，$B\subset X$且$A\cap B=\phi$，证明存在连续映射$f(x): X\to\mathbb{R}$，使得当$x\in A$时，$f(x)=0$；当$x\in B$时，$f(x)=1$.

19. 设$\{f_n(x)\}$是连续函数空间$C[a, b]$，其度量为$d(f, g)=\max\limits_{t\in[a, b]}|f(t)-g(t)|$，证明函数列$\{f_n(x)\}$一致收敛到$f(x)$当且仅当度量空间中的点列$\{f_n(x)\}$收敛到$f(x)$.

20. 设(X, d)和(Y, ρ)是两个度量空间，证明映射$f: X\to Y$是连续映射当且仅当Y的任意闭子集F的原像$f^{-1}(F)$是X中的闭集.

21. 设(X, d)为度量空间，$A\subseteq X$且$A\neq\phi$，证明

(1) $\{x\,|\,x\in X, d(x, A)<\varepsilon\}$是$X$的开集.

(2) $\{x\,|\,x\in X, d(x, A)\leqslant\varepsilon\}$是$X$的闭集，其中$\varepsilon>0$.

22. 设$B[a, b]$为定义在$[a, b]$上的所有有界函数，若$x(t)$，$y(t)\in B[a, b]$，定义$d_\infty(x, y)=\sup\limits_{t\in[a, b]}|x(t)-y(t)|$，证明$d_\infty(x, y)$为$B[a, b]$的度量及$C[a, b]$为

$B[a,b]$的闭集.

23. 设(X, d)和(Y, ρ)是度量空间以及映射$f: X \to Y$. 如果存在正数$k \in \mathbb{R}$使得$\forall x_1, x_2 \in X$，有$\rho(f(x_1), f(x_2)) \leqslant kd(x_1, x_2)$，则称$f$是$X$到$Y$上的李普希兹函数(Lipschitz Function)，k是李普希兹常数(Lipschitz Constant). 设$f: X \to Y$与$g: Y \to Z$是度量空间(X, d)、(Y, ρ)和(Z, τ)上的两个映射，证明

(1) 若f和g一致连续，则它们的合成$g \circ f: X \to Z$一致连续.

(2) 若f和g是李普希兹函数，则它们的合成$g \circ f: X \to Z$是李普希兹函数.

24. 设(X, d)、(Y, ρ)是度量空间以及映射$f: X \to Y$、$S \subset X$. $\forall \varepsilon > 0$，$\exists \delta > 0$，使得$\forall x_1, x_2 \in S$，当$d(x_1, x_2) < \delta$时，有$\rho(f(x_1), f(x_2)) < \varepsilon$，则称$f$在$S$上一致连续，或称$f$在$S$上的限制一致连续. 记$X$的有限个非空子集的集合为$\mathcal{C}$，且$\forall A, B \in \mathcal{C}$有$d(A, B) > 0$，若$f: \mathcal{C} \to Y$在$\mathcal{C}$的每一元素$A$上的限制一致连续，证明$f$在$\mathcal{C}$上一致连续.

◇知识点 1.4　度量空间的可分性

25. 设(X, d)是完备的度量空间，$\{G_n\}$是X中的一列稠密的开子集，证明$\bigcap\limits_{n=1}^{\infty} G_n$是$X$中的稠密子集.

26. 在空间$L^p[a, b]$中，证明$C[a, b]$在$B[a, b]$中稠密. [性质 1.4.1(1)]

27. 设$B_r[a, b]$为闭区间$[a, b]$上的全体有界实函数空间，对于$f, g \in B_r[a, b]$，距离定义为$d(f, g) = \max\limits_{x \in [a, b]} \{|f(x) - g(x)|\}$，证明$B_r[a, b]$不是可分空间.

28. 证明度量空间(X, d)可分当且仅当存在可数子集Y，使得$\forall \varepsilon > 0$，$\forall x \in X$，$\exists y \in Y$，满足$d(x, y) < \varepsilon$.

29. 设$1 \leqslant p < +\infty$，证明$B[a, b]$在$L^p[a, b]$中稠密. [性质 1.4.1(2)]

30. 设X, Y均为度量空间，$f: X \to Y$为连续映射，若A是X的稠密子集，证明$f(A)$是$f(X)$的稠密子集.

31. 设(X, d)和(Y, ρ)是两个度量空间，A是X的稠密子集，$\forall x \in A$，若连续映射$f, g: X \to Y$满足$f(x) = g(x)$，证明$f = g$.

32. 设点列$\{x_i\}_{i=1}^{\infty} \subset \mathbb{R}^n$，其中$x_i = (x_1^{(i)}, x_2^{(i)}, \cdots, x_n^{(i)})$，及$x_0 = (x_1^{(0)}, x_2^{(0)}, \cdots, x_n^{(0)})$，证明$\lim\limits_{i \to \infty} x_i = x_0$等价于对于任意的$1 \leqslant j \leqslant n$，有$\lim\limits_{i \to \infty} x_j^{(i)} = x_j^{(0)}$.

◇知识点 1.5　度量空间的完备性

33. 设$\{x_n\}$与$\{y_n\}$是度量空间(X, d)的两个Cauchy列，证明$\{a_n\} = \{d(x_n, y_n)\}$是收敛列.

34. 设(X, d)为完备的度量空间，点列$\{x_n\} \subset X$，如果$\forall \varepsilon > 0$，存在X的一个Cauchy列$\{y_n\}$，使得$d(x_n, y_n) < \varepsilon$，证明$\{x_n\}$收敛.

35. 设(X, d)和(Y, ρ)是两个度量空间，在$X \times Y$上定义度量

$$\gamma((x_1, y_1), (x_2, y_2)) = \{[d(x_1, x_2)]^p + [\rho(y_1, y_2)]^p\}^{\frac{1}{p}},$$

其中$(x_1, y_1), (x_2, y_2) \in X \times Y$，$p \geqslant 1$为正数. 证明$X \times Y$, γ是完备的度量空间当且仅当(X, d)和(Y, ρ)均是完备的度量空间.

36. 设(X, d)为度量空间，令$\rho(x, y)=\dfrac{d(x, y)}{1+d(x, y)}$，证明$(X, d)$为完备的度量空间当且仅当$(X, \rho)$为完备的度量空间.

37. 设X是正整数集，$\forall x, y\in X$，定义$d(x, y)=\left|\dfrac{1}{x}-\dfrac{1}{y}\right|$，证明$d(x, y)$为$X$上的度量，$(X, d)$不是完备的度量空间.

38. 设X是正整数集，$\forall x, y\in X$，定义$d(x, y)=\dfrac{|x-y|}{xy}$，证明

(1) $d(x, y)$为X上的度量.

(2) (X, d)不是完备的度量空间.

(3) X的任何子集既开又闭.

39. 证明有界数列空间l^{∞}是完备的度量空间.

40. 设(X, d)为度量空间，证明X是完备的当且仅当对于X中的任何一套闭球：$B_1\supset B_2\supset\cdots\supset B_n\supset\cdots$，其中$B_n=\overline{O}(x_n, \delta_n)$，当半径$\delta_n\to 0(n\to\infty)$，必存在唯一的点$x\in\bigcap\limits_{n=1}^{\infty}B_n$.

41. 设(X, d)是完备的度量空间，证明$M\subset X$是完备的子空间当且仅当M是闭集. [定理 1.5.3]

42. 设$P[0, 1]$是闭区间$[0,1]$上的实系数多项式集，定义距离

$$d(x, y)=\int_0^1|x(t)-y(t)|\mathrm{d}t,$$

其中$x(t), y(t)\in P[0, 1]$，证明度量空间$P[0, 1]$不完备.

43. 证明p次幂可和的数列空间l^p是完备的度量空间.

44. 设X是由极限为零的实数列构成的度量空间，距离定义为$d(x, y)=\sup\limits_{i\geq 1}|x_i-y_i|$，证明$(X, d)$是完备的度量空间.

45. 设X是由有限项不为零的实数列构成的度量空间，距离定义为

$$d(x, y)=\sup_{i\geq 1}|x_i-y_i|,$$

其中$x=(x_1, x_2, \cdots, x_i, \cdots)\in X$，$y=(y_1, y_2, \cdots, y_i, \cdots)\in X$，证明度量空间$(X, d)$不完备，并给出$X$的完备化空间.

46. 设度量空间(X, d)的所有柯西点列组成集合$\widetilde{X}$，$\tilde{x}=\{x_n\}$和$\tilde{y}=\{y_n\}$为$\widetilde{X}$中的任意两个元素.

(1) 证明极限$\tilde{d}(\tilde{x}, \tilde{y})=\lim\limits_{n\to\infty}d(x_n, y_n)$存在.

(2) 当$\lim\limits_{n\to\infty}d(x_n, y_n)=0$时，称$\tilde{x}$和$\tilde{y}$相等. 证明$\{x_n\}=\{x'_n\}$和$\{y_n\}=\{y'_n\}$时，极限$\lim\limits_{n\to\infty}d(x_n, y_n)=\lim\limits_{n\to\infty}d(x'_n, y'_n)$.

(3) 验证$(\widetilde{X}, \tilde{d})$为度量空间.

47. 度量空间$(\widetilde{X}, \tilde{d})$的定义同习题 46，证明存在$\widetilde{X}$的稠密子空间$W$，使得$X$与$W$等距同构.

48. 度量空间$(\widetilde{X}, \tilde{d})$的定义同习题 46，证明$(\widetilde{X}, \tilde{d})$是完备的度量空间.

49. 设(X, d)为度量空间，$(\widetilde{X}, \widetilde{d})$的定义同习题46，由习题47、48结论知，$\widetilde{X}$是$X$的完备化空间. 证明在等距同构意义下$\widetilde{X}$具有唯一性.

50. 设X和Y是拓扑空间，若映射$f: X\rightarrow Y$是双射(单射和满射)，且f及其逆映射f^{-1}为连续映射，则称f为同胚映射，X和Y同胚(Homeomorphism). 证明

(1) 同胚映射把完备的度量空间的Cauchy列映射为Cauchy列.

(2) 举例说明存在同胚映射把Cauchy列映射为非Cauchy列.

51. 设$a\neq b$，证明$C[0, 1]$与$C[a, b]$等距同构，其中度量取两个函数在对应区间上差的绝对值的最大值，即$\max|f(x)-g(x)|$.

◇知识点 1.6　度量空间中的紧集

52. 设A是n维欧氏空间$\mathbb{R}^n$中的一个有界集，证明A是列紧集. [定理1.6.2(1)]

53. 设(X, d)为度量空间，$A\subset X$是紧集，任取$x_0\in X$，证明存在$y_0\in A$，使得$d(x_0, A)=d(x_0, y_0)$.

54. 设(X, d)为度量空间，$A\subset X$且$A\neq\phi$. 若A为紧集，证明存在$x_0, y_0\in A$使得$\mathrm{dia}A=d(x_0, y_0)$.

55. 设(X, d)为紧空间，$\{A_n\}$为X的一列非空闭子集，且

$$A_1\supset A_2\supset A_3\supset\cdots\supset A_n\supset A_{n+1}\supset\cdots,$$

证明$\bigcap\limits_{n=1}^{\infty}A_n\neq\phi$.

56. 设(X, d)和(Y, ρ)为两个度量空间，$f: X\rightarrow Y$为单射，证明f是连续映射的充要条件是f能把X中的任一紧集映射成Y中的紧集.

57. 设F_1, F_2都是度量空间(X, d)中的紧集，证明必存在$x_0\in F_1$，$y_0\in F_2$，使得$d(x_0, y_0)=d(F_1, F_2)$，其中$d(F_1, F_2)=\inf\{d(x, y)\mid x\in F_1, y\in F_2\}$称为$F_1$与$F_2$的距离.

58. 设F_1, F_2是度量空间(X, d)中的两个子集，其中F_1是紧集，F_2是闭集，证明若$d(F_1, F_2)=0$，则必存在$x_0\in F_1\cap F_2$.

◇ 知识点 1.7　度量空间中的全有界集

59. 证明A是度量空间X的全有界集当且仅当$\forall\varepsilon>0$，$\exists\{x_1, x_2, \cdots, x_n\}\subset A$，使得$A\subset\bigcup\limits_{i=1}^{n}O(x_i, \varepsilon)$. [引理1.7.1]

60. 设(X, d)、(Y, ρ)是度量空间，A是X的全有界集，$f: X\rightarrow Y$是一致连续映射，证明$f(A)$是(Y, ρ)的全有界集.

61. 设(X, d)是度量空间，且X是全有界集，$A\subset X$是无限集，证明$\forall\varepsilon>0$，存在无限子集$A_0\subset A$，使得$\mathrm{dia}A_0<\varepsilon$.

62. 设(X, d)是度量空间，$A\subset X$，证明A是全有界集的充要条件是：$\forall\varepsilon>0$，存在有限集B_ε，使得$\forall x\in A$，有$d(x, B_\varepsilon)<\varepsilon$.

63. 设F为定义在$[a, b]$上的函数族，如果存在正数k，使得$\forall x\in[a, b]$，$\forall f\in F$，有$|f(x)|<k$，则称函数族F一致有界. 证明连续函数空间$C[a, b]$上的列紧集F一致

有界.

64. 设 F 为定义在闭区间 $[a,b]$ 上的函数族，如果 $\forall \varepsilon>0$，$\exists \delta>0$，使得 $\forall f\in F$，$\forall x_1, x_2\in[a,b]$，当 $|x_1-x_2|<\delta$ 时，有 $|f(x_1)-f(x_2)|<\varepsilon$，则称函数族 F 等度连续. 证明连续函数空间 $C[a,b]$ 上的列紧集 F 等度连续.

65. 证明连续函数空间 $C[a,b]$ 上的一致有界和等度连续的函数族 F 为列紧集.

66. 设 E 是 $C[a,b]$ 中的有界集，记 $M=\left\{F(x)=\int_a^t f(t)\mathrm{d}t \,\middle|\, f\in E\right\}$，证明 M 是列紧集.

◇ 知识点 1.8　度量空间中的开覆盖

67. 设 (X,d) 是度量空间，$\{X_n\}\subset A\subset X$，其中 A 是紧集，$\{X_n\}$ 是基本列，应用定理 1.8.1 证明 $\{X_n\}$ 是收敛列.

68. 设 (X,d)、(Y,ρ) 是度量空间，其中 X 是紧空间，证明连续映射 $f: X\to Y$ 一致连续.

69. 设 (X,d) 为度量空间，$\{F_\lambda\,|\,\lambda\in\Lambda\}$ 为 X 中的任意闭集族，当其中任意有限个闭集 F_λ 的交集都为非空集时，$\bigcap\limits_{\lambda\in\Lambda} F_\lambda$ 必为非空集，证明 X 为紧空间. [性质 1.8.2 充分性]

70. 设 X 是可分的度量空间，$\{G_\lambda\,|\,\lambda\in\Lambda\}$ 为 X 的一个开覆盖，证明 X 存在可列开覆盖 $\{G_n\,|\,n=1,2,\cdots\}\subseteq\{G_\lambda\,|\,\lambda\in\Lambda\}$.

1.5　习题解答

1. **证明**　(1) 因为

$$\rho(1,3)=(1-3)^2=4,\ \rho(1,2)+\rho(2,3)=(1-2)^2+(2-3)^2=2,$$

所以二元映射 $\rho(x,y)$ 不满足三角不等式 $\rho(x,y)\leqslant\rho(x,z)+\rho(z,y)$，由此可知 $(\mathbb{R},\rho)$ 不是度量空间.

(2) $\forall x,y,z\in\mathbb{R}$，有

(i) $d(x,y)\geqslant 0$ 且 $d(x,y)=0$ 当且仅当 $x=y$，即非负性成立；

(ii) $d(x,y)=\sqrt{|x-y|}=\sqrt{|y-x|}=d(y,x)$，即对称性成立；

(iii) 由于

$$[d(x,y)]^2=|x-y|=|x-z+z-y|\leqslant|x-z|+|z-y|$$

以及

$$\begin{aligned}[d(x,z)+d(z,y)]^2&=\left(\sqrt{|x-z|}+\sqrt{|z-y|}\right)^2\\&=|x-z|+|z-y|+2\sqrt{|x-z||z-y|},\end{aligned}$$

因此三角不等式 $d(x,y)\leqslant d(x,z)+d(z,y)$ 成立.

综上可知，$(\mathbb{R},d)$ 是度量空间.

2. **证明**　(1) 当 f 为严格单调函数时，可验证 $d(x,y)=|f(x)-f(y)|$ 满足非负性、对称性以及三角不等式，故 $(\mathbb{R},d)$ 是度量空间.

(2) 设 $(\mathbb{R},d)$ 为度量空间，则 $\forall x,y\in\mathbb{R}$，当 $x\neq y$ 时，由 $d(x,y)\neq 0$ 知 $|f(x)-f(y)|\neq 0$，即 $f(x)\neq f(y)$.

任取 $x,y,z\in\mathbb{R}$ 且 $x<y<z$，由于 $f(x)\neq f(z)$，不妨设 $f(x)<f(z)$，下面证明函

数 $f(x)$严格单调增加，严格单调减少可类似证明. 此时一定有 $f(x)<f(y)<f(z)$，否则有 $f(y)<f(x)$或者 $f(z)<f(y)$. 若 $f(y)<f(x)$，则有 $f(y)<f(x)<f(z)$，由连续函数的介值定理知，存在实数 t，$y<t<z$，使得 $f(t)=f(x)$，产生矛盾；同理可知若 $f(z)<f(y)$，则存在实数 s，$x<s<y$，使得 $f(s)=f(z)$，也产生矛盾. 因此函数 $f(x)$严格单调增加.

3. **证明**　由(X,ρ)为度量空间知$\forall x, y\in X$，$\rho(x,y)\geqslant 0$，由于 f 为严格单调递增函数，因此

$$d(x,y)=f(\rho(x,y))\geqslant f(0)=0.$$

(1) 当 $d(x,y)=0$ 时，即 $f(\rho(x,y))=0$，等价于 $\rho(x,y)=0$，而 $\rho(x,y)=0$ 等价于 $x=y$；

(2) $d(x,y)=f(\rho(x,y))=f(\rho(y,x))=d(y,x)$；

(3) $\forall x, y, z\in X$，有

$$\begin{aligned}d(x,z)=f(\rho(x,z))&\leqslant f(\rho(x,y)+\rho(y,z))\\&\leqslant f(\rho(x,y))+f(\rho(y,z))\\&=d(x,y)+d(y,z),\end{aligned}$$

综上可知，(X,d)为度量空间.

4. **证明**　因为(X,d)为度量空间，所以 $d(x,z)\leqslant d(x,y)+d(y,z)$，于是

$$d(x,z)-d(z,y)=d(x,z)-d(y,z)\leqslant d(x,y).$$

同理可得 $d(z,y)-d(y,w)\leqslant d(z,w)$，可见

$$d(x,z)-d(y,w)\leqslant d(x,y)+d(z,w).$$

由 x, y, z, w 的任意性，同样可得 $d(y,w)-d(x,z)\leqslant d(y,x)+d(w,z)$，因此

$$|d(x,z)-d(y,w)|\leqslant d(x,y)+d(z,w).$$

5. **证明**　易知$\sum\limits_{k=1}^{\infty}\frac{1}{2^k}\frac{|x_k-y_k|}{1+|x_k-y_k|}$收敛，即 $d(x,y)$ 有意义，且显然满足度量空间的非负性和对称性，下面证明三角不等式成立.

$\forall z=(z_1, z_2, \cdots)\in X$，要证 $d(x,y)\leqslant d(x,z)+d(z,y)$，即要证

$$\sum_{k=1}^{\infty}\frac{1}{2^k}\frac{|x_k-y_k|}{1+|x_k-y_k|}\leqslant\sum_{k=1}^{\infty}\frac{1}{2^k}\frac{|x_k-z_k|}{1+|x_k-z_k|}+\sum_{k=1}^{\infty}\frac{1}{2^k}\frac{|z_k-y_k|}{1+|z_k-y_k|},$$

这只要证明对每个 $k=1, 2, 3, \cdots$，有

$$\frac{|x_k-y_k|}{1+|x_k-y_k|}\leqslant\frac{|x_k-z_k|}{1+|x_k-z_k|}+\frac{|z_k-y_k|}{1+|z_k-y_k|}.$$

设函数 $f(t)=\frac{t}{1+t}$，因为 $f'(t)=\frac{1}{(1+t)^2}>0$，故 $f(t)$单调递增. 又

$$|x_k-z_k+z_k-y_k|\leqslant|x_k-z_k|+|z_k-y_k|,$$

从而

$$\begin{aligned}\frac{|x_k-y_k|}{1+|x_k-y_k|}&=\frac{|x_k-z_k+z_k-y_k|}{1+|x_k-z_k+z_k-y_k|}\leqslant\frac{|x_k-z_k|+|z_k-y_k|}{1+|x_k-z_k|+|z_k-y_k|}\\&\leqslant\frac{|x_k-z_k|}{1+|x_k-z_k|}+\frac{|z_k-y_k|}{1+|z_k-y_k|}.\end{aligned}$$

因此，(X,d)为度量空间.

6. **证明**　非负性和对称性显然成立，下面仅证明三角不等式成立.

$\forall x, y\in X(n)$，将 $x=x_1x_2\cdots x_n$，$y=y_1y_2\cdots y_n$ 看成分量取值为 0 或 1 的 n 维向量，即 $x=(x_1, x_2, \cdots, x_n)$，$y=(y_1, y_2, \cdots, y_n)$，则

$$d(x, y)=\sum_{i=1}^{n}|x_i-y_i|,$$

易知 $\forall x, y, z\in X(n)$，有

$$\begin{aligned}d(x, y)&=\sum_{i=1}^{n}|x_i-y_i|=\sum_{i=1}^{n}|x_i-z_i+z_i-y_i|\\&\leqslant\sum_{i=1}^{n}|x_i-z_i|+\sum_{i=1}^{n}|z_i-y_i|=d(x, z)+d(z, y).\end{aligned}$$

因此，$(X(n), d)$ 为度量空间.

7. **证明**　$\forall x, y\in X$，令 $\rho(x, y)=d_1(x, y)+d_2(x, y)$，易验证 $\rho(x, y)$ 满足非负性和对称性，以及三角不等式：

$$\begin{aligned}\rho(x, y)&=d_1(x, y)+d_2(x, y)\\&\leqslant d_1(x, z)+d_1(z, y)+d_2(x, z)+d_2(z, y)\\&=[d_1(x, z)+d_2(x, z)]+[d_1(z, y)+d_2(z, y)]\\&=\rho(x, z)+\rho(z, y).\end{aligned}$$

因此，存在 X 上的度量空间 (X, ρ) 满足条件.

8. **解**　设 $X=\{x\mid 0\leqslant x\leqslant 1\}$，令

$$f(x)=\begin{cases}1, & x=0,\\0, & x=1,\\x, & 0<x<1.\end{cases}$$

定义 $d_1(x, y)=|x-y|$，$d_2(x, y)=d_1(f(x), f(y))$，当 $0<x<1$ 时，$d_1(x, 0)=x$，$d_2(x, 1)=d_1(f(x), f(1))=d_1(x, 0)=x$. 假设存在 X 上的度量 $\rho(x, y)$，使得 $\forall x, y\in X$，满足 $\rho(x, y)<d_1(x, y)$ 以及 $\rho(x, y)<d_2(x, y)$，那么对于任意的 $0<x<1$，有

$$\rho(x, 0)<d_1(x, 0)=x,\ \rho(x, 1)<d_2(x, 1)=x,$$

因此 $\rho(0, 1)\leqslant\rho(0, x)+\rho(x, 1)=2x$，产生矛盾，故不存在 X 上的度量 $\rho(x, y)$.

9. **证明**　必要性：因为 A 是开集，$\forall x_0\in A$，存在开邻域 $O(x_0, \delta)\subset A$，而

$$O(x_0, \delta)=\{x\mid d(x_0, x)<\delta, x\in A\}$$

是一个以 x_0 为中心、δ 为半径的开球，故 $A=\bigcup_{x_0\in A}O(x_0, \delta)$，即 A 为开球的并.

充分性：设 $A=\bigcup_{\lambda\in A}O(x_\lambda, \delta_\lambda)$，由于开球 $O(x_\lambda, \delta_\lambda)$ 是开集以及任意多个开集的并是开集，因此 A 是开集.

10. **证明**　(1) 设 $x\in X\backslash\overline{A}$，由于 $\overline{A}$ 是闭集，即 $X\backslash\overline{A}$ 为开集，因此 x 是开集 $X\backslash\overline{A}$ 的内点. 于是知存在 $\delta>0$，使得 $O(x, \delta)\cap\overline{A}=\phi$，当然有

$$O(x, \delta)\cap A=\phi,$$

从而 $x\in\operatorname{int}(X\backslash A)$，因此 $X\backslash\overline{A}\subseteq\operatorname{int}(X\backslash A)$.

设 $x\in\operatorname{int}(X\backslash A)$，即存在 $\delta>0$，使得 $O(x, \delta)\cap A=\phi$，这意味着 $x\notin A$. 假设 $x\in A'$，则存在点列 $\{x_n\}\subseteq A$，使得 $\lim\limits_{n\to\infty}x_n=x$，这与 $O(x, \delta)\cap A=\phi$ 相矛盾，所以 $x\notin A'$. 于是知 $x\notin\overline{A}$，即 $x\in X\backslash\overline{A}$，因此 $\operatorname{int}(X\backslash A)\subseteq X\backslash\overline{A}$.

综上可知，$X\backslash\overline{A}=\mathrm{int}(X\backslash A)$.

(2) **证法** 1：应用等式 $X\backslash\overline{A}=\mathrm{int}(X\backslash A)$，以 $X\backslash A$ 代替 A 得

$$X\backslash\overline{X\backslash A}=\mathrm{int}A,$$

所以 $X\backslash\mathrm{int}A=\overline{X\backslash A}$.

证法 2：当 $x\in X\backslash\mathrm{int}A$ 时，则存在 $\delta>0$，使得 $O(x,\delta)\cap A=\phi$，即 $O(x,\delta)\subset X\backslash A$，所以 $x\in\overline{X\backslash A}$. 当 $x\in\overline{X\backslash A}$时，即 $x\in X\backslash A$ 或者 $x\in(X\backslash A)'$. 若 $x\in X\backslash A$，显然$x\notin\mathrm{int}A$；若 $x\in(X\backslash A)'$，则存在 $X\backslash A$ 中的点列$\{x_n\}$收敛于 x，于是同样得 $x\notin\mathrm{int}A$. 所以 $x\in X\backslash\mathrm{int}A$. 综上可知，$X\backslash\mathrm{int}A=\overline{X\backslash A}$.

11.**证明** 必要性：设 A 是开集，$\forall U\in\{U_i\}$，由于 U 是 X 的开集，可得 $A\cap U$ 是开集.

充分性：由于 $A\cap U$ 是开集以及 $A\subset\bigcup\limits_{U\in\{U_i\}}U\subset X$，因此

$$A=A\cap X=\bigcup_{U\in\{U_i\}}(A\cap U)$$

为开集.

12.**证明** 若存在 X 的开集U和闭集C，使得 $A=C\cap U$，则 $\forall a\in A$，取$U_a=U$. 此时 U_a 是 X 的开集，由于 C 是 X 的闭集，下面只需证明

$$U_a\cap A=U\cap C\cap U=C\cap U$$

是子空间 $U=U_a$ 的闭子集. 在子空间 U 内，若存在点列 $x_n\in C\cap U$，$n=1, 2, \cdots$，且

$$\lim_{n\to\infty}x_n=x_0\in U,$$

由 C 为X 的闭集知$C=\overline{C}$，即 $x_0\in C$. 于是 $x_0\in U_a\cap A$，因此$U_a\cap A$ 是子空间U_a 的闭子集.

若 A 是X 的局部闭子集，则 $\forall a\in A$，存在X 的开集U_a，使得$a\in U_a$ 且$U_a\cap A$ 是U_a 的闭子集，令 $U=\bigcup\limits_{a\in A}U_a$，显然 $A\subseteq U$ 以及 U 为 X 的开集.

由于 $U_a\backslash(U_a\cap A)$ 是开集 U_a 的开子集，因此 $U_a\backslash(U_a\cap A)$ 是U 的开集. 于是

$$\bigcup_{a\in A}[U_a\backslash(U_a\cap A)]=(\bigcup_{a\in A}U_a)\backslash(\bigcup_{a\in A}U_a\cap A)=U\backslash A$$

是U 的开集，由于U为 X 的开集，因此$U\backslash A$ 为 X 的开集，即 $C=X\backslash(U\backslash A)$ 为 X 的闭集，因此

$$C\cap U=[X\backslash(U\backslash A)]\cap U=U\backslash(U\backslash A)=A.$$

13. **证明** (1) 设 $x\in G$，因为 G 是开集，所以存在 $\delta>0$，使得

$$O(x,\delta)\subset G.$$

由 $G\subseteq A$ 知$O(x,\delta)\subset A$，即 $x\in\mathrm{int}A$，因此 $G\subseteq\mathrm{int}A$.

(2) 因为 $A\subseteq F$，F 是闭集，所以 $X\backslash F\subseteq X\backslash A$，且 $X\backslash F$ 是开集，由(1) 的结论得

$$X\backslash F\subseteq\mathrm{int}(X\backslash A).$$

利用习题 10 的结论 $\mathrm{int}(X\backslash A)=X\backslash\overline{A}$ 知

$$X\backslash F\subseteq X\backslash\overline{A},$$

因此 $\overline{A}\subseteq F$.

14. **证明** (1) 由于 $\partial A=\overline{A}\backslash\mathrm{int}A$，因此

$$\overline{A}=\mathrm{int}A\cup\partial A\subseteq A\cup\partial A.$$

于是当 $\partial A\subseteq A$ 时，有 $\overline{A}=A$，由定理 1.2.3 知 A 是 X 的闭集. 若 A 是闭集，由定理 1.2.3 知 $\overline{A}=A$，因此 $\partial A=\overline{A}\backslash\mathrm{int}A=A\backslash\mathrm{int}A\subseteq A$.

(2) 利用习题 10 的结论 $X\setminus\mathrm{int}A=\overline{X\setminus A}$以及边界的定义知

$$\partial A=\overline{A}\setminus\mathrm{int}A=\overline{A}\cap(X\setminus\mathrm{int}A)=\overline{A}\cap\overline{X\setminus A}.$$

以 $X\setminus A$ 代替 A，可得$\partial(X\setminus A)=\overline{A}\cap\overline{X\setminus A}$. 因此有

$$\partial A=\overline{A}\cap\overline{X\setminus A}=\partial(X\setminus A).$$

15. **证明** 由于$\partial A=\overline{A}\setminus\mathrm{int}A$，$\partial(X\setminus A)=(\overline{X\setminus A})\setminus\mathrm{int}(X\setminus A)$，$\partial A=\partial(X\setminus A)$以及 $A\cap(X\setminus A)=\phi$，因此 $\mathrm{int}A$，∂A，$\mathrm{int}(X\setminus A)$互不相交.

利用习题 10 的结论 $X\setminus\mathrm{int}A=\overline{X\setminus A}$，由边界的定义知

$$\overline{X\setminus A}=\mathrm{int}(X\setminus A)\cup\partial(X\setminus A)=\partial A\cup\mathrm{int}(X\setminus A),$$

因此 $X=\mathrm{int}A\cup\overline{X\setminus A}=\mathrm{int}A\cup\partial A\cup\mathrm{int}(X\setminus A)$.

16. **证明** (1) $\forall x, y, z\in X$，有 $d(x, z)\leqslant d(x, y)+d(y, z)$，于是知

$$\begin{aligned}d(x, A)&=\inf_{z\in A}d(x, z)\leqslant\inf_{z\in A}[d(x, y)+d(y, z)]\\&=d(x, y)+\inf_{z\in A}d(y, z)\\&=d(x, y)+d(y, A).\end{aligned}$$

从而

$$d(x, A)-d(y, A)\leqslant d(x, y).$$

交换 x，y 的位置可得

$$d(y, A)-d(x, A)\leqslant d(y, x).$$

所以

$$|d(x, A)-d(y, A)|\leqslant d(x, y).$$

(2) 当点列$\lim\limits_{n\to\infty}x_n=x_0$ 时，有

$$|d(x_n, A)-d(x_0, A)|\leqslant d(x_n, x_0)\to 0(n\to\infty),$$

因此 $d(x, A): X\to\mathbb{R}$ 是连续映射.

17. **证明** 一方面，当 $x_0\in\overline{F}$ 时，存在点列$\{y_n\}\subset F$，使得$\lim\limits_{n\to\infty}y_n=x_0$，由 $d(x, F)$的连续性以及定义 $d(x, F)=\inf\{d(x, y)\mid y\in F\}$知

$$d(x_0, F)=\lim_{n\to\infty}d(y_n, F)=0.$$

另一方面，当 $d(x_0, F)=\inf\{d(x, y)\mid y\in F\}=0$ 时，存在点列$\{y_n\}\subset F$，使得 $\lim\limits_{n\to\infty}d(y_n, x_0)=0$，所以 $x_0\in F'\subset\overline{F}$.

因此，$d(x, A)>0$ 当且仅当 $x\notin\overline{F}$.

18. **证明** 由于 A，B 为闭集以及 $A\cap B=\phi$，因此 $\overline{A}\cap\overline{B}=A\cap B=\phi$. 于是 $\forall x\in X$，由习题 17 的结论知 $d(x, A)+d(x, B)>0$，构造映射 $f(x)$: $X\to\mathbb{R}$ 为

$$f(x)=\frac{d(x, A)}{d(x, A)+d(x, B)},$$

由 $d(x, A)$和 $d(x, B)$的连续性知 $f(x)$连续，且满足 $f(A)=0$，$f(B)=1$.

19. **证明** 设度量空间中的点列$\{f_n(x)\}$收敛到 $f(x)$，即$\forall\varepsilon>0$，$\exists N\in\mathbb{N}$，当 $n>N$ 时，有

$$d(f_n(x), f(x))<\varepsilon.$$

$d(f_n(x), f(x))<\varepsilon$ 等价于$d(f_n, f)=\max\limits_{x\in[a, b]}|f_n(x)-f(x)|<\varepsilon$，进一步等价于

$$\forall x \in [a, b]，有 |f_n(x)-f(x)|<\varepsilon.$$

于是 $f_n(x) \to f(x)(n\to\infty)$ 等价于 $\forall \varepsilon>0$，$\exists N\in\mathbb{N}$，当 $n>N$ 时，$\forall x\in[a, b]$，有 $|f_n(x)-f(x)|<\varepsilon$，即函数列 $\{f_n(x)\}$ 一致收敛到 $f(x)$.

20. **证明** 必要性：设 F 是 Y 中的任意闭子集，且 $f^{-1}(F)$ 非空，任取 $\{x_n\}\subset f^{-1}(F)$ 且当 $n\to\infty$ 时，有 $x_n\to x_0$. 显然 $\forall n\geqslant 1$，$f(x_n)\in F$. 因为 f 连续，所以有 $\lim\limits_{n\to\infty} f(x_n)=f(x_0)$，加之 F 是闭集，故 $f(x_0)\in F$，即 $x_0\in f^{-1}(F)$. 可见，$f^{-1}(F)$ 是 X 中的闭集.

充分性：设 $x_0\in X$，$\forall \varepsilon>0$，取 $G=O(f(x_0), \varepsilon)$，显然 G 是开集，则 $F=Y\backslash G$ 为闭集. 又 $f^{-1}(F)=f^{-1}(Y\backslash G)=X\backslash f^{-1}(G)$ 为闭集，故 $f^{-1}(G)$ 为开集. 因为 $x_0\in f^{-1}(G)$，所以 $\exists \delta>0$，使得 $O(x_0, \delta)\subset f^{-1}(G)$，故 $f(x)$ 在 x_0 处连续. 由 x_0 的任意性知 $f(x)$ 在 X 上连续.

21. **证明** 设 $f: X\to[0, \infty)$，$f(x)=d(x, A)$. 因为 $\forall x, z\in X$，有

$$\begin{aligned} d(x, A)&=\inf\{d(x, y)\mid y\in A\}\leqslant\inf\{d(x, z)+d(z, y)\mid y\in A\}\\ &=d(x, z)+d(z, A). \end{aligned}$$

类似地，有 $d(z, A)\leqslant d(z, x)+d(x, A)$，从而由 $|f(x)-f(z)|<d(x, z)$ 知 f 是连续映射，因此由连续映射的定理知

(1) $\{x\mid d(x, A)<\varepsilon\}=f^{-1}((-\infty, \varepsilon))$ 是开集；

(2) $\{x\mid d(x, A)\leqslant\varepsilon\}=f^{-1}([0, \varepsilon])$ 是闭集.

22. **证明** 因为 $B[a, b]$ 是定义在 $[a, b]$ 上的有界函数，所以存在 $M>0$，使得 $|x(t)|<M$ 以及 $|y(t)|<M$. 于是

$$d_\infty(x, y)=\sup_{t\in[a, b]}|x(t)-y(t)|\leqslant\sup_{t\in(a, b)}|x(t)|+\sup_{t\in(a, b)}|y(t)|=2M<\infty,$$

从而 $d_\infty(x, y)$ 有意义. 下面证明 $d_\infty(x, y)$ 满足度量的三条性质.

(1) $d_\infty(x, y)=\sup\limits_{t\in(a, b)}|x(t)-y(t)|\geqslant 0$，$d_\infty(x, y)=0$ 等价于 $x(t)=y(t)$；

(2) $d_\infty(x, y)=\sup\limits_{t\in[a, b]}|x(t)-y(t)|=\sup\limits_{t\in(a, b)}|y(t)-x(t)|=d_\infty(y, x)$；

(3) $\forall z(t)\in B[a, b]$，有

$$\begin{aligned} d_\infty(x, y)&=\sup_{t\in[a, b]}|x(t)-z(t)+z(t)-y(t)|\\ &\leqslant\sup_{t\in(a, b)}|x(t)-z(t)|+\sup_{t\in(a, b)}|z(t)-y(t)|\\ &=d_\infty(x, z)+d_\infty(z, y), \end{aligned}$$

综上可知，$d_\infty(x, y)$ 为 $B[a, b]$ 的度量.

任取点列 $\{x_n(t)\}\subset C[a, b]$，当 $n\to\infty$ 时有 $x_n(t)\to x_0(t)$，由于 $x_n(t)$ 连续，因此 $\forall t_0\in[a, b]$，有

$$\lim_{t\to t_0}x_n(t)=x_n(t_0)(n=1, 2, 3, \cdots),$$

$$\lim_{t\to t_0}x_0(t)=\lim_{t\to t_0}\lim_{n\to\infty}x_n(t)=\lim_{n\to\infty}\lim_{t\to t_0}x_n(t)=\lim_{n\to\infty}x_n(t_0)=x_0(t_0),$$

则 $x_0(t)\in C[a, b]$，因此 $C[a, b]$ 是 $B[a, b]$ 的闭集.

23. **证明** (1)因为 f 和 g 分别在 X 和 $f(X)$ 上一致连续，所以 $\forall\varepsilon>0$，存在 $\gamma, \delta>0$，使得 $\forall x, y\in X$，当 $d(x, y)<\delta$ 时，有 $\rho(f(x), f(y))<\gamma$，进而有 $\tau(gf(x), gf(y))<\varepsilon$，由此可知 $g\circ f: X\to Z$ 一致连续.

(2) 设 $x, y\in X$，以及 f、g 分别是 X、$f(X)$ 上具有 k、m 常数的李普希兹函数，于是

$$\tau(gf(x),gf(y))\leqslant m\rho(f(x),f(y))\leqslant mkd(x,y),$$

因此 $g\circ f: X\to Z$ 是李普希兹函数.

24. **证明** 设 $\varepsilon>0$，对于任意的 $A\in\mathcal{C}$，由于 f 在 A 上的限制 $f|_A$ 一致连续，因此 $\forall x, y\in A$，存在 $\delta_A>0$，使得当 $d(x,y)<\delta_A$ 时，有

$$\rho(f(x),f(y))=\rho(f|_A(x),f|_A(y))<\varepsilon.$$

令 $\delta=\min\{d(A,B),\delta_A|A,B\in\mathcal{C}\}$，那么由$\mathcal{C}$的构造知 $\delta>0$，$\forall x, y\in\bigcup\limits_{C\in\mathcal{C}}C$ 且 $d(x,y)<\delta$，存在 $A\in\mathcal{C}$，使得 $x, y\in A$，又因为 $\delta\leqslant\delta_A$，所以 $\rho(f(x),f(y))<\varepsilon$，故 f 在$\mathcal{C}$上一致连续.

25. **证明** 要证明 $\bigcap\limits_{n=1}^{\infty}G_n$ 是 X 中的稠密子集，只需证明对于任意的 $x\in X$ 及 $\delta>0$，存在 $x_0\in\bigcap\limits_{n=1}^{\infty}G_n$ 使得 $x_0\in O(x,\delta)$.

由于 G_1 是 X 中的稠密子集，因此存在 $x_1\in G_1\cap O(x,\delta)$，加之 G_1 是开集，于是存在 $0<\delta_1<\dfrac{\delta}{2}$，使得 $O(x_1,\delta_1)\subset G_1\cap O(x,\delta)$. 同样地，由于 G_2 是 X 中的稠密子集，因此存在 $x_2\in G_2\cap O(x_1,\delta_1)$，又 G_2 是开集，于是存在 $0<\delta_2<\dfrac{\delta_1}{2}<\dfrac{\delta}{2^2}$，使得

$$O(x_2,\delta_2)\subset G_2\cap O(x_1,\delta_1).$$

以此类推，得到点列$\{x_n\}\subset X$ 且满足

$$O(x_n,\delta_n)\subset G_n\cap O(x_{n-1},\delta_{n-1}),\ 0<\delta_n<\frac{\delta}{2^n}.$$

可见 $x_n\in\bigcap\limits_{i=1}^{n}G_n$ 且当 $m>n$ 时 $d(x_n,x_m)<\delta_n<\dfrac{\delta}{2^n}$，于是知 $\{x_n\}$ 是完备的度量空间中的 Cauchy 列，即存在$\{x_n\}$的收敛点 $x_0\in O(x,\delta)$且 $x_0\in\bigcap\limits_{n=1}^{\infty}G_n$.

26. **证明** 任取 $f\in B[a,b]$，$|f(x)|\leqslant M$，其中 $x\in[a,b]$. 根据教材附录 C 中卢津定理 C.11 知，对任意的 $\varepsilon>0$，令 $\delta=\left(\dfrac{\varepsilon}{2M}\right)^p$，则存在$[a,b]$上的连续函数 $g(x)$，使得 $m(E)<\delta$，记 $E=\{x|f(x)\neq g(x), x\in[a,b]\}$. 令 $|g(x)|\leqslant M$，于是

$$\int_a^b|f(x)-g(x)|^p\mathrm{d}x=\int_E|f(x)-g(x)|^p\mathrm{d}x\leqslant(2M)^p m(E)<\varepsilon^p,$$

即

$$d(f,g)=\left(\int_a^b|f(x)-g(x)|^p\mathrm{d}x\right)^{\frac{1}{p}}<\varepsilon.$$

若$|g(x)|>M$，则以函数 $h(x)=\max(\min(g(x),M),-M)$代替 $g(x)$即可，注意到 $h(x)$符合上述的测度要求和$|h(x)|\leqslant M$. 因此 $C[a,b]$在 $B[a,b]$中稠密.

注意：$\max(f,g)=\dfrac{1}{2}(f+g+|f-g|)$，$\min(f,g)=\dfrac{1}{2}(f+g-|f-g|)$.

27. **证明** 对于任意的 $t\in[a,b]$，定义有界实函数

$$f_t(x)=\begin{cases}1, x=t,\\0, x\neq t.\end{cases}$$

显然 $f_t(x)\in B_r[a,b]$，而且 $\forall s, t\in[a,b]$，当 $s\neq t$ 时，有

$$d(f_s, f_t)=\max_{x\in[a,b]}\{|f_s(x)-f_t(x)|\}=1.$$

由于 $Y=\{f_t|t\in[a,b]\}$是不可列集，且存在 $\delta=\dfrac{1}{2}$，$\forall f, g\in Y$，满足 $d(f, g)\geqslant\delta$，依据推论 1.4.1 知 $B_r[a,b]$不是可分空间.

28. **证明**　充分性：根据稠密的定义，可数子集 Y 是 X 的稠密子集，因此度量空间(X, d)可分.

必要性：若度量空间(X, d)可分，即存在可数稠密子集 Y，根据稠密的定义，$\forall\varepsilon>0$，$\forall x\in X$，$\exists y\in Y$，满足 $d(x, y)<\varepsilon$.

29. **证明**　任取 $f\in L^p[a,b]$，做函数列

$$f_n(x)=\begin{cases}f(x), & |f(x)|\leqslant n,\\ 0, & |f(x)|>n,\end{cases}$$

则 $f_n(x)$是有界可测函数，且

$$\int_a^b|f_n(x)-f(x)|^p\mathrm{d}x=\int_{|f(x)|>n}|f(x)|^p\mathrm{d}x.$$

由 $f\in L^p[a,b]$知$|f|^p\in L^1[a,b]$，根据教材中积分的绝对连续性定理 D.7，$\forall\varepsilon>0$，存在 $\delta>0$，使得当 $e\subset[a,b]$且 $m(e)<\delta$ 时，有

$$\left|\int_e|f(x)|^p\mathrm{d}x\right|<\varepsilon^p.$$

因为存在正整数 N，使得当 $n>N$ 时，$m(E(x|f(x)>n))<\delta$，$E(x|f(x)>n)$的含义见教材中定义 D.1，所以

$$d(f_n, f)=\left(\int_a^b|f_n(x)-f(x)|^p\mathrm{d}x\right)^{\frac{1}{p}}=\left(\int_{|f(x)|>n}|f(x)|^p\mathrm{d}x\right)^{\frac{1}{p}}<\varepsilon,$$

因此 $B[a,b]$在 $L^p[a,b]$中稠密.

30. **证明**　任取 $y\in f(X)$，则存在 $x\in X$，使得 $y=f(x)$. 因为 A 是 X 的稠密子集，即 $\overline{A}=X$，所以存在$\{x_n\}\subset A$，使得$\lim\limits_{n\to\infty}x_n=x$，于是根据 f 的连续性可得

$$\lim_{n\to\infty}f(x_n)=f(\lim_{n\to\infty}x_n)=f(x)=y.$$

因此$\overline{f(A)}=f(X)$，即 $f(A)$是 $f(X)$的稠密子集.

31. **证明**　对于任意的 $x\in X$，因为 A 是 X 的稠密子集，所以存在$\{x_n\}\subset A$，使得$\lim\limits_{n\to\infty}x_n=x$，于是根据 f 和 g 的连续性可得

$$\lim_{n\to\infty}f(x_n)=f(\lim_{n\to\infty}x_n)=f(x),\ \lim_{n\to\infty}g(x_n)=g(\lim_{n\to\infty}x_n)=g(x).$$

由$\{x_n\}\subset A$ 及条件知 $f(x_n)=g(x_n)$，因此 $f(x)=g(x)$，即 $f=g$.

32. **证明**　由于在 n 维欧氏空间 $\mathbb{R}^n$ 中 $d(x_i, x_0)=\left(\sum\limits_{j=1}^n(x_j^{(i)}-x_j^{(0)})^2\right)^{\frac{1}{2}}$，因此由$\lim\limits_{i\to\infty}x_i=x_0$，即$\lim\limits_{i\to\infty}d(x_i, x_0)=0$，可得对任意的 $1\leqslant j\leqslant n$，有$\lim\limits_{i\to\infty}x_j^{(i)}=x_j^{(0)}$.

反过来，由有$\lim\limits_{i\to\infty}x_j^{(i)}=x_j^{(0)}$，其中 $1\leqslant j\leqslant n$，可知 $\forall\varepsilon>0$，存在 $K_j(1\leqslant j\leqslant n)$，当 $i>K_j$ 时，有$|x_j^{(i)}-x_j^{(0)}|<\dfrac{\varepsilon}{\sqrt{n}}$. 令 $N=\max\{K_1, K_2, \cdots, K_n\}$，则当 $i>N$ 时，有

$$d(x_i, x_0)=\left(\sum_{j=1}^{n}(x_j^{(i)}-x_0^{(i)})^2\right)^{\frac{1}{2}}<\left(\sum_{j=1}^{n}\left(\frac{\varepsilon}{\sqrt{n}}\right)^2\right)^{\frac{1}{2}}=\varepsilon.$$

故$\lim\limits_{i\to\infty}x_i=x_0$.

33. **证明** 因为$\{x_n\}$和$\{y_n\}$都是 Cauchy 列，所以$\forall\varepsilon>0$，$\exists N\in\mathbb{N}$，使得$\forall m, n>N$时，有

$$d(x_n, x_m)<\frac{\varepsilon}{2},\ d(y_n, y_m)<\frac{\varepsilon}{2}.$$

又因为距离关系$d(x_n, y_n)$满足三角不等式，所以

$$d(x_n, y_n)\leqslant d(x_n, x_m)+d(x_m, y_n)\leqslant d(x_n, x_m)+d(x_m, y_m)+d(y_m, y_n),$$

从而

$$d(x_n, y_n)-d(x_m, y_m)\leqslant d(x_n, x_m)+d(y_m, y_n),$$

同理可得

$$d(x_m, y_m)-d(x_n, y_n)\leqslant d(x_m, x_n)+d(y_n, y_m),$$

因此，有

$$|d(x_n, y_n)-d(x_m, y_m)|\leqslant d(x_n, x_m)+d(y_m, y_n)<\frac{\varepsilon}{2}+\frac{\varepsilon}{2}=\varepsilon.$$

可见数列$\{d(x_n, y_n)\}$是 Cauchy 列. 由$\mathbb{R}$的完备性可知，$\{a_n\}$是收敛列.

34. **证明** $\forall\varepsilon>0$，一方面存在X的一个基本列$\{y_n\}$，使得$d(x_n, y_n)<\varepsilon$；另一方面由$\{y_n\}$是基本列知存在$N\in\mathbb{N}$，使得当$n, m>N$时有$d(y_n, y_m)<\varepsilon$，于是

$$d(x_n, x_m)\leqslant d(x_n, y_n)+d(y_n, y_m)+d(y_m, x_m)<3\varepsilon.$$

可见$\{x_n\}$是完备度量空间(X, d)中的基本列，从而$\{x_n\}$收敛.

35. **证明** 充分性：设(X, d)和(Y, ρ)均是完备的度量空间，以及(x_n, y_n)是$X\times Y$中的基本列，根据定义

$$\gamma((x_m, y_m), (x_n, y_n))=\{[d(x_m, x_n)]^p+[d(y_m, y_n)]^p\}^{\frac{1}{p}},$$

易知$\{x_n\}$、$\{y_n\}$分别是(X, d)、(Y, ρ)中的基本列，从而为收敛列，即存在$x_0\in X$，$y_0\in Y$使得$x_n\to x_0$，$y_n\to y_0$，于是

$$\gamma((x_n, y_n), (x_0, y_0))=\{[d(x_n, x_0)]^p+[d(y_n, y_0)]^p\}^{\frac{1}{p}}\to 0\ (n\to\infty),$$

因此$(X\times Y, \gamma)$是完备的度量空间.

必要性：设$(X\times Y, \gamma)$是完备的度量空间，令$\{x_n\}$是(X, d)中的基本列，任取$y\in Y$，则易知(x_n, y)是$(X\times Y, \gamma)$中的基本列，所以存在$(x_0, y_0)\in X\times Y$，使得

$$\lim_{n\to\infty}(x_n, y)=(x_0, y_0).$$

于是知$\lim\limits_{n\to\infty}d(x_n, x_0)=0$，因此$(X, d)$是完备的度量空间. 类似可证明$(Y, \rho)$也是完备的度量空间.

36. **证明** 可证明(X, ρ)为度量空间，由题意可得

$$0\leqslant\rho(x, y)=\frac{d(x, y)}{1+d(x, y)}<d(x, y),$$

及当$0\leqslant\rho(x, y)\leqslant\frac{1}{2}$时，有

$$0\leqslant d(x,y)=\frac{\rho(x,y)}{1-\rho(x,y)}<2\rho(x,y).$$

充分性：任取(X,d)中的一基本列$\{x_n\}$，则$\forall\varepsilon>0\left(\text{不妨设 }\varepsilon<\frac{1}{2}\right)$，$\exists N\in\mathbb{N}$，使得当$m$，$n>N$时，有$d(x_n,x_m)<\varepsilon$. 于是有

$$0\leqslant\rho(x_n,x_m)=\frac{d(x_n,x_m)}{1+d(x_n,x_m)}<d(x_n,x_m)<\varepsilon.$$

因为(X,ρ)是完备的度量空间，所以$\exists x_0\in X$使得$\lim\limits_{n\to\infty}\rho(x_n,x_0)=0$，从而

$$\lim_{n\to\infty}d(x_n,x_0)=\lim_{n\to\infty}\frac{\rho(x_n,x_0)}{1-\rho(x_n,x_0)}<2\lim_{n\to\infty}\rho(x_n,x_0)=0.$$

因此，(X,d)为完备的度量空间.

必要性：任取(X,ρ)中的一基本列$\{x_n\}$，则$\forall\varepsilon>0\left(\text{不妨设 }\varepsilon<\frac{1}{2}\right)$，$\exists N\in\mathbb{N}$，使得当$m$，$n>N$时，有$\rho(x_n,x_m)<\frac{\varepsilon}{2}$. 于是有

$$0\leqslant d(x_n,x_m)=\frac{\rho(x_n,x_m)}{1-\rho(x_n,x_m)}<2\rho(x_n,x_m)<\varepsilon.$$

因为(X,d)是完备的度量空间，所以$\exists x_0\in X$使得$\lim\limits_{n\to\infty}d(x_n,x_0)=0$，从而

$$\lim_{n\to\infty}\rho(x_n,x_0)=\lim_{n\to\infty}\frac{d(x_n,x_0)}{1+d(x_n,x_0)}<\lim_{n\to\infty}d(x_n,x_0)=0.$$

因此，(X,ρ)为完备的度量空间.

37. **证明** 因为$\forall x,y,z\in X$，有

① $d(x,y)=\left|\frac{1}{x}-\frac{1}{y}\right|\geqslant 0$ 及 $d(x,y)=0\Leftrightarrow x=y$；

② $d(x,y)=\left|\frac{1}{x}-\frac{1}{y}\right|=\left|\frac{1}{y}-\frac{1}{x}\right|=d(y,x)$；

③ $d(x,y)=\left|\frac{1}{x}-\frac{1}{y}\right|=\left|\frac{1}{x}-\frac{1}{z}+\frac{1}{z}-\frac{1}{y}\right|\leqslant\left|\frac{1}{x}-\frac{1}{z}\right|+\left|\frac{1}{z}-\frac{1}{y}\right|$
$=d(x,z)+d(z,y)$，

所以d为X上的度量.

设$x_n=\frac{1}{n}$，显然在实数范围内$\lim\limits_{n\to\infty}\frac{1}{n}=0$，即$\forall\varepsilon>0$，存在正整数$N$，当$m$，$n>N$时，有$\left|\frac{1}{n}-\frac{1}{m}\right|<\varepsilon$，于是知点列$\{x_n\}$是度量空间$(X,d)$中的 Cauchy 列. 显然不存在正整数$n_0\in X$，使得$\lim\limits_{n\to\infty}\left|\frac{1}{n}-\frac{1}{n_0}\right|=0$成立，故点列$\{x_n\}$不是度量空间$(X,d)$中的收敛列. 因此，$(X,d)$不是完备的度量空间.

38. **证明** (1) 度量$d(x,y)$的非负性和对称性显然成立. 又$\forall x,y,z\in X$，有

$$z|x-y|=|zx-zy|\leqslant|zy-xy|+|xy-zx|=y|z-x|+x|y-z|,$$

所以

$$d(x, y)=\frac{|x-y|}{xy}\leqslant\frac{|x-z|}{xz}+\frac{|z-y|}{zy}=d(x, z)+d(z, y).$$

因此，$d(x, y)$为 X 上的度量.

(2) 记 $x_n=n$，因为不存在固定的正整数 m，使得 $d(x_n, m)=\frac{|m-n|}{mn}\neq 0$，且对于任给的正整数 p，有

$$d(x_{n+p}, x_n)=\frac{p}{n^2+np}\to 0\ (n\to\infty),$$

所以$\{x_n\}$是非收敛的 Cauchy 列，即(X, d)不是完备的度量空间.

(3) 要证明 X 的任何子集既开又闭，只需证明单点集$\{n\}$是开集. 当正整数 $m>n$ 时，有

$$d(m, n)=\frac{m-n}{mn}\geqslant\frac{1}{n(n+1)};$$

当正整数 $m<n$ 时，有

$$d(m, n)=\frac{n-m}{mn}\geqslant\frac{1}{n(n-1)}\geqslant\frac{1}{n(n+1)}.$$

令 $0<\delta<\frac{1}{n(n+1)}$，则 $O(n, \delta)=\{n\}$，因此$\{n\}$是开集.

39. **证明** 取$\{x^n\}$是 l^∞ 中的基本列，其中 $x^n=(x_1^n, x_2^n, \cdots, x_i^n, \cdots)$，任给 $\varepsilon>0$，存在 $N\in\mathbb{N}$，当 $m, n>N$ 时，有

$$d(x^m, x^n)=\sup_i|x_i^m-y_i^n|<\varepsilon.$$

于是对于每一个固定的 $i(i=1, 2, 3, \cdots)$，当 $m, n>N$ 时，有

$$|x_i^m-x_i^n|<\varepsilon.$$

因此数列$\{x_i^1, x_i^2, \cdots, x_i^n, \cdots\}$是$\mathbb{R}$中的基本列，由$\mathbb{R}$的完备性知此基本列收敛，可设其收敛到 x_i，即$\lim\limits_{n\to\infty}x_i^n=x_i$. 利用这些极限值可定义 $x=(x_1, x_2, \cdots, x_k, \cdots)$，下面证明$x\in l^\infty$ 以及 $x^n\to x(n\to\infty)$.

在$|x_i^m-x_i^n|<\varepsilon$ 中，令 $m\to\infty$，则对于一切 $n>N$，有

$$|x_i^n-x_i|\leqslant\varepsilon.$$

因为 $x^n=(x_1^n, x_2^n, \cdots, x_i^n, \cdots)\in l^\infty$，所以存在正实数 k_n，使得 $\forall i\in\mathbb{N}$，有$|x_i^n|\leqslant k_n$，于是

$$|x_i|\leqslant|x_i-x_i^n|+|x_i^n|\leqslant\varepsilon+k_n,$$

即证明了 $x\in l^\infty$. 再由$|x_i^n-x_i|\leqslant\varepsilon$ 知，$\forall n>N$，有

$$d(x^n, x)=\sup_i|x_i^n-x_i|\leqslant\varepsilon,$$

所以 $x^n\to x(n\to\infty)$. 因此，有界数列空间 l^∞ 是完备的度量空间.

40. **证明** 运用闭球套定理知必要性成立；充分性的证明如下：

设$\{x_n\}$是 X 中的基本列，取 $\varepsilon_k=\frac{1}{2^{k+1}}$，存在 n_k，当 $n, m>n_k$ 时，有 $d(x_n, x_m)<\varepsilon_k$. 不妨设 $n_1<n_2<\cdots<n_k<\cdots$，令

$$B_k=\left\{x\,\middle|\,d(x, x_{n_k})\leqslant\frac{1}{2^k}\right\}，其中 k=1, 2, 3, \cdots,$$

于是当 $y\in B_{k+1}$时，有

$$d(y,x_{n_k})\leqslant d(y,x_{n_{k+1}})+d(x_{n_{k+1}},x_{n_k})<\frac{1}{2^k}.$$

可见 $B_{k+1}\subset B_k$. 由题设条件知，必存在唯一的点 $x\in\bigcap_{n=1}^{\infty}B_n$，即 $d(x,x_{n_k})\leqslant\frac{1}{2^k}$，$x_{n_k}\to x$. 所以基本列 $\{x_n\}$ 有收敛子列 $\{x_{n_k}\}$，继而知 $\{x_n\}$ 是 X 中的收敛列，即 (X,d) 是完备的度量空间.

41. **证明**　必要性：假设 M 不是闭集，即存在一点 $x_0\in M'$，但 $x_0\notin M$，这意味着存在点列 $\{x_n\}\subset M$ 且 $\lim\limits_{n\to\infty}x_n=x_0$，显然 $\{x_n\}$ 是 M 中的基本列，但不是 M 中的收敛列，这与 M 的完备性相矛盾，故 M 是闭集.

充分性：因为 M 是闭集，所以 $M'\subset M$. 设 $\{x_n\}$ 是 M 中的基本列，当然 $\{x_n\}$ 也是 X 中的基本列，所以在完备空间 X 中，有 $\lim\limits_{n\to\infty}x_n=x_0$，显然 $x_0\in M'$，故 $\{x_n\}$ 是 M 中的收敛列，即 M 是完备的子空间.

42. **证明**　令 $x_n(t)=\sum\limits_{k=0}^{n}\frac{t^k}{k!}$，其中 $t\in[0,1]$，首先证明 $\{x_n(t)\}$ 是空间 $P[0,1]$ 中的基本列. 不妨设正整数 $m=n+p$，因为

$$d(x_m,x_n)=\int_0^1\sum_{k=n+1}^{n+p}\frac{t^k}{k!}\mathrm{d}t=\sum_{k=n+1}^{n+p}\frac{1}{(k+1)!}\leqslant\sum_{k=n+1}^{\infty}\frac{1}{k(k+1)}\leqslant\frac{1}{n+1}\to 0\ (n\to\infty),$$

所以 $\{x_n(t)\}$ 是基本列.又因为

$$d(x_n,\mathrm{e}^x)=\int_0^1\sum_{k=n+1}^{\infty}\frac{t^k}{k!}\mathrm{d}t=\sum_{k=n+1}^{\infty}\frac{1}{(k+1)!}\leqslant\sum_{k=n+1}^{\infty}\frac{1}{k(k+1)}\leqslant\frac{1}{n+1}\to 0\ (n\to\infty),$$

以及 e^x 不是多项式，所以 $\{x_n(t)\}$ 不是度量空间 $P[0,1]$ 中的收敛列.因此在 d 度量下空间 $P[0,1]$ 不完备.

43. **证明**　取 $\{x^n\}$ 是 l^p 中的基本列，其中 $x^n=(x_1^n,x_2^n,\cdots,x_i^n,\cdots)$，任给 $\varepsilon>0$，存在 $N\in\mathbb{N}$，当 $m,n>N$ 时，有

$$d(x^m,x^n)=\left(\sum_{i=1}^{\infty}|x_i^m-x_i^n|^p\right)^{\frac{1}{p}}<\varepsilon.$$

于是对于每一个 $i(i=1,2,\cdots)$，当 $m,n>N$ 时，有 $|x_i^m-x_i^n|<\varepsilon$. 因此对于固定的 i，可得 $\{x_i^1,x_i^2,\cdots,x_i^n,\cdots\}$ 是 $\mathbb{R}$ 中的基本列，由 $\mathbb{R}$ 的完备性知此基本列收敛，可设其收敛到 x_i，即 $\lim\limits_{n\to\infty}x_i^n=x_i$. 利用这些极限值可定义 $x=(x_1,x_2,\cdots,x_k,\cdots)$，下面证明 $x\in l^p$ 以及 $x^n\to x(n\to\infty)$.

由 $(\sum\limits_{i=1}^{\infty}|x_i^m-x_i^n|^p)^{\frac{1}{p}}<\varepsilon$ 知，对于自然数 $k(k=1,2,\cdots)$，当 $m,n>N$ 时，有

$$\sum_{i=1}^{k}|x_i^m-x_i^n|^p<\varepsilon^p.$$

令 $m\to\infty$，当 $n>N$ 时，有 $\sum\limits_{i=1}^{k}|x_i-x_i^n|^p=\sum\limits_{i=1}^{k}|x_i^n-x_i|^p\leqslant\varepsilon^p$；再令 $k\to\infty$，当 $n>N$ 时，有

$$\sum_{i=1}^{\infty}|x_i^n-x_i|^p\leqslant\varepsilon^p.$$

因此 $x^n - x \in l^p$，其中 $x^n - x = (x_1^n - x_1, x_2^n - x_2, \cdots)$. 又因为 $x^n \in l^p$，由 Minkowski 不等式知 $x = x^n + (x - x^n) \in l^p$. 再由 $\sum_{i=1}^{\infty} |x_i^n - x_i|^p \leqslant \varepsilon^p$ 得 $d(x^n, x) \leqslant \varepsilon$，即 $x^n \to x (n \to \infty)$.

44. **证明** 显然 X 是有界数列空间 l^∞ 的子空间，由于 l^∞ 是完备的度量空间，依据定理 1.5.3，只需证明 X 是闭集.

设 $x^{(n)} \in X$ 以及 $\lim\limits_{n\to\infty} d(x^{(n)}, x^{(0)}) = 0$，下面证明 $\lim\limits_{i\to\infty} x_i^{(0)} = 0$，其中

$x^{(n)} = (x_1^{(n)}, x_2^{(n)}, \cdots, x_n^{(n)}, \cdots)$，$\lim\limits_{i\to\infty} x_i^{(n)} = 0$，$x^{(0)} = (x_1^{(0)}, x_2^{(0)}, \cdots, x_n^{(0)}, \cdots)$.

因为 $\lim\limits_{n\to\infty} d(x^{(n)}, x^{(0)}) = 0$，$\forall \varepsilon > 0$，$\exists N \in \mathbb{N}$，使得当 $n \geqslant N$ 时，有

$$\sup_{i\geqslant 1} |x_i^{(n)} - x_i^{(0)}| < \frac{\varepsilon}{3},$$

于是 $\sup\limits_{i\geqslant 1} |x_i^{(N)} - x_i^{(0)}| < \dfrac{\varepsilon}{3}$.

因为 $\lim\limits_{i\to\infty} x_i^{(N)} = 0$，对于上述的 ε，存在 $N_1 \in \mathbb{N}$，使得当 $i \geqslant N_1$ 时，有 $|x_i^{(N)}| < \dfrac{\varepsilon}{3}$. 此时

$$|x_i^{(0)}| \leqslant |x_i^{(0)} - x_i^{(N)}| + |x_i^{(N)}| < \frac{\varepsilon}{3} + \frac{\varepsilon}{3} < \varepsilon,$$

因此 X 是完备度量空间 l^∞ 的闭子集，即 (X, d) 是完备的度量空间.

45. **证明** 令 $x^{(n)} = \left(1, \dfrac{1}{2}, \cdots, \dfrac{1}{n}, 0, 0, \cdots\right)$，显然 $x^{(n)} \in X$，当正整数 $m > n$ 时，有

$$d(x^{(m)}, x^{(n)}) = \sup\left\{0, \cdots, 0, \frac{1}{n+1}, \cdots, \frac{1}{m}, 0, 0, \cdots\right\} = \frac{1}{n+1},$$

所以点列 $\{x^{(n)}\}$ 是 Cauchy 列. 令 $x^{(0)} = \left(1, \dfrac{1}{2}, \cdots, \dfrac{1}{n}, \cdots\right)$，显然有

$$d(x^{(n)}, x^{(0)}) = \sup\left\{0, \cdots, 0, \frac{1}{n+1}, \frac{1}{n+2}, \cdots\right\} = \frac{1}{n+1},$$

所以 $\lim\limits_{n\to\infty} x^{(n)} = x^{(0)}$，但是 $x^{(0)} \notin X$，因此度量空间 (X, d) 不完备.

设 Y 是极限为零的实数列构成的度量空间 (Y, d)，显然 $X \subset Y$. 由习题 44 的结论知 (Y, d) 完备，下面证明 X 在 Y 中稠密.

对于任意的 $x = (x_1, x_2, \cdots, x_k, \cdots) \in Y$，令

$$x^{(n)} = (x_1, x_2, \cdots, x_n, 0, 0, \cdots) \in X,$$

于是

$$d(x^{(n)}, x) = \sup_{k\geqslant n+1} |x_k| \to 0 \ (n \to \infty),$$

可见 Y 中任意点的邻域内有 X 中的点，所以 X 在 Y 中稠密.

46. **证明** (1) 因为 $d(x_n, y_n) \leqslant d(x_n, x_m) + d(x_m, y_m) + d(y_m, y_n)$，所以

$$d(x_n, y_n) - d(x_m, y_m) \leqslant d(x_n, x_m) + d(y_m, y_n).$$

同理可得 $d(x_m, y_m) - d(x_n, y_n) \leqslant d(x_m, x_n) + d(y_n, y_m)$. 于是

$$|d(x_m, y_m) - d(x_n, y_n)| \leqslant d(x_n, x_m) + d(y_m, y_n).$$

因为 $\tilde{x} = \{x_n\}$ 和 $\tilde{y} = \{y_n\}$ 是 Cauchy 列，所以 $\{d(x_n, y_n)\}$ 是 $\mathbb{R}$ 中的 Cauchy 列，因此极限 $\tilde{d}(\tilde{x}, \tilde{y}) = \lim\limits_{n\to\infty} d(x_n, y_n)$ 存在.

(2) 类似(1)的证明，可得

$$|d(x_n, y_n)-d(x_n', y_n')|\leqslant d(x_n, x_n')+d(y_n, y_n'),$$

由于$\lim\limits_{n\to\infty}d(x_n, x_n')=0$，$\lim\limits_{n\to\infty}d(y_n, y_n')=0$，因此$\lim\limits_{n\to\infty}d(x_n, y_n)=\lim\limits_{n\to\infty}d(x_n', y_n')$.

(3) 显然 $\tilde{d}$ 满足非负性和对称性，对于 $\tilde{X}$ 中任意三个元素 $\tilde{x}=\{x_n\}$，$\tilde{y}=\{y_n\}$ 和 $\tilde{z}=\{z_n\}$，有

$$\begin{aligned}\tilde{d}(\tilde{x}, \tilde{y})&=\lim_{n\to\infty}d(x_n, y_n)\leqslant\lim_{n\to\infty}d(x_n, z_n)+\lim_{n\to\infty}d(z_n, y_n)\\&=\tilde{d}(\tilde{x}, \tilde{z})+\tilde{d}(\tilde{z}, \tilde{y}),\end{aligned}$$

因此$(\tilde{X}, \tilde{d})$为度量空间.

47. **证明** $\forall a\in X$，记点列 $\tilde{a}=\{a_n\}$，其中 $a_n=a$. 令 $W=\{\tilde{a}\mid a\in X\}$，显然 $W\subset\tilde{X}$. 设映射 φ：$X\to W$，其中 $\varphi(a)=\tilde{a}$，则 $W=\varphi(X)$. 因为

$$\tilde{d}(\varphi(a), \varphi(b))=\tilde{d}(\tilde{a}, \tilde{b})=\lim_{n\to\infty}d(a_n, b_n)=\lim_{n\to\infty}d(a, b)=d(a, b),$$

所以 X 与 W 等距同构.

$\forall\tilde{x}=\{x_n\}\in\tilde{X}$，由于$\{x_n\}$是 Cauchy 列，因此 $\forall\varepsilon>0$，存在正整数 N，使得当 $n>N$ 时，$d(x_n, x_N)<\dfrac{\varepsilon}{2}$. 对于此点列$\{x_n\}$中的每一点 x_n，记 $\varphi(x_n)=\tilde{x}_n$，于是

$$\tilde{d}(\tilde{x}, \tilde{x}_N)=\lim_{n\to\infty}d(x_n, x_N)\leqslant\frac{\varepsilon}{2}<\varepsilon,$$

说明 $\tilde{x}$ 的任何 ε 邻域内必有 W 中的点，因此 W 是 $\tilde{X}$ 的稠密子空间.

48. **证明** 设$\{\tilde{x}_n\}$是度量空间$(\tilde{X}, \tilde{d})$中的 Cauchy 列，因为习题 47 所定义的 W 在 $\tilde{X}$ 中稠密，所以存在$\tilde{z}_n\in W$，使得 $\tilde{d}(\tilde{x}_n, \tilde{z}_n)<\dfrac{1}{n}$，因此

$$\tilde{d}(\tilde{z}_m, \tilde{z}_n)\leqslant\tilde{d}(\tilde{z}_m, \tilde{x}_m)+\tilde{d}(\tilde{x}_m, \tilde{x}_n)+\tilde{d}(\tilde{x}_n, \tilde{z}_n)<\frac{1}{m}+\tilde{d}(\tilde{x}_m, \tilde{x}_n)+\frac{1}{n},$$

可见$\{\tilde{z}_n\}$是子空间 W 中的 Cauchy 列. 又 X 与 W 等距同构，记 $\varphi^{-1}(\tilde{z}_n)=z_n$，则$\{z_n\}$是 X 中的 Cauchy 列. 令 $\tilde{x}=\{z_n\}$，则有 $\tilde{x}\in\tilde{X}$ 以及

$$\tilde{d}(\tilde{x}_n, \tilde{x})\leqslant\tilde{d}(\tilde{x}_n, \tilde{z}_n)+\tilde{d}(\tilde{z}_n, \tilde{x})<\frac{1}{n}+\tilde{d}(\tilde{z}_n, \tilde{x}),$$

当上式右边 n 足够大时，左边可小于事先给定的任意正数 ε，可见 $\tilde{d}(\tilde{x}_n, \tilde{x})=0$，因此$(\tilde{X}, \tilde{d})$是完备的度量空间.

49. **证明** 设$(\hat{X}, \hat{d})$为另一个完备的度量空间，且 X 与 $\hat{X}$ 的稠密子集 $\hat{W}$ 等距同构. 下面证明 $\tilde{X}$ 与 $\hat{X}$ 等距同构.

建立 $\tilde{X}$ 到 $\hat{X}$ 上的映射 T 如下：$\forall\hat{x}\in\hat{X}$，由 $\hat{W}$ 在 $\hat{X}$ 中稠密知，存在点列$\{\hat{x}_n\}\subset\hat{W}$，使得$\lim\limits_{n\to\infty}\hat{x}_n=\hat{x}$. 因为 $\hat{W}$ 与 X 等距同构，W 与 X 等距同构，所以存在从 $\hat{W}$ 到 W 上的等距同构映射 φ，$\{\varphi(\hat{x}_n)\}$是 W 中的 Cauchy 列，由 $\tilde{X}$ 完备知，存在 $\tilde{x}\in\tilde{X}$，使得$\lim\limits_{n\to\infty}\varphi(\hat{x}_n)=\tilde{x}$. 因此定义 $T(\hat{x})=\tilde{x}$.

首先说明这样定义的 T 与点列$\{\hat{x}_n\}$无关.若存在另外的点列$\{\hat{y}_n\}\subset\hat{W}$,使得$\lim\limits_{n\to\infty}\hat{y}_n=\hat{x}$,则$\tilde{d}(\lim\limits_{n\to\infty}\varphi(\hat{x}_n),\lim\limits_{n\to\infty}\varphi(\hat{y}_n))=\lim\limits_{n\to\infty}\tilde{d}(\varphi(\hat{x}_n),\varphi(\hat{y}_n))=\lim\limits_{n\to\infty}\hat{d}(\hat{x}_n,\hat{y}_n)=\lim\limits_{n\to\infty}\hat{d}(\hat{x},\hat{x})=0$,因此$\lim\limits_{n\to\infty}\varphi(\hat{x}_n)=\lim\limits_{n\to\infty}\varphi(\hat{y}_n)$.

其次证明 T 从 $\hat{X}$ 到 $\tilde{X}$ 上的等距同构映射.

① 当 $\hat{x},\hat{y}\in\hat{X}$ 且 $\hat{x}\neq\hat{y}$ 时,存在点列$\{\hat{x}_n\}$,$\{\hat{y}_n\}\subset\hat{W}$,使得$\lim\limits_{n\to\infty}\hat{x}_n=\hat{x}$,$\lim\limits_{n\to\infty}\hat{y}_n=\hat{y}$.于是

$$\begin{aligned}0<\hat{d}(\hat{x},\hat{y})&=\lim_{n\to\infty}\hat{d}(\hat{x}_n,\hat{y}_n)=\lim_{n\to\infty}\tilde{d}(\varphi(\hat{x}_n),\varphi(\hat{y}_n))\\&=\tilde{d}(\lim_{n\to\infty}\varphi(\hat{x}_n),\lim_{n\to\infty}\varphi(\hat{y}_n))=\tilde{d}(\tilde{x},\tilde{y}),\end{aligned}$$

所以 T 是单射.

② $\forall\tilde{x}\in\tilde{X}$,由 W 在 $\tilde{X}$ 中稠密知,存在点列$\{\tilde{x}_n\}\subset W$,使得$\lim\limits_{n\to\infty}\tilde{x}_n=\tilde{x}$.于是$\{\varphi^{-1}(\tilde{x}_n)\}$是 $\hat{X}$ 中的 Cauchy 列,所以存在 $\hat{x}\in\hat{X}$,使得$\lim\limits_{n\to\infty}\{\varphi^{-1}(\tilde{x}_n)\}=\hat{x}$,从而 $T(\hat{x})=\tilde{x}$,因此 T 是满射.

③ $\forall\hat{x},\hat{y}\in\hat{X}$,有点列$\{\hat{x}_n\}$,$\{\hat{y}_n\}\subset\hat{W}$,使得$\lim\limits_{n\to\infty}\hat{x}_n=\hat{x}$,$\lim\limits_{n\to\infty}\hat{y}_n=\hat{y}$.于是

$$\hat{d}(\hat{x},\hat{y})=\lim_{n\to\infty}\hat{d}(\hat{x}_n,\hat{y}_n)=\lim_{n\to\infty}\tilde{d}(\varphi(\hat{x}_n),\varphi(\hat{y}_n))=\tilde{d}(T\hat{x},T\hat{y}),$$

所以 T 等距映射.

综上可知,T 是从 $\hat{X}$ 到 $\tilde{X}$ 上的等距同构映射.

50. **证明** (1) 设 X 和 Y 是两个度量空间,且 X 完备,$f:X\to Y$ 为同胚映射,$\{x_n\}\subset X$ 为 Cauchy 列.由 X 完备知$\{x_n\}$为收敛列,即存在 $x_0\in X$,使得$\lim\limits_{n\to\infty}x_n=x_0$.因为 f 为同胚映射,所以$\lim\limits_{n\to\infty}f(x_n)=f(\lim\limits_{n\to\infty}x_n)=f(x_0)$,即$\{f(x_n)\}$为收敛列,因此$\{f(x_n)\}$为 Cauchy 列.

(2) 记 $X=(-1,1)$,$Y=\mathbb{R}$,度量均取通常的欧氏度量,令

$$f(x)=\begin{cases}\dfrac{x}{1+x}, & -1<x<0,\\[2mm]\dfrac{x}{1-x}, & 0\leqslant x<1,\end{cases}\qquad f^{-1}(y)=\begin{cases}\dfrac{y}{1-y}, & -\infty<y<0,\\[2mm]\dfrac{y}{1+y}, & 0\leqslant y<+\infty,\end{cases}$$

可验证 f 为同胚映射.令 $x_n=1-\dfrac{1}{n}$,显然$\{x_n\}\subset X$ 为 Cauchy 列,而 $y_n=f(x_n)=n-1$ 不是 Cauchy 列.

51. **证明** 映射$\varphi(t)=\dfrac{t-a}{b-a}$是从$[a,b]$到$[0,1]$上的一一映射,定义从空间 $C[0,1]$到空间 $C[a,b]$上的映射 T:$\forall x(t)\in C[0,1]$,$Tx(t)=x(\varphi(t))\in C[a,b]$,则$\forall x(t)$,$y(t)\in C[0,1]$,有

$$\begin{aligned}d(Tx,Ty)&=\max_{a\leqslant t\leqslant b}|Tx(t)-Ty(t)|=\max_{a\leqslant t\leqslant b}\left|x\left(\frac{t-a}{b-a}\right)-y\left(\frac{t-a}{b-a}\right)\right|\\&=\max_{0\leqslant t\leqslant 1}|x(t)-y(t)|=d(x,y),\end{aligned}$$

可见，映射 T 是等距映射.

当 $f(t)\in C[a, b]$时，有 $f(\varphi^{-1}(t))\in C[0, 1]$，于是 $T[f(\varphi^{-1}(t))]=f(t)$，所以映射 T 是满射. 若 $Tx=Ty$，则 $d(x, y)=d(Tx, Ty)=0$，所以映射 T 是单射. 因此，T 是从空间$C[0, 1]$到空间 $C[a, b]$上的等距同构映射.

52. **证明**　证法一：如果 A 是有限集，则 A 是列紧集；如果 A 是无限的有界集，只需证明 A 的任意点列 $B=\{y_n\}_{n=1}^{\infty}\subset A$ 有收敛子列. 记$\mathbb{R}^n$ 中的点集

$$I_n=\left\{x=(x, x_2, \cdots, x_n)\,\Big|\,|x_i-x_i^*|\leqslant\frac{1}{2}a, i=1, 2, \cdots, n, a>0\right\}\subset O\left(x^*, \frac{\sqrt{n}a}{2}\right)$$

称 I_n 为 n 维立方体，这里 $x=(x_1, x_2, \cdots, x_n)$，$x^*=(x_1^*, x_2^*, \cdots, x_n^*)$，$x^*$ 为立方体 I_n 的中心，a 为边长. 由 B 有界可知存在$a>0$，使 $B\subset I$.

设有界无限集点列 B 包含在边长为a 的某个n 维立方体I_1 内，将 I_1 等分成 $m=2^n$ 个 n 维小立方体：$I_{11}, I_{12}, \cdots, I_{1m}$. 由于 B 是无限点集，则必有某个 I_{1k}含有 B 的无限多个点，记 I_{1k}为I_2. 再将 I_2 等分成 m 个小立方体：$I_{21}, I_{22}, \cdots, I_{2m}$，同样有某个 I_{2j}含有B 的无限多个点. 继续做下去，得一立方体序列且满足：

$$I_1\supset I_2\supset I_3\supset\cdots I_k\supset\cdots,$$

其中每个 I_k 中含有 B 的无限多个点，而 I_k 包含在一个半径为$\frac{\sqrt{n}a}{2^k}$的闭球中. 当 $k\to+\infty$ 时，半径趋于零，则存在唯一的点 $X_0\in\bigcap\limits_{k=1}^{\infty}I_k$(闭球套定理). 因此$\forall\varepsilon>0$，存在充分大的 k，使 $I_k\subset O(x_0, \varepsilon)$，可见 $O(x_0, \varepsilon)$中含有 B 的无限多个点，从而 x_0 是 B 的极限点，即 B 中收敛子列.

证法二：任取点列$\{x_m\}\subset A$，下面证明$\{x_m\}$含有收敛子列$\{x_{m_k}\}$. 由 A 有界知$\{x_m\}$为有界集，不妨记 $a=\mathrm{dia}\{x_m\}=\sup\limits_{k, m\geqslant 1}\{d(x_k, x_m)\}$，显然 $a>0$. 于是存在边长为 a 的 n 维立方体 V_1，使得$\{x_m\}\subset V_1$，记 $x_{m_1}=x_1$. 将 V_1 的每个边二等分，得到 2^n 个边长为$\frac{a}{2}$的 n 维小立方体，将无限点列$\{x_m\}$放归有限个小立方体中，至少有一个小立方体(记为 V_2)含有$\{x_m\}$无限个点，记V_2 中$\{x_m\}$标号最小的点为 x_{m_2}. 再次将 V_2 的每个边二等分，得到 2^n 个边长为$\frac{a}{4}$的 n 维小立方体，同理至少有一个小立方体(记为 V_3)含有$\{x_m\}$无限个点，记 V_3 中$\{x_m\}$标号最小的点为 x_{m_3}. 以此类推，得到$\{x_m\}$的子列$\{x_{m_k}\}$，且满足

$$d(x_{m_1}, x_{m_2})\leqslant\delta_1, d(x_{m_2}, x_{m_3})\leqslant\delta_2, d(x_{m_3}, x_{m_4})\leqslant\delta_3, \cdots, d(x_{m_k}, x_{m_{k+1}})\leqslant\delta_k, \cdots,$$

其中 $\delta_k=\frac{c_0}{2^k}$，常数 $c_0=2a\sqrt{n}$，因此$\forall k, p\in\mathbb{N}$，有

$$\begin{aligned}d(x_{m_k}, x_{m_{k+p}})&\leqslant d(x_{m_k}, x_{m_{k+1}})+d(x_{m_{k+1}}, x_{m_{k+2}})+\cdots+d(x_{m_{k+p-1}}, x_{m_{k+p}})\\&\leqslant\delta_k+\delta_{k+1}+\cdots+\delta_{k+p-1}\\&=c_0\left(\frac{1}{2^k}+\frac{1}{2^{k+1}}+\cdots+\frac{1}{2^{k+p-1}}\right)\\&=\frac{c_0}{2^{k-1}}\to 0\quad(k\to\infty),\end{aligned}$$

所以子列$\{x_{m_k}\}$为 Cauchy 列，由$\mathbb{R}^n$ 的完备性知，Cauchy 列$\{x_{m_k}\}$为收敛列.

53. **证明** 由定义$d(x_0, A)=\inf\{d(x_0, y)\mid y\in A\}$知，存在点列$\{y_n\}\subset A$，使得

$$\lim_{n\to\infty}d(y_n, x_0)=d(x_0, A)$$

且满足

$$d(x_0 A)\leqslant d(x_0, y_n)\leqslant d(x_0, A)+\frac{1}{n}.$$

由A的紧性知，$\{y_n\}$存在收敛子列$\{y_{n_k}\}$，不妨设$\lim\limits_{k\to\infty}y_{n_k}=y_0$，其中$y_0\in A$. 于是

$$\begin{aligned}d(x_0, A)\leqslant d(x_0, y_0)&=d(x_0, \lim_{k\to\infty}y_{n_k})=\lim_{k\to\infty}d(x_0, y_{n_k})\\&\leqslant\lim_{k\to\infty}\left[d(x_0, A)+\frac{1}{n_k}\right]=d(x_0, A).\end{aligned}$$

因此$d(x_0, A)=d(x_0, y_0)$，其中$y_0\in A$.

54. **证明** 由度量空间子集的直径定义及$A\neq\phi$可知，存在数列$\{x_n\}\subset A$，$\{y_n\}\subset A$，使得

$$\mathrm{dia}A=\lim_{n\to\infty}d(x_n, y_n).$$

因为A是紧集，所以$\{x_n\}$，$\{y_n\}$存在收敛于A的子列$\{x_{n_k}\}$，$\{y_{n_k}\}$，以及存在x_0，$y_0\in A$，使得

$$\lim_{k\to\infty}x_{n_k}=x_0,\quad \lim_{k\to\infty}y_{n_k}=y_0.$$

由于距离函数$d(x, y)$是X上的二元映射，因此

$$\lim_{k\to\infty}d(x_{n_k}, y_{n_k})=d(\lim_{k\to\infty}x_{n_k}, \lim_{k\to\infty}y_{n_k})=d(x_0, y_0).$$

因为实数域上的收敛数列与其收敛的子列收敛到同一个数，所以

$$\mathrm{dia}A=\lim_{n\to\infty}d(x_n, y_n)=\lim_{k\to\infty}d(x_{n_k}, y_{n_k})=d(x_0, y_0).$$

55. **证明** 设$x_n\in A_n$，则点列$\{x_n\}\subset A_1$. 由于紧空间的闭子集一定紧，因此$\{A_n\}$是X的一列紧子集，从而$\{x_n\}$有收敛的子列$\{x_{n_k}\}$，不妨设$x_{n_k}\to x_0(k\to\infty)$. 对于任意的$n$对应的闭子集$A_n$，存在$K_n\in\mathbb{N}$，当$k\geqslant K_n$时，有$x_{n_k}\in A_n$，即除有限项外子列$\{x_{n_k}\}$的其他无限点列属于$A_n$，这说明$x_0\in A_n$，故$x_0\in\bigcap\limits_{n=1}^{\infty}A_n$. 综上可知，$\bigcap\limits_{n=1}^{\infty}A_n\neq\phi$.

56. **证明** 必要性：设$A\subset X$为紧集，下面证明$f(A)\subset Y$为紧集. 对于$f(A)$中的点列$\{y_n\}$，存在$\{x_n\}\subset A$，使得$y_n=f(x_n)$. 由于A为紧集，因此$\{x_n\}$存在收敛于x_0的子列$\{x_{n_k}\}$. 记$y_{n_k}=f(x_{n_k})$，加之f是连续映射，故有$\lim\limits_{k\to\infty}y_{n_k}=\lim\limits_{k\to\infty}f(x_{n_k})=f(x_0)\in f(A)$，即$f(A)$为列紧集.

若存在$\{y_n\}\subset f(A)$且$y_n\to y_0$，则存在$\{x_n\}\subset A$，使得$y_n=f(x_n)$. 由于A为紧集，因此$\{x_n\}$存在收敛于x_0的子列$\{x_{n_k}\}$. 记$y_{n_k}=f(x_{n_k})$，加之f是连续映射，故有

$$\lim_{k\to\infty}y_{n_k}=\lim_{k\to\infty}f(x_{n_k})=f(x_0)\in f(A).$$

于是

$$\rho(y_0, f(x_0))\leqslant\rho(y_0, y_n)+\rho(y_{n_k}f(x_0))\to 0,$$

可得$f(A)$为闭集. 故$f(A)$为紧集.

充分性：设$\{x_n\}$是由互不相同的点组成的点列且$\lim\limits_{n\to\infty}x_n=x_0$，$x_n\neq x_0$. 因为

$$A=\{x_0, x_1, \cdots, x_n, \cdots\}$$

是紧集，由题设知 $f(A)=\{f(x_0), f(x_1), \cdots, f(x_n), \cdots\}$ 也是紧集，所以若 $\lim\limits_{n\to\infty}f(x_n)$ 存在，必有

$$\lim_{n\to\infty}f(x_n)\in\{f(x_n)\,|\,n=0, 1, 2, \cdots\},$$

可知 $\lim\limits_{n\to\infty}f(x_n)=f(x_0)$，否则 $\lim\limits_{n\to\infty}f(x_n)=f(x_k)$ $(k\neq 0)$. 显然

$$A'=\{x_0, x_1, \cdots, x_{k-1}, x_{k+1}, \cdots, x_n, \cdots\}$$

依然是紧集，于是

$$f(A')=\{f(x_0), f(x_1), \cdots, f(x_{k-1}), f(x_{k+1}), \cdots, f(x_n), \cdots\}$$

也是紧集，所以有

$$f(x_k)\in\{f(x_n)\,|\,n=0, 1, 2, \cdots, k-1, k+1, \cdots\},$$

这与 f 是单射相矛盾，从而必有 $\lim\limits_{n\to\infty}f(x_n)=f(x_0)$.

综上可知，若点列 $\{x_n\}$ 收敛于 x_0，则 $\{f(x_n)\}$ 的任何子列必有收敛子列，且其极限为 $f(x_0)$，从而有 $\lim\limits_{n\to\infty}f(x_n)=f(x_0)$，故 f 是连续映射.

57. **证明** 由 $d(F_1, F_2)$ 的定义知，存在 $\{x_n\}\subset F_1$，$\{y_n\}\subset F_2$，使得

$$d(F_1, F_2)=\lim_{n\to\infty}d(x_n, y_n).$$

因为 F_1，F_2 是紧集，所以 $\{x_n\}$，$\{y_n\}$ 分别存在收敛于 F_1 和 F_2 的子列 $\{x_{n_k}\}$ 及 $\{y_{n_k}\}$，即存在 $x_0\in F_1$，$y_0\in F_2$，使得

$$\lim_{k\to\infty}x_{n_k}=x_0,\quad \lim_{k\to\infty}y_{n_k}=y_0.$$

由于 $d(x, y)$ 是 X 上的二元连续映射，因此有

$$\lim_{k\to\infty}d(x_{n_k}, y_{n_k})=d(\lim_{k\to\infty}x_{n_k}, \lim_{k\to\infty}y_{n_k})=d(x_0, y_0).$$

因为实数域上的数列若收敛，且有收敛的子列，则原数列必收敛且与其子列收敛到同一个数，所以

$$d(F_1, F_2)=\lim_{n\to\infty}d(x_n, y_n)=\lim_{k\to\infty}d(x_{n_k}, y_{n_k})=d(x_0, y_0).$$

58. **证明** 由 $d(F_1, F_2)=0$ 知，存在 $\{x_n\}\subset F_1$，$\{y_n\}\subset F_2$，使得

$$d(F_1, F_2)=\lim_{n\to\infty}d(x_n, y_n)=0.$$

因为 F_1 是紧集，所以 $\{x_n\}$ 存在收敛于 F_1 的子列 $\{x_{n_k}\}$，即存在 $x_0\in F_1$，使得 $\lim\limits_{k\to\infty}x_{n_k}=x_0$. 对于 $\{y_n\}$ 的子列 y_{n_k} 而言，有

$$d(y_{n_k}, x_0)\leqslant d(y_{n_k}, x_{n_k})+d(x_{n_k}, x_0).$$

所以 $\lim\limits_{k\to\infty}y_{n_k}=x_0$，于是由 F_2 是闭集可知 $x_0\in F_2$，故 $x_0\in F_1\cap F_2$.

59. **证明** 当 A 是全有界集时，$\forall\varepsilon>0$，$\exists\{y_1, y_2, \cdots, y_n\}\subset X$，使得 $A\subset\bigcup\limits_{i=1}^{n}O\left(y_i, \dfrac{\varepsilon}{2}\right)$. $\forall 1\leqslant i\leqslant n$，不妨设 $O\left(y_i, \dfrac{\varepsilon}{2}\right)\cap A\neq\phi$，选取 $x_i\in O\left(y_i, \dfrac{\varepsilon}{2}\right)\cap A$，显然 $\{x_1, x_2, \cdots, x_n\}\subset A$ 以及 $O\left(y_i, \dfrac{\varepsilon}{2}\right)\subset O(x_i, \varepsilon)$，因此

$$A\subset\bigcup_{i=1}^{n}O\left(y_i, \frac{\varepsilon}{2}\right)\subset\bigcup_{i=1}^{n}O(x_i, \varepsilon).$$

60. **证明** 因为 $f: X\to Y$ 是一致连续映射，所以 $\forall\varepsilon>0$，$\exists\delta>0$，使得 $\forall x_1, x_2\in X$，

当 $d(x_1, x_2)<\delta$ 时，有

$$\rho(f(x_1), f(x_2))<\varepsilon.$$

于是令 $\{x_1, x_2, \cdots, x_n\}$ 为度量空间 (X, d) 的有限 δ 网，则易验证

$$\{f(x_1), f(x_2), \cdots, f(x_n)\}$$

为度量空间 (Y, ρ) 的有限 ε 网，因此 $f(A)$ 是 (Y, ρ) 的全有界集.

61. **证明** 因为 X 是全有界集，所以 $\forall\varepsilon>0$，存在 X 的有限 $\frac{\varepsilon}{2}$ 网 $\{x_1, x_2, \cdots, x_n\}$，即有

$$A\subset X=\bigcup_{i=1}^{n}O\left(x_i, \frac{\varepsilon}{2}\right).$$

因为 A 是无限集，所以存在 A 的无限子集 A_0，存在 $1\leqslant i_0\leqslant n$，使得

$$A_0\subset O\left(x_{i_0}, \frac{\varepsilon}{2}\right), 1\leqslant i\leqslant n,$$

显然 $\mathrm{dia}A_0<\varepsilon$.

62. **证明** 必要性：当 A 是全有界集时，由引理 1.7.1 知，$\forall\varepsilon>0$，存在 A 的有限 ε 网 $\{x_1, x_2, \cdots, x_n\}\subset A$，即有

$$A\subset\bigcup_{i=1}^{n}O(x_i, \varepsilon).$$

令 $B_\varepsilon=\{x_1, x_2, \cdots, x_n\}$，则 $\forall x\in A$，有

$$d(x, B_\varepsilon)\leqslant\min\{d(x, x_i)\mid 1\leqslant i\leqslant n\}<\varepsilon.$$

充分性：对于任给的 $\varepsilon>0$，设存在有限集 $B_\varepsilon=\{y_1, y_2, \cdots, y_n\}$，使得 $\forall x\in A$，有

$$d(x, B_\varepsilon)=\min\{d(x, y_i)\mid 1\leqslant i\leqslant n\}<\varepsilon,$$

于是存在 $y_i\in B_\varepsilon$，其中 $1\leqslant i\leqslant n$，使得 $d(x, y_i)=d(x, B_\varepsilon)<\varepsilon$，即 $x\in O(y_i, \varepsilon)$，所以 $A\subset\bigcup_{i=1}^{n}O(x_i, \varepsilon)$. 可见，$B_\varepsilon$ 是 A 的有限 ε 网，因此 A 是全有界集.

63. **证明** 根据定理 1.7.3(2)，完备空间 $C[a, b]$ 上的列紧集 F 是全有界集知，$\forall\varepsilon>0$，存在有限的 $\frac{\varepsilon}{3}$ 网 $A=\{f_1, f_2, \cdots, f_i, \cdots, f_m\}$，显然 $[a, b]$ 上的连续函数 f_i 有界，即 $\exists k_i>0$，使得 $|f_i(x)|\leqslant k_i$. 令 $k=\max\{k_i\mid 1\leqslant i\leqslant m\}+\frac{\varepsilon}{3}$，则 $\forall f\in F$，由 $\frac{\varepsilon}{3}$ 网的定义知，$\exists f_i\in A$，使得

$$d(f, f_i)=\max_{a\leqslant x\leqslant b}|f(x)-f_i(x)|\leqslant\frac{\varepsilon}{3}.$$

因此 $|f(x)|\leqslant|f(x)-f_i(x)|+|f_i(x)|\leqslant\frac{\varepsilon}{3}+k_i\leqslant k$，即函数族 F 一致有界.

64. **证明** 根据定理 1.7.3(2)，完备空间 $C[a, b]$ 上的列紧集 F 是全有界集知，$\forall\varepsilon>0$，存在有限的 $\frac{\varepsilon}{3}$ 网 $A=\{f_1, f_2, \cdots, f_i, \cdots, f_m\}$，显然 $[a, b]$ 上的连续函数 f_i 一致连续，所以 $\exists\delta_i>0$，使得 $\forall x_1, x_2\in[a, b]$，当 $|x_1-x_2|<\delta$ 时，有

$$|f_i(x_1)-f_i(x_2)|<\frac{\varepsilon}{3}.$$

令 $\delta=\min\{\delta_i \mid 1\leqslant i\leqslant m\}$，则 $\forall f\in F$，由 $\frac{\varepsilon}{3}$ 网的定义知，$\exists f_i\in A$，使得

$$\max_{a\leqslant x\leqslant b}|f(x)-f_i(x)|\leqslant\frac{\varepsilon}{3}.$$

因此当 $|x_1-x_2|<\delta$ 时，有

$$\begin{aligned}|f(x_1)-f(x_2)|&\leqslant|f(x_1)-f_i(x_1)|+|f_i(x_1)-f_i(x_2)|+|f_i(x_2)-f(x_2)|\\&<\frac{\varepsilon}{3}+\frac{\varepsilon}{3}+\frac{\varepsilon}{3}=\varepsilon,\end{aligned}$$

即函数族 F 等度连续.

65. **证明**　根据定理 1.7.3，只需证明 F 是全有界集. $\forall\varepsilon>0$，下面通过构造证明存在有限的 ε 网. 由函数族 F 一致有界和等度连续知，$\exists k>0$，$\exists\delta>0$，$\forall f\in F$，有 $|f(x)|<k$，以及 $\forall x_1, x_2\in[a, b]$，当 $|x_1-x_2|<\delta$ 时，有 $|f(x_1)-f(x_2)|<\frac{\varepsilon}{5}$.

在 x 轴上，使用点 $a=x_0<x_1<x_2<\cdots<x_n=b$ 把区间 $[a, b]$ 划分为长度小于 δ 的小区间，通过这些点 x_i 引垂线；在 y 轴上，使用点 $-k=y_0<y_1<y_2<\cdots<y_m=k$ 把区间 $[-k, k]$ 划分为长度小于 $\frac{\varepsilon}{5}$ 的小区间，通过 y_j 这些点引平行线，所以矩形 $\{a\leqslant x\leqslant b, -k\leqslant y\leqslant k\}$ 被分成平行边小于 δ 以及竖直边小于 $\frac{\varepsilon}{5}$ 的小矩形.

对于 $f\in F$，存在经过相应顶点 (x_i, y_j) 的折线 $\varphi(x)$，使得在顶点处 $|f(x_i)-\varphi(x_i)|<\frac{\varepsilon}{5}$. 根据构造的折线 $\varphi(x)$，有

$$|f(x_i)-\varphi(x_i)|<\frac{\varepsilon}{5},\ |f(x_{i+1})-\varphi(x_{i+1})|<\frac{\varepsilon}{5},\ |f(x_i)-f(x_{i+1})|<\frac{\varepsilon}{5},$$

所以 $|\varphi(x_i)-\varphi(x_{i+1})|<\frac{3\varepsilon}{5}$. 由于 x_i 与 x_{i+1} 之间的函数 $\varphi(x)$ 为线段，因此对于任意的 $x\in[x_i, x_{i+1}]$，有 $|\varphi(x_i)-\varphi(x)|<\frac{3\varepsilon}{5}$.

现设 x 是 $[a, b]$ 内任意一点，记 x_i 是上述选取的分点中最接近且小于 x 的点，于是

$$\begin{aligned}|f(x)-\varphi(x)|&\leqslant|f(x)-f(x_i)|+|f(x_i)-\varphi(x_i)|+|\varphi(x_i)-\varphi(x)|\\&\leqslant\frac{\varepsilon}{5}+\frac{\varepsilon}{5}+\frac{3\varepsilon}{5}\\&=\varepsilon.\end{aligned}$$

因此，上述所构造的折线组成 F 的 ε 网. 显然由顶点 (x_i, y_j) 的有限性知，这些折线有限，故函数族 F 为全有界集.

注：习题 65 的结论为以下定理内容.

阿尔采拉(Arzelà)定理　闭区间 $[a, b]$ 上定义的连续函数族 F 是 $C[a, b]$ 中的列紧集当且仅当 F 一致有界和等度连续.

66. **证明**　因为 E 是有界集，所以 $\exists k>0$，使得 $\forall f\in E$，有 $|f(t)|\leqslant k$，其中 $t\in[a, b]$. $\forall F\in M$，因为

$$|F(x)|=\left|\int_a^t f(t)\mathrm{d}t\right|\leqslant\int_a^t|f(t)|\mathrm{d}t\leqslant k(b-a),$$

所以 M 一致有界.

$\forall\varepsilon>0$，令 $\delta=\frac{\varepsilon}{k}$，$\forall x_1, x_2\in[a,b]$，当 $|x_2-x_1|<\delta$ 时，有

$$|F(x_2)-F(x_1)|=\left|\int_{x_1}^{x_2} f(t)\mathrm{d}t\right|\leqslant\int_{x_1}^{x_2}|f(t)|\mathrm{d}t\leqslant k|x_2-x_1|<\varepsilon,$$

所以 M 等度连续. 依据阿尔采拉定理，可知 M 是列紧集.

67. **证明** 假设基本列 $\{x_n\}$ 不收敛，则 $\forall y\in A$，$\{x_n\}$ 不收敛 y，即 $\exists\varepsilon_y>0$，$\forall N'\in\mathbb{N}$，存在 $n_0>N'$ 时，有 $d(x_{n0},y)>2\varepsilon_y$.

令 $G=\{O(y,\varepsilon_y)\,|\,y\in A\}$，显然 G 是 A 的开覆盖，应用定理 1.8.1 知，存在 A 的有限开覆盖,即

$$A\subset\bigcup_{k=1}^{m}O(y_k,\varepsilon_{yk}).$$

令 $\varepsilon=\min\{\varepsilon_{y1},\varepsilon_{y2},\cdots,\varepsilon_{y_m}\}$，由于 $\{x_n\}$ 是基本列，所以存在 $N\in\mathbb{N}$，当 $m,n>N$ 时，有 $d(x_n,y_m)>\varepsilon$.

取定 $n>N$，则存在 $x_n\in O(y_k,{}_{yk})$，中 $1\leqslant k\leqslant m$，所以 $d(x_n,y_k)<\varepsilon_{yk}$. 由前面 ε_{yk} 的引入知，对上述 N，存在 $n_0>N$，使得 $d(x_{n0},y_k)>2\varepsilon_{yk}$. 于是

$$d(x_n,x_{n0})\geqslant d(x_{n0},y_k)-d(x_n,y_k)\geqslant 2\varepsilon_{yk}-\varepsilon_{yk}\geqslant\varepsilon,$$

因此产生矛盾,故基本列 $\{x_n\}$ 收敛.

68. **证明** 任取 $\varepsilon>0$，则 $\forall x\in X$，由 f 的连续知，存在 $\delta_x>0$，使得当 $y\in O(x,\delta_x)$ 时，有

$$\rho(f(y),f(x))<\frac{\varepsilon}{2}.$$

因为 $X=\bigcup\limits_{x\in X}O\left(x,\frac{\delta_x}{2}\right)$ 以及 (X,d) 是紧度量空间，根据紧集的任意开覆盖包含有限开覆盖可知，存在有限个点 $x_1,x_2,\cdots,x_{n_0}$，使得 $X=\bigcup\limits_{i=1}^{n_0}O\left(x_i,\frac{\delta_{x_i}}{2}\right)$.

令 $\delta=\min\left\{\frac{\delta_{x_i}}{2}\,\middle|\,i=1,2,\cdots,n_0\right\}$，则 $\forall x',x''\in X$，此时不妨设 $x''\in O\left(x_j,\frac{\delta_{x_j}}{2}\right)$，其中 $j\in\{1,2,\cdots,n_0\}$，当 $d(x',x'')<\delta$ 时，有

$$d(x',x_j)\leqslant d(x',x'')+d(x'',x_j)<\delta+\frac{\delta_{x_j}}{2}<\delta_{x_j},$$

于是

$$\rho(f(x'),f(x''))\leqslant\rho(f(x'),f(x_j))+\rho(f(x_j),f(x''))<\varepsilon,$$

所以 $f:X\to Y$ 一致连续.

69. **证明** 设 $\{G_\lambda\,|\,\lambda\in\Lambda\}$ 是 X 的一个开覆盖，即 $X=\bigcup\limits_{\lambda\in\Lambda}G_\lambda$，则

$$\phi=X\setminus\bigcup_{\lambda\in\Lambda}G_\lambda=\bigcap_{\lambda\in\Lambda}(X\setminus G_\lambda).$$

由于 $\{X\setminus G_\lambda\,|\,\lambda\in\Lambda\}$ 为 X 中的闭集族，根据题设条件知此闭集族中存在有限个闭集的交集为空集，即 $\phi=\bigcap\limits_{i=1}^{m}(X\setminus G_{\lambda_i})$，于是

$$X = X \backslash \phi = X \backslash \bigcap_{i=1}^{m} (X \backslash G_{\lambda_i}) = \bigcup_{i=1}^{m} G_{\lambda_i},$$

即 X 任意开覆盖必有有限开覆盖，故 X 为紧空间.

70. **证明**　因为 X 是可分度量空间，所以存在 X 的可列稠密子集

$$A = \{x_1, x_2, \cdots, x_n, \cdots\}.$$

因为$\{G_\lambda | \lambda \in \Lambda\}$ 为 X 的一个开覆盖，所以 $\forall x \in X$，存在 $G_x \in \{G_\lambda | \lambda \in \Lambda\}$，使得有 $\delta_x > 0$，满足

$$O(x, \delta_x) \subseteq G_x \in \{G_\lambda | \lambda \in \Lambda\}.$$

因为 A 是 X 的稠密子集，所以存在 $x_n \in A$，使得 $x_n \in O\left(x, \frac{\delta_x}{4}\right)$. 选取有理数 r_n，使其满足 $\frac{\delta_x}{4} < r_n < \frac{\delta_x}{2}$，于是有

$$x \in O(x_n, r_n) \subseteq O(x, \delta_x) \subseteq G_x.$$

由 x 的任意性以及$\{r_n\}$ 的可列性知，X 存在可列开覆盖

$$\{G_n | n = 1, 2, \cdots\} \subseteq \{G_\lambda | \lambda \in \Lambda\}.$$

第二章　线性赋范空间与内积空间

2.1　基 本 概 念

本章涉及的基本概念:线性赋范空间、巴拿赫空间、商空间、内积空间、希尔伯特空间;依范数收敛、绝对收敛、级数收敛;级数、凸集、闭线性张、线性等距同构、等价的范数、正交、正交补、正交分解、标准正交基、傅立叶级数、安全标准正交基.

定义 2.1.1　线性赋范空间(Normed Linear Space)

设 X 是数域$\mathbb{F}$上的线性空间，其中$\mathbb{F}$表示实数域$\mathbb{R}$或者复数域$\mathbb{C}$. 若对每个 $x\in X$，有一个确定的实数与之对应，记之为 $\|x\|$，并且 $\forall x, y\in X, \alpha\in\mathbb{F}$满足:

(1) 非负性或正定性: $\|x\|\geqslant 0$，$\|x\|=0$ 当且仅当 $x=0$;

(2) 齐次性(Multiplicativity): $\|\alpha x\|=|\alpha|\cdot\|x\|$;

(3) 三角不等式: $\|x+y\|\leqslant\|x\|+\|y\|$,

则称$\|x\|$为向量 x 的**范数**(Norm)，称$(X, \|\|)$为**线性赋范空间**或者 B^* 空间，简记为 X. 通常称定义中的(1)、(2)、(3)为范数公理.

定义 2.1.2　依范数收敛(Convergence in Norm)

设 X 为线性赋范空间，$\{x_n\}$是 X 中的点列，$x\in X$，如果$\lim\limits_{n\to\infty}\|x_n-x\|=0$，则称$\{x_n\}$依范数收敛于$x$(简称$\{x_n\}$收敛于$x$)，记为$\lim\limits_{n\to\infty}x_n=x$ 或 $x_n\to x(n\to\infty)$.

定义 2.1.3　巴拿赫空间(Banach Space)

设 X 为一线性赋范空间，如果 X 按照距离 $d(x, y)=\|x-y\|$是完备的，则称 X 为**巴拿赫空间或 Banach 空间 或 *B* 空间**，即完备的线性赋范空间称为 Banach 空间或者 B 空间.

定义 2.1.4　级数(Series)

设 X 为线性赋范空间，点列$\{x_n\}\subset X$，称表达式$x_1+x_2+\cdots+x_n+\cdots=\sum\limits_{n=1}^{\infty}x_n$为$X$中的**级数**. 若部分和点列 $S_n=x_1+x_2+\cdots+x_n$ 依范数收敛于$s\in X$，则称级数$\sum\limits_{n=1}^{\infty}x_n$ **收敛**于s，称s为级数的和，记为$s=\sum\limits_{n=1}^{\infty}x_n$. 如果数项级数$\sum\limits_{n=1}^{\infty}\|x_n\|$收敛，则称级数$\sum\limits_{n=1}^{\infty}x_n$ **绝对收敛**.

定义 2.2.1　凸集(Convex Set)

设 X 为数域$\mathbb{F}$上的线性空间，C 为 X 的子集，若$\forall x, y\in C$，则有

$$\{\alpha x+(1-\alpha)y\mid 0\leqslant\alpha\leqslant 1\}\subset C,$$

则 C 为 X 的凸集.

定义 2.2.2　子空间(Subspace)

设$(X, \|\cdot\|)$为线性赋范空间，V 是 X 的线性子空间，并且 V 中元素 x 的范数依然是其在 X 中的范数$\|x\|$，则称$(V, \|\cdot\|)$(或者 V)是**线性赋范空间 X 的子空间**.

定义 2.2.3　闭线性张(Closed Linear Span)

设 X 为数域$\mathbb{F}$上的线性赋范空间，E 是 X 的非空子集，则称包含 E 的所有闭线性子空间的交集为 E 的闭线性张，记为$\overline{\mathrm{span}E}$.

定义 2.2.4　商空间(Quotient Space)

设 X 为数域$\mathbb{F}$上的线性赋范空间，V 是 X 的闭子空间. 若 $x-y\in V$，则称 x 和 y 属于同一等价类，记为$[x]$或者 $\tilde{x}$，这些等价类的全体记为 $X/V=\{[x]\mid[x]=x+V\}$，称 X/V 是 X 关于 V 的商空间. 商空间 X/V 的加法、数乘以及范数的定义如下. $\forall[x]$, $[y]\in X/V$, $\forall\alpha\in\mathbb{F}$，有

$$[x]+[y]=(x+V)+(y+V)=x+y+V=[x+y],$$
$$\alpha[x]=\alpha(x+V)=\alpha x+V=[\alpha x],$$
$$\|[x]\|=\|x+V\|=\inf\{d(x, v)\mid v\in V\}.$$

定义 2.3.1　线性等距同构(Linear Isometry)

设$(X, \|\cdot\|_X)$，$(Y, \|\cdot\|_Y)$是同一数域$\mathbb{F}$上的两个线性赋范空间，如果存在一一映射 T：$X\to Y$，满足：

(1) 线性：$\forall x_1, x_2\in X$，$\alpha, \beta\in\mathbb{F}$，$T(\alpha x_1+\beta x_2)=\alpha T(x_1)+\beta T(x_2)$；

(2) 等距：$\forall x\in X$，$\|Tx\|_Y=\|x\|_X$，

则称 X 和 Y **线性等距同构**，并称映射 T 是线性等距同构映射.

定义 2.3.2　等价的范数(Equivalent Norm)

设$\|\cdot\|_1$ 和$\|\cdot\|_2$ 是定义在同一线性空间 X 上的两个范数，点列$\{x_n\}\subset X$，如果由$\|x_n\|_1\to 0$可得$\|x_n\|_2\to 0$，则称$\|\cdot\|_1$ 比$\|\cdot\|_2$ 强. 如果$\|\cdot\|_1$ 比$\|\cdot\|_2$ 强，且$\|\cdot\|_2$ 比$\|\cdot\|_1$ 强，则称范数$\|\cdot\|_1$ 和$\|\cdot\|_2$ 等价.

定义 2.5.1　内积空间(Inner Product Space)

设 X 是数域$\mathbb{F}$上的线性空间，若存在映射$(\cdot\ ,\ \cdot)$：$X\times X\to\mathbb{F}$，使得 $\forall x, y, z\in X$，$\alpha, \beta\in\mathbb{F}$，它满足：

(1) 正定性或非负性：$(x, x)\geqslant 0$；$(x, x)=0$ 当且仅当 $x=0$；

(2) 共轭对称性：$(x, y)=\overline{(y, x)}$；

(3) 第一变元线性性：$(\alpha x+\beta z, y)=\alpha(x, y)+\beta(z, y)$，

则称在 X 上定义了内积$(\cdot\ ,\ \cdot)$，称(x, y)为 x 与 y 的内积(Inner Product)，X 为$\mathbb{F}$上的**内积空间**. 当$\mathbb{F}=\mathbb{R}$时，称 X 为实内积空间；当$\mathbb{F}=\mathbb{C}$时，称 X 为复内积空间. 称有限维的实内积空间为欧几里得空间(Euclid Space)，即为欧氏空间；称有限维的复内积空间为酉空间(Unitary Space).

定义 2.5.2　Hilbert 空间(Hilbert Space)

设 X 是数域$\mathbb{F}$上的内积空间，如果 X 按内积导出的范数$\|x\|=(x, x)^{\frac{1}{2}}$成为 Banach 空

间，则称 X 为 Hilbert 空间，简记为 H 空间.

定义 2.7.1　正交(Orthogonality)

设 X 是内积空间，x，$y\in X$，如果$(x,y)=0$，则称 x 与 y 正交或垂直，记为 $x\perp y$. 如果 X 的子集 A 中的每一个向量都与子集 B 中的每一个向量正交，则称 A 与 B 正交，记为 $A\perp B$. 特别记 $x\perp A$，即向量 x 与 A 中的每一个向量垂直. 若 $\forall x, y\in E\subset X$，有$x\perp y$，则称 E 是 X 的正交集或正交系.

定义 2.7.2　正交补(Orthogonal Complement)

设 X 是内积空间，$M\subset X$，记 $M^{\perp}=\{x\,|\,x\perp M, x\in X\}$，则称 $M^{\perp}$为子集 M 的**正交补**. 显然有 $X^{\perp}=\{\theta\}$，$\{\theta\}^{\perp}=X$ 以及 $M^{\perp}\cap M=\{\theta\}$.

定义 2.7.3　正交分解(Orthogonal Decomposition)

设 M 是内积空间 X 的子空间，$x\in X$，如果存在 $x_0\in M$，$z\in M^{\perp}$，使得 $x=x_0+z$，则称 x_0 为 x 在 M 上的正交投影或**正交分解**.

定义 2.7.4　线性子空间的直和(Direct Sum of Linear Subspaces)

设 M 和 N 是线性空间 U 的两个子空间，称 $M+N=\{m+n\,|\,m\in M, n\in N\}$为 M 与 N 的和(Sum)，如果 $M\cap N=\{\theta\}$，则称$\{m+n\,|\,m\in M, n\in N\}$为 M 与 N 的直和，此时记为

$$M\oplus N=\{m+n\,|\,m\in M, n\in N\}, M\cap N=\{\theta\}.$$

定义 2.8.1　标准正交基(Orthonormal Basis)

设 X 是内积空间，$E=\{e_\lambda\,|\,\lambda\in\Lambda\}$是 X 的正交集(或正交系)，其中 Λ 为指标集，若 $\forall e_i$，$e_j\in E$ 满足

$$(e_i, e_j)=\begin{cases}1, & i=j,\\ 0, & i\neq j,\end{cases}$$

则称 E 为 X 中的**标准正交基或标准正交系**.

定义 2.9.1　傅立叶级数(Fourier Series)

设$\{e_n\}$为内积空间 X 的标准正交基，$x\in X$，称级数

$$\sum_{k=1}^{\infty}(x, e_k)e_k=\sum_{k=1}^{\infty}c_k e_k$$

为 x 关于$\{e_n\}$的傅立叶级数，其中 $c_k=(x, e_k)(k=1, 2, \cdots)$为 x 关于$\{e_n\}$的傅立叶系数.

定义 2.9.2　完全标准正交基(Complete Orthonormal Basis)

设 $E=\{e_\lambda\,|\,\lambda\in\Lambda\}$为内积空间 X 的标准正交基，如果 $\forall\lambda\in\Lambda$，$x\perp e_\lambda$，则 $x=0$，那么称 E 为内积空间 X 的**完全标准正交基或完全标准正交系**.

定义 2.10.1　线性等距同构(Linear Isometry)

设 X_1，X_2 为同一数域$\mathbb{F}$上的内积空间，如果存在从 X_1 到 X_2 上的一一映射 φ：$X_1\to X_2$ 保持线性运算和内积，即 $\forall x$，$y\in X_1$，α，$\beta\in\mathbb{F}$有

$$\varphi(\alpha x+\beta y)=\alpha\varphi(x)+\beta\varphi(y)；(\varphi(x), \varphi(y))=(x, y),$$

则称 X_1 与 X_2 **线性等距同构**.

2.2 主要结论

性质 2.1.1　设 X 为线性赋范空间，$\{x_n\}\subset X$，

(1) 范数的连续性：范数$\|x\|$是从 X 到 $\mathbb{R}$ 上的连续映射.

(2) 有界性：若$\{x_n\}$收敛于 x，则$\{\|x_n\|\}$有界.

(3) 线性运算的连续性：若 $x_n\to x$，$y_n\to y(n\to\infty)$，则 $x_n+y_n\to x+y$，$\alpha x_n\to\alpha x(n\to\infty)$，其中 α 为常数.

定理 2.1.1　设 X 是线性赋范空间，则 X 是 Banach 空间当且仅当 X 中任何级数的绝对收敛总蕴含级数收敛.

定理 2.1.2　设 X 是 Banach 空间，$\{x_n\}$，$\{y_n\}\subset X$，且存在 $N\in\mathbb{N}$，当 $n>N$ 时，$\|x_n\|=c\|y_n\|$，其中 c 为常数，那么若 $\sum\limits_{n=1}^{\infty}y_n$ 绝对收敛，则 $\sum\limits_{n=1}^{\infty}x_n$ 也绝对收敛.

性质 2.2.1　设 X 为线性赋范空间，证明 X 上闭单位球 $\overline{B}(0,1)=\{x\mid\|x\|\leqslant 1\}$为凸集.

性质 2.2.2　设 X 为线性赋范空间，则子空间 V 的闭包 $\overline{V}$ 是线性子空间.

定理 2.2.1　设 X 是 Banach 空间，M 是 X 的线性子空间，则 M 是 Banach 子空间当且仅当 M 是闭集.

定理 2.2.2　设 X 为数域$\mathbb{F}$上的线性赋范空间，E 是 X 的非空子集，则

(1) $\overline{\mathrm{span}E}$ 是 X 的闭线性子空间.

(2) $\overline{\mathrm{span}E}=\overline{\mathrm{span}\overline{E}}$.

性质 2.2.3　设 X 为线性赋范空间，V 是 X 的闭子空间.

(1) 设 $Q:X\to X/V$ 为自然映射(Natural Map)，$Q(x)=[x]=x+V$，则 $\forall x\in X$，$\|Q(x)\|\leqslant\|x\|$，Q 为连续映射.

(2) 如果 X 为 Banach 空间，则商空间 X/V 也为 Banach 空间.

(3) W 是 X/V 的开集当且仅当 $Q^{-1}(W)=\{x\mid Q(x)=[x]\in W\}$是 X 的开集.

(4) 如果 U 是 X 的开集，则 $Q(U)$是商空间 X/V 的开集.

定理 2.3.1　设 X 是实数域$\mathbb{R}$上的 n 维线性赋范空间，则 X 与$\mathbb{R}^n$ 线性等距同构.

推论 2.3.1　设 X 是有限维线性赋范空间，则 X 的任何子空间是闭集.

定理 2.3.2　**(范数等价的充要条件)**线性赋范空间 X 上的两个范数$\|\cdot\|_1$ 和$\|\cdot\|_2$ 等价当且仅当存在正实数 a 和 b，使得 $\forall x\in X$，有

$$a\|x\|_2\leqslant\|x\|_1\leqslant b\|x\|_2.$$

定理 2.3.3　设 X 是有限维线性赋范空间，那么 X 上的任何范数都等价.

定理 2.4.1　设 X 是线性赋范空间，那么 X 的维数有限当且仅当 X 中的每一个有界集必是列紧集.

定理 2.4.2　设 X 是无穷维线性赋范空间，那么至少有一个有界集 A 不是列紧集.

引理 2.4.1　**Riesz 引理(Riesz' Lemma)**

设 A 是线性赋范空间 X 的闭子空间，且 $A\neq X$，$0<\alpha<1$，则存在 $x_\alpha\in X$，使得$\|x_\alpha\|=1$，且 $d(x_\alpha,A)>\alpha$.

定理 2.4.2　设 X 是无穷维线性赋范空间，那么 X 中的闭单位球不是紧集.

引理 2.5.1　柯西-施瓦茨不等式(Cauchy-Schwarz Inequality)

设 X 为内积空间，$\forall x, y\in X$ 有 $|(x, y)|\leqslant\|x\|\cdot\|y\|$.

定理 2.5.1　设 H 是 Hilbert 空间，M 是 H 的子空间，则 M 是 Hilbert 空间当且仅当 M 是闭集.

定理 2.6.1　极化恒等式(Polarization Identity)

设 X 为内积空间，$x, y\in X$，则

(1) 在实内积空间 X 中 $(x, y)=\dfrac{1}{4}(\|x+y\|^2-\|x-y\|^2)$.

(2) 在复内积空间 X 中 $(x, y)=\dfrac{1}{4}(\|x+y\|^2-\|x-y\|^2+i\|x+iy\|^2-i\|x-iy\|^2)$.

定理 2.6.2　(内积空间的特征性质)线性赋范空间 X 成为内积空间当且仅当 $\forall x, y\in X$，范数满足平行四边形公式

$$\|x+y\|^2+\|x-y\|^2=2\|x\|^2+2\|y\|^2.$$

定理 2.7.1　勾股定理(Pythagoras Theorem)

设 X 是内积空间，$x, y\in X$，若 $x\perp y$，则 $\|x+y\|^2=\|x\|^2+\|y\|^2$.

定理 2.7.2　设 X 是内积空间，E 是 X 的正交集，则对于 E 中的任意有限个元素 $x_1, x_2, \cdots, x_n$，以及 $\alpha_1, \alpha_2, \cdots, \alpha_n\in\mathbb{F}$，有

$$\|\alpha_1x_1+\alpha_2x_2+\cdots+\alpha_nx_n\|^2=|\alpha_1|^2\|x_1\|^2+|\alpha_2|^2\|x_2\|^2+\cdots+|\alpha_n|^2\|x_n\|^2.$$

性质 2.7.1　设 X 是内积空间，$M, N\subset X$，那么

(1) 若 $M\perp N$，则 $M\subset N^{\perp}$.

(2) 若 $M\subset N$，则 $M^{\perp}\supset N^{\perp}$.

(3) $M\subset(M^{\perp})^{\perp}$.

性质 2.7.2　设 X 是内积空间，$M\subset X$，则 $M^{\perp}$ 是 X 的闭线性子空间.

引理 2.7.1　设 X 是内积空间，M 是 X 的线性子空间，$x\in X$，若存在 $y\in M$，使得 $\|x-y\|=d(x, M)$，那么 $(x-y)\perp M$.

定理 2.7.3　投影定理(Projection Theorem)

设 M 是 Hilbert 空间 H 上的闭线性子空间，则 H 中的元素 x 在 M 中存在唯一的正交投影，即 $\forall x\in H$，有 $x=x_0+z$，其中 $x_0\in M$，$z\in M^{\perp}$.

性质 2.7.3　设 H 是 Hilbert 空间，$M\subset H$，那么 M 是闭子空间当且仅当 $M=(M^{\perp})^{\perp}$.

性质 2.7.4　设 H 是 Hilbert 空间，$M\subset H$，那么 M 是 H 的稠密子集当且仅当 $M^{\perp}=\{\theta\}$.

性质 2.8.1　内积空间的标准正交基里的任何两个元素之间的距离为 $\sqrt{2}$.

性质 2.8.2　设 H 是可分的 Hilbert 空间，那么 H 中任何标准正交基至多是可列集.

定理 2.8.1　设 E 为内积空间 X 的标准正交基，$\{e_{n_1}, e_{n_2}, \cdots, e_{n_k}\}\subset E$，记

$$M=\text{span}\{e_{n_1}, e_{n_2}, \cdots, e_{n_k}\},$$

那么 $\forall x\in X$，$x_k=\sum_{i=1}^{k}(x, e_{n_i})e_{n_i}$ 是 x 在 M 上的正交投影. 即

$$x_k\in M, \ x=x_k+z, \ (x-x_k)\perp M.$$

定理 2.8.2　设 $\{x_n\}$ 为内积空间 X 中任意的一组线性独立系，则可将 $\{x_n\}$ 用格拉姆-施密特(Gram-Schmidt)方法化为标准正交基 $\{e_n\}$，且对任何自然数 n，存在 $\alpha_k^{(n)}, \beta_k^{(n)}\in\mathbb{F}$，

使得

$$x_n=\sum_{k=1}^{n}\alpha_k^{(n)}e_k,\ e_n=\sum_{k=1}^{n}\beta_k^{(n)}x_k,$$

同时 $\text{span}\{e_1, e_2, \cdots, e_n\}=\text{span}\{x_1, x_2, \cdots, x_n\}$.

定理 2.9.1　最佳逼近定理(Best Approximation Theorem)

设$\{e_n\}$为内积空间 X 的标准正交基，$x\in X$，$c_k=(x, e_k)(k=1, 2, \cdots)$，则对任何数组$\{\alpha_1, \alpha_2, \cdots, \alpha_n\}\subset\mathbb{F}$有

$$\left\|x-\sum_{k=1}^{n}c_ke_k\right\|\leqslant\left\|x-\sum_{k=1}^{n}\alpha_ke_k\right\|.$$

定理 2.9.2　贝塞尔不等式(Bessel Inequality)

设 $\{e_n\}$ 为内积空间 X 的标准正交基，则 $\forall x\in X$，有 $\sum\limits_{k=1}^{\infty}|(x, e_k)|^2\leqslant\|x\|^2$.

定理 2.9.3　(傅立叶级数收敛的充要条件) 设$\{e_n\}$为内积空间 X 的标准正交基，$x\in X$，则 x 关于$\{e_n\}$的傅立叶级数$\sum\limits_{k=1}^{\infty}(x, e_k)e_k$ 收敛于 x(即 $x=\sum\limits_{k=1}^{\infty}(x, e_k)e_k$) 的充要条件为 $\|x\|^2=\sum\limits_{k=1}^{\infty}|c_k|^2$，其中 $c_k=(x, e_k)(k=1, 2, \cdots)$，称$\|x\|^2=\sum\limits_{k=1}^{\infty}|c_k|^2$ 为帕塞瓦尔公式(Parseval Equality).

引理 2.9.1　设$E=\{e_\lambda|\lambda\in\Lambda\}$是Hilbert空间 H 的一个完全标准正交基，$M=\text{span}E$，则 $H=\overline{M}$.

定理 2.9.4　设 H 是 Hilbert 空间，记 $c_k=(x, e_k)$，则以下各命题等价：

(1) $\{e_n\}_{n=1}^{\infty}$ 是 H 的完全标准正交基.

(2) $\forall x\in H$，x 关于$\{e_n\}$的傅立叶级数$\sum\limits_{k=1}^{\infty}(x, e_k)e_k$ 收敛，$x=\sum\limits_{k=1}^{\infty}c_ke_k$.

(3) $\forall x\in H$，$\|x\|^2=\sum\limits_{k=1}^{\infty}|c_k|^2$.

性质 2.9.1　设$E=\{e_1, e_2, \cdots, e_n, \cdots\}$是Hilbert空间 H 的标准正交基，则 E 是 H 的完全标准正交基当且仅当 $E^{\perp}=\{\theta\}$.

定理 2.9.5　任何非零内积空间都有完全的标准正交基.

定理 2.10.1　设 H 是 n 维 Hilbert 空间，则 H 与复内积空间 $\mathbb{C}^n$ 线性等距同构.

定理 2.10.2　无限维 Hilbert 空间 H 可分当且仅当 H 有完全标准正交基

$$\{e_1, e_2, \cdots, e_n, \cdots\}.$$

定理 2.10.3　如果无限维 Hilbert 空间 H 可分，则 H 与 l^2 同构.

2.3　答疑解惑

1. 任何一个非空集合上均可赋予度量，使之成为度量空间，那么任何一个非零线性空间是否均可赋予范数，使之成为线性赋范空间？

答　设 X 是一个非零线性空间，$E\subset X$，E 中任何有限个元素线性无关，$\forall x\in X$，都

可以被 E 中有限个元素唯一地线性表示 $x=\sum_{i=1}^{n}x_i e_{\lambda_i}$，其中 $e_{\lambda_i}\in E$，则称 E 为线性空间 X 的一个 Hamel 基. 利用 Zorn 引理可证明线性空间 Hamel 基的存在性. 定义 $\|x\|=\sum_{i=1}^{n}|x_i|$，易验证 $\|\cdot\|$ 满足范数的正定性、齐次性和三角不等式，因此任何一个非零线性空间均可赋予范数，使之成为线性赋范空间.

2. 利用 $d(x,y)=\|x-y\|=(x-y,x-y)^{\frac{1}{2}}$ 知，一个内积空间一定是线性赋范空间，一个线性赋范空间一定是度量空间. 依据定理 2.6.2 知，若范数满足平行四边形公式，线性赋范空间就成为内积空间. 显然，若度量空间没有线性结构，自然不是线性赋范空间；若 X 是线性空间且(X,d)为度量空间(即度量线性空间)，则$(X,\|\cdot\|)$为线性赋范空间的充要条件是什么？其中范数 $\|x\|=d(x,\theta)$.

答　$(X,\|\cdot\|)$ 为线性赋范空间的充要条件是：$\forall x,y\in X$，$\forall\alpha\in\mathbb{F}$，有

① $d(\alpha x,\theta)=|\alpha|d(x,\theta)$；

② $d(x+y,\theta)\leqslant d(x,\theta)+d(y,\theta)$.

充分性：若线性空间 X 上的度量满足上述条件，下面证明度量诱导的范数 $\|x\|=d(x,\theta)$ 满足范数公理.

正定性：$\|x\|=d(x,\theta)\geqslant 0$，且 $\|x\|=d(x,\theta)=0$ 等价于 $x=\theta$.

齐次性：$\|\alpha x\|=d(\alpha x,\theta)=|\alpha|d(x,\theta)=|\alpha|\|x\|$.

三角不等式：$\|x+y\|=d(x+y,\theta)\leqslant d(x,\theta)+d(y,\theta)=\|x\|+\|y\|$.

必要性：若$(X,\|\cdot\|)$为线性赋范空间，由 $\|x\|=d(x,\theta)$ 可得 $\forall x,y\in X$，$\alpha\in\mathbb{F}$有

$$d(\alpha x,\theta)=\|\alpha x\|=|\alpha|\|x\|=|\alpha|d(x,\theta),$$

$$d(x+y,\theta)=\|x+y\|\leqslant\|x\|+\|y\|=d(x,\theta)+d(y,\theta).$$

3. 设线性空间 X 上赋予两个范数组成线性赋范空间$(X,\|\cdot\|_1)$和$(X,\|\cdot\|_2)$，那么 $\|x\|_M=\max\{\|x\|_1,\|x\|_2\}$ 和 $\|x\|_m=\min\{\|x\|_1,\|x\|_2\}$ 是 X 上的范数吗？

答　易验证 $\|\cdot\|_M$ 和 $\|\cdot\|_m$ 满足范数的正定性、齐次性. $\forall x,y\in X$，显然由

$$\|x+y\|_1\leqslant\|x\|_1+\|y\|_1 \text{ 和 } \|x+y\|_2\leqslant\|x\|_2+\|y\|_2$$

得

$$\begin{aligned}\|x+y\|_M&=\max\{\|x+y\|_1,\|x+y\|_2\}\\&\leqslant\max\{\|x\|_1+\|y\|_1,\|x\|_2+\|y\|_2\}\\&\leqslant\max\{\|x\|_1,\|x\|_2\}+\max\{\|y\|_1,+\|y\|_2\}\\&=\|x\|_M+\|x\|_M,\end{aligned}$$

所以 $\|\cdot\|_M$ 为 X 上的范数. 但是 $\|\cdot\|_m$ 却不是 X 上的范数(见习题 6).

4. 连续函数空间 $C[0,1]$ 在范数 $\|x(t)\|=\max\limits_{0\leqslant t\leqslant 1}|x(t)|$ 意义下是 Banach 空间，那么 $X=\{x\in C[0,1]\mid x(0)=0\}$，$Y=\{x\in X\mid\int_0^1 x(t)\mathrm{d}t=0\}$ 是 Banach 空间吗？

答　是. 由于 $C[0,1]$ 是 Banach 区间，所以只需证明 X 是 $C[0,1]$ 的闭子空间，Y 是 X 的闭子空间.

设 $\{x_n\}\subset X$，$\lim\limits_{n\to\infty}x_n=x_0$，所以 $\forall\varepsilon>0$，$\exists N\in\mathbb{N}$，使得当 $n>N$ 时，有

$$d(x_n,x_0)=\|x_n-x_0\|=\max_{0\leqslant t\leqslant 1}|x_n(t)-x_0(t)|<\varepsilon,$$

于是

$$|x_0(0)|=|x_n(0)-x_0(0)|=\max_{0\leqslant t\leqslant 1}|x_n(t)-x_0(t)|<\varepsilon,$$

因此 $x_0(0)=0$，即 $x_0\in X$.

设$\{y_n\}\subset Y$，$\lim\limits_{n\to\infty}y_n=y_0$，所以 $\forall\varepsilon>0$，$\exists N\in\mathbb{N}$，使得当 $n>N$ 时，有

$$d(y_n,\ y_0)=\|y_n-y_0\|=\max_{0\leqslant t\leqslant 1}|y_n(t)-y_0(t)|<\varepsilon,$$

于是

$$\left|\int_0^1 y_0(t)\mathrm{d}t\right|=\left|\int_0^1 y_n(t)\mathrm{d}t-\int_0^1 y_0(t)\mathrm{d}t\right|=\left|\int_0^1[y_n(t)-y_0(t)]\mathrm{d}t\right|$$
$$\leqslant\max_{0\leqslant t\leqslant 1}|y_n(t)-y_0(t)|<\varepsilon,$$

因此$\int_0^1 y_0(t)\mathrm{d}t=0$，即 $y_0\in Y$.

综上所述$X=\left\{x\in C[0,\ 1]\ \middle|\ x(0)=0\right\}$和$Y=\left\{x\in X\ \middle|\ \int_0^1 x(t)\mathrm{d}t=0\right\}$是Banach空间.

5. 依据Riesz引理(引理2.4.1)，对于线性赋范空间X的真闭子空间Y，当$0<\alpha<1$时，一定存在$x_\alpha\in X$，使得$\|x_\alpha\|=1$，$d(x_\alpha,\ Y)>\alpha$. 当$\alpha=1$，结论是否依然成立?

答　不成立. 设$X=\left\{x\in C[0,\ 1]\,|\,x(0)=0\right\}$，$Y=\left\{x\in X\ \middle|\ \int_0^1 x(t)\mathrm{d}t=0\right\}$，显然$Y$是$X$的真闭子空间. 假设存在$x_0\in X$，使得$\|x_0\|=1$，$d(x_0,\ Y)>1$，即$\forall x(t)\in Y$，有

$$d(x_0,\ x)=\max_{0\leqslant t\leqslant 1}|x_0(t)-x(t)|>1.$$

对于任意连续函数$y(t)\in X\backslash Y$，令

$$b_y=\frac{\int_0^1 x_0(t)\mathrm{d}t}{\int_0^1 y(t)\mathrm{d}t},$$

于是$\int_0^1[x_0(t)-b_y y(t)]\mathrm{d}t=0$，所以$x_0(t)-b_y y(t)\in Y$. 因此

$$1<\|x_0-(x_0-b_y y)\|=\|b_y y\|,$$

即$\dfrac{1}{|b_y|}<\|y\|$. 进而有

$$\left|\int_0^1 y(t)\mathrm{d}t\right|=\frac{\left|\int_0^1 x_0(t)\mathrm{d}t\right|}{|b_y|}<\|y\|\left|\int_0^1 x_0(t)\mathrm{d}t\right|.$$

对于任意正整数n，显然有$t^{\frac{1}{n}}\in X\backslash Y$，于是

$$\frac{n}{1+n}=\left|\int_0^1 t^{\frac{1}{n}}\mathrm{d}t\right|<\|t^{\frac{1}{n}}\|\left|\int_0^1 x_0(t)\mathrm{d}t\right|=\left|\int_0^1 x_0(t)\mathrm{d}t\right|,$$

所以$\left|\int_0^1 x_0(t)\mathrm{d}t\right|\geqslant 1$. 由$x_0\in X$、$\|x_0\|=1$以及$x_0(0)=0$知$\left|\int_0^1 x_0(t)\mathrm{d}t\right|<1$，因此导致矛盾，故命题得证.

6. 设M为线性赋范空间X的子集，且$\overline{M}=X$，那么$\forall x\in X$，存在$\{x_n\}\subset M$，使得$x=\sum\limits_{n=1}^{\infty}x_n$?

答　是. 设 $x\in X$，由于 $\overline{M}=X$，所以对于 $\varepsilon_1=\dfrac{1}{2}$，存在 $x_1\in M$，使得

$$\|x-x_1\|<\varepsilon_1.$$

对于 $x-x_1\in X$ 和 $\varepsilon_2=\dfrac{1}{2^2}$，同理存在 $x_2\in M$，使得 $\|(x-x_1)-x_2\|<\varepsilon_2$. 以此类推，存在 $x_1, x_2, \cdots, x_n\in M$，使

$$\|(x-x_1-x_2-\cdots-x_{n-1})-x_n\|<\frac{1}{2^n},$$

所以 $\left\|x-\left(\sum\limits_{i=1}^{n}x_i\right)\right\|<\dfrac{1}{2^n}$，故 $\forall x\in X$，存在 $\{x_n\}\subset M$，使得 $x=\sum\limits_{n=1}^{\infty}x_n$.

7. 在数学分析中我们知道，绝对收敛的级数一定收敛；对于线性赋范空间而言，X 是 Banach 空间当且仅当 X 中任何级数的绝对收敛总蕴含级数收敛. 那么在线性赋范空间上绝对收敛的级数一定收敛吗？

答　设 $X=\{x=(x_1, x_2, \cdots, x_n, 0, \cdots, 0, \cdots)\mid x_i\in\mathbb{R}, 1\leqslant i\leqslant n\}$ 是由第 n 项后全为零的实数列构成的线性赋范空间，其中范数 $\|x\|=\sum\limits_{i=1}^{\infty}|x_i|$. 取

$$x^n=\left(0, 0, \cdots, \frac{1}{2^n}, 0, \cdots, 0, \cdots\right),$$

则 $\sum\limits_{n=1}^{\infty}\|x^n\|=\sum\limits_{n=1}^{\infty}\dfrac{1}{2^n}$，所以级数 $\sum\limits_{n=1}^{\infty}x^n$ 绝对收敛. 但级数 $\sum\limits_{n=1}^{\infty}x^n$ 的前 n 项和为

$$s_n=\sum_{i=1}^{n}x^i=\left(\frac{1}{2}, \frac{1}{2^2}, \cdots, \frac{1}{2^n}, 0, \cdots\right),$$

显然点列 $\{s_n\}$ 不收敛，故级数 $\sum\limits_{n=1}^{\infty}x^n$ 发散. 因此对于一般的线性赋范空间，绝对收敛的级数不一定收敛. 在数学分析中，我们是在“实数 $\mathbb{R}$”范围内研究数列，$\mathbb{R}$ 是完备空间，所以绝对收敛的级数一定收敛.

8. $\mathbb{R}$ 中点列 $\lim\limits_{n\to\infty}x_n=x_0$，$\lim\limits_{n\to\infty}y_n=y_0$ 等价于 $\mathbb{R}^2$ 中点列 $\lim\limits_{n\to\infty}(x_n, y_n)=(x_0, y_0)$. 在内积空间 X 中，当点列依范数收敛 $\lim\limits_{n\to\infty}x_n=x_0$，$\lim\limits_{n\to\infty}y_n=y_0$，则按内积收敛 $\lim\limits_{n\to\infty}(x_n, y_n)=(x_0, y_0)$；反过来，当 $\lim\limits_{n\to\infty}(x_n, y_n)=(x_0, y_0)$，是否有 $\lim\limits_{n\to\infty}x_n=x_0$，$\lim\limits_{n\to\infty}y_n=y_0$？

答　不成立. 例如在平方幂可和数列空间

$$l^2=\left\{x=(x_1, x_2, \cdots, x_n, \cdots)\;\middle|\;\sum_{n=1}^{\infty}|x_n|^2<\infty\right\}$$

中，两个实数列 $\{x_n\}$、$\{y_n\}$ 除前 n 个元素外，其他取 0，

$$x_n=(1, 0, 1, 0, \cdots, 1, 0, \cdots, 0, \cdots),$$

$$y_n=(0, 1, 0, 1, \cdots, 0, 1, 0, \cdots, 0, \cdots),$$

因为 $(x_n, y_n)=0$，所以 $\lim\limits_{n\to\infty}(x_n, y_n)=0$，但 $\{x_n\}$、$\{y_n\}$ 均不是收敛数列.

9. 连续函数空间 $C[a, b]$ 上常用的度量有“最大值”度量 d_M 和“积分”度量 d_I，即

$$d_M(x, y)=\max_{a\leqslant t\leqslant b}|x(t)-y(t)|, \quad d_I(x, y)=\int_a^b|x(t)-y(t)|\mathrm{d}t.$$

空间 $C[a, b]$ 在度量 d_M 意义下完备，在度量 d_I 意义下不完备. d_M 和 d_I 对应的范数分别为

$$\|x\|_M=\max_{a\leqslant t\leqslant b}|x(t)|,\ \|x\|_I=\int_a^b|x(t)|\mathrm{d}t.$$

那么 $C[a,b]$ 是内积空间吗？

答　由内积可导出范数 $\|x\|=(x,x)^{\frac{1}{2}}$，即若 X 是内积空间，一定存在对应的线性赋范空间. 根据定理 2.6.2，当范数满足平行四边形公式时，存在导出此范数的内积. 教材中的例 2.6.2 说明，范数 $\|x\|_M$ 不满足平行四边形公式，即不存在"$C[a,b]$ 是内积空间，导出具有范数 $\|x\|_M$ 的线性赋范空间 $C[a,b]$".

教材中的例 2.6.3 说明，当 $p\neq 2$ 时，$\|x\|_p=\left[\int_a^b|x(t)|^p\mathrm{d}t\right]^{\frac{1}{p}}$ 不满足平行四边形公式，即不存在"$C[a,b]$ 是内积空间，导出具有范数 $\|x\|_p$ 的线性赋范空间 $C[a,b]$". 当 $p=1$ 时，就是上述的积分范数 $\|x\|_I=\int_a^b|x(t)|\mathrm{d}t$.

对于闭区间 $[a,b]$ 上的任意两个连续函数 $x(t)$ 和 $y(t)$，定义

$$(x,y)=\int_a^b x(t)y(t)\mathrm{d}t,$$

使得 $C[a,b]$ 成为内积空间，内积导出的范数为 $\|x\|=(x,x)^{\frac{1}{2}}=\left\{\int_a^b[x(t)]^2\mathrm{d}t\right\}^{\frac{1}{2}}$. 此时 $C[a,b]$ 是完备的内积空间即 Hilbert 空间.

10. 标准正交基、完全标准正交基、完备标准正交基有何区别？

答　设 X 是内积空间，$E=\{e_\lambda|\lambda\in\Lambda\}\subset X$，若 E 中每一个元素范数为 1，且两两正交，即 $\|e_\lambda\|=1$，$i\neq j$ 时，$(e_i,e_j)=0$，则称 E 为 X 中的标准正交基. 对于标准正交基 $E=\{e_\lambda|\lambda\in\Lambda\}$，若 $\forall\lambda\in\Lambda$，$x\perp e_\lambda$，则 $x=\theta$，那么称 E 为内积空间 X 的完全标准正交基. 对于标准正交基 $E=\{e_n\}_{n=1}^{\infty}$，若 $\forall x\in X$，有 $\|x\|^2=\sum\limits_{n=1}^{\infty}|(x,e_n)|^2$，那么称 E 为内积空间 X 的完备标准正交基.

由上述定义知，完备标准正交基是完全标准正交基，完全标准正交基是标准正交基. 反过来，标准正交基不一定完全，完全标准正交基不一定完备.

例如 $\mathbb{R}^3$ 中，$\{(1,0,0),(0,1,0),(0,0,1)\}$ 是标准正交基、是完全标准正交基，也是完备标准正交基. 在 $\mathbb{R}^3$ 中 $\{(1,0,0),(0,1,0)\}$ 是标准正交基，但不完全、不完备.

由性质 2.9.1 知，Hilbert 空间 H 的标准正交基 $E=\{e_n\}_{n=1}^{\infty}$ 是完全标准正交基当且仅当 $E^{\perp}=\{\theta\}$. 由定理 2.9.4 知，$E=\{e_n\}_{n=1}^{\infty}$ 是完全标准正交基当且仅当 $E=\{e_n\}_{n=1}^{\infty}$ 是完备标准正交基. 下面举例说明存在完全而非完备的标准正交基.

设 X 是由除有限项外为零的实数列构成，即

$$X=\{x=(x_1,x_1,\cdots,x_n,0,\cdots,0,\cdots)\},$$

其中内积定义为 $(x,y)=\sum\limits_{n=1}^{\infty}x_ny_n$，记 e_i 是第 i 项为 1，其余为 0 的数列，令

$$v_n=e_1-(n+1)e_{n+1},$$

利用 Gram-Schmidt 方法，将 $\{v_n\}_{n=1}^{\infty}$ 标准正交化为 $E=\{u_n\}_{n=1}^{\infty}$. 设 $x\in E^{\perp}$，则 $x\perp u_n$，u_n 可由有限个 v_n 线性表示，所以 $x\perp v_n$，于是

$$0=(x,v_n)=(x,e_1)-(x,(n+1)e_{n+1})=x_1-(n+1)x_{n+1},$$

所以 $x_{n+1}=\dfrac{x_1}{n+1}$，可见 $x=\left(x_1,\dfrac{x_1}{2},\dfrac{x_1}{3},\cdots,\dfrac{x_1}{n},\cdots\right)$，因为 x 是有限项非零的实数列，所以 $x_1=0$，故 $x=\theta$，即 E 为 X 的完全标准正交基.

将 X 看成平方幂可和实数列 l^2 的子空间，记

$$v=\left(1,\frac{1}{2},\frac{1}{3},\cdots,\frac{1}{n},\cdots\right),$$

则 $v\in E^{\perp}$. 取 $x_0=(1,0,0,\cdots,0,\cdots)$，显然 $x_0\in X$. 假设 E 为 X 的完备标准正交基，则 $\|x_0\|^2=\sum\limits_{n=1}^{\infty}|(x,u_n)|^2$，即有 $x_0=\sum\limits_{n=1}^{\infty}(x,u_n)u_n$. 所以

$$1=(x_0,v)=\Big(\sum_{n=1}^{\infty}(x,u_n)u_n,v\Big)=0,$$

产生矛盾，故 E 不是 X 的完备标准正交基.

11. 设 $E=\{e_n\}_{n=1}^{\infty}$ 和 $F=\{f_n\}_{n=1}^{\infty}$ 是 Hilbert 空间 H 中的标准正交基，当级数

$$\sum_{k=1}^{\infty}\|e_k-f_k\|$$

收敛时，$E^{\perp}=\{\theta\}$ 等价于 $F^{\perp}=\{\theta\}$. 当 $E^{\perp}=\{\theta\}$ 且 $F^{\perp}=\{\theta\}$ 时，级数 $\sum\limits_{k=1}^{\infty}\|e_k-f_k\|$ 收敛吗?

答 当 $E^{\perp}=\{\theta\}$ 时，由性质 2.9.1 知 E 是完全标准正交基，根据本章习题 68 结论，可得 F 也是完全标准正交基，再次应用性质 2.9.1 得 $F^{\perp}=\{\theta\}$.

在实内积空间平方幂可和数列 l^2 中，令 e_n 为第 n 项为 1，其余项为 0 的数列，记 $E=\{e_n\}_{n=1}^{\infty}$ 以及 $F=\{-e_n\}_{n=1}^{\infty}$，则 E 和 F 是 Hilbert 空间 l^2 中的标准正交基，且 $E^{\perp}=\{\theta\}$、$F^{\perp}=\{\theta\}$，但是 $\sum\limits_{k=1}^{\infty}\|e_k-(-e_k)\|=\sum\limits_{k=1}^{\infty}2\|e_k\|=\sum\limits_{k=1}^{\infty}2$ 不收敛.

12. 是否存在与其真子空间线性等距同构的内积空间、线性赋范空间?

答 平方幂可和数列空间 l^2 是无限维空间 Hilbert，也是线性赋范空间，设真子空间 $M=\{x=(x_1,x_2,\cdots)\in l^2\,|\,x_1=0\}$，$\forall x=(x_1,x_2,\cdots)\in l^2$，定义映射

$$\varphi: l^2\to M,\ \varphi(x)=(0,x_1,x_2,\cdots).$$

易验证 $\varphi: l^2\to M$ 是线性等距同构映射.

2.4 习题扩编

◇ 知识点 2.1 线性赋范空间的定义及性质

1. 设 $(X,\|\cdot\|)$ 为线性赋范空间，d 是由范数导出的距离 $d(x,y)=\|x-y\|$，证明 $\forall x,y,z_0\in X$，$\alpha\in\mathbb{F}$ 有:

(1) 平移不变性: $d(x+z_0,y+z_0)=d(x,y)$.

(2) 绝对齐次性: $d(\alpha x,\alpha y)=|\alpha|d(x,y)$.

2. 设 (X,d) 为线性度量空间，且 $\forall x,y,z\in X$，$\forall\alpha\in\mathbb{F}$ 有

$$d(\alpha x,\theta)=|\alpha|d(x,\theta);\ d(x+z,y+z)=d(x,y).$$

定义 $\|x\|=d(x,\theta)$，证明 $(X,\|\cdot\|)$ 为线性赋范空间.

3. 设 X 为线性赋范空间，$A\subset X$ 且 $A^{C}=\{x\mid x\in X,\ x\notin A\}$ 是线性子空间，证明要么 A 是空集，要么 A 是 X 的稠密子集.

4. 证明线性赋范空间 $(X,\|\cdot\|)$ 诱导的度量 $d(x,y)=\|x-y\|$，满足 $\forall x,y\in X$，$\forall\alpha\in\mathbb{F}$ 有 ① $d(x-y,\theta)=d(x,y)$，② $d(\alpha x,\theta)=|\alpha|d(x,\theta)$.

5. 设 X 是线性空间且为 (X,d) 度量空间，且 $\forall x,y\in X$，$\alpha\in\mathbb{F}$ 以及零元素 $\theta\in X$ 有

$$d(x-y,\theta)=d(x,y),\ d(\alpha x,\theta)=|\alpha|d(x,\theta).$$

定义 $\|x\|\triangleq d(x,\theta)$，证明 $(X,\|\cdot\|)$ 为线性赋范空间.

6. 设 $a>0$，$f\in C[0,1]$，连续函数空间 $C[0,1]$ 上有两个范数：$\|f\|_\infty=\max\limits_{0\leqslant t\leqslant 1}|f(t)|$，$\|f\|_1=a\int_0^1|f(t)|\mathrm{d}t$. 证明 $\|f\|=\min\{\|f\|_\infty,\|f\|_1\}$ 是 $C[0,1]$ 上的范数当且仅当 $a\leqslant 1$.

7. 设 $x=(x_1,x_2,\cdots,x_n)\in\mathbb{R}^n$，定义映射 $\varphi:\mathbb{R}^n\to\mathbb{R}$ 为

$$\varphi(x)=(\sqrt{|x_1|}+\sqrt{|x_2|}+\cdots+\sqrt{|x_n|})^2,$$

那么 $\varphi(x)$ 是不是 $\mathbb{R}^n$ 上的范数？

8. 设 X 是线性赋范空间且 $A\subset X$，证明 A 是有界集当且仅当存在 $\delta>0$，使得 $\forall x\in A$，有 $\|x\|\leqslant\delta$，即 $A\subset O(\theta,\delta)$.

9. 设 X 是线性赋范空间，$x,y\in X$，闭球 $\overline{O}(x,\delta)\subseteq\overline{O}(y,\lambda)$，证明 $\lambda\geqslant\delta$ 以及 $\|x-y\|\leqslant\lambda-\delta$. 特别地，如果 $\overline{O}(x,\delta)=\overline{O}(y,\lambda)$，则 $\lambda=\delta$ 和 $x=y$.

10. 设 X 是线性赋范空间且 $X\neq\{\theta\}$，证明 X 是 Banach 空间当且仅当 X 中的单位球面 $S=\{x\mid x\in X,\ \|x\|=1\}$ 是完备集.

11. 设 X 是线性赋范空间，且 X 中任何级数的绝对收敛总蕴含级数收敛，那么 X 是 Banach 空间. [定理 2.1.1 的充分性]

12. 设 X 是 Banach 空间，$\{x_n\}\subset X$，证明若级数 $\sum\limits_{n=1}^{\infty}x_n$ 收敛，则 $x_n\to 0(n\to\infty)$.

13. 设 X 是 Banach 空间，以及点列 $\{x_n\}\subset X(n\geqslant 0)$ 满足

$$\|x_{n+1}-x_n\|\leqslant r\|x_n-x_{n-1}\|(n\geqslant 1),$$

其中 $0<r<1$，证明 $\{x_n\}$ 收敛.

14. 设 X 为线性赋范空间，令

$$d(x,y)=\begin{cases}0, & x=y,\\ \|x-y\|+1, & x\neq y,\end{cases}$$

证明 (X,d) 为度量空间，但 d 不是由线性空间 X 上的某范数导出的距离.

15. 设 X 为线性赋范空间，证明 X 上闭单位球 $\overline{O}(0,1)=\{x\mid\|x\|\leqslant 1\}$ 为凸集.

16. 设 S 是一非空集合，$(X,\|\cdot\|)$ 是线性赋范空间，$F_b(S,X)$ 是所有值域为 X 中有界集的映射集合，即 $F_b(S,X)=\{f:S\to X\mid\{\|f(s)\|:s\in S\}$ 是有界集$\}$. 证明 $F_b(S,X)$ 有范数 $\|f\|_b=\sup\{\|f(s)\|:s\in S\}$.

17. 设 $(X,\|\cdot\|_1)$ 与 $(Y,\|\cdot\|_2)$ 均是线性赋范空间，令 $W=X\times Y$，对于任意

$$w=(x,y)\in W,$$

证明 $\|w\|=\max\{\|x\|_1,\|y\|_2\}$ 是 W 上的范数.

◇ 知识点 2.2　线性赋范空间的子集、子空间与商空间

18. 设 X 是线性赋范空间，$O(x_0,\delta)$ 为 X 中的任一开球，$L\subset X$ 为线性子空间且

$L \subset O(x_0, \delta)$，证明 L 是由零元素构成的子空间，即 $L=\{\theta\}$.

19. 设 X 是线性赋范空间，L 为 X 的线性子空间，存在 X 中的开球 $O(x_0, \delta)$，使得 $O(x_0, \delta) \subset L$，证明 $L=X$.

20. 证明线性赋范空间 X 中任一凸集 A 的内部 $\mathring{A}$ 为凸集.

21. 设连续函数空间 $C[0, 1]$ 上的子集

$$A=\{x(t) \mid x(t) \in C[0, 1], \forall t \in [0, 1], x(t) \geqslant 0\},$$

证明 A 是 $C[0, 1]$ 中的闭凸集.

22. 设 $X=C[-1, 1]$，$\forall x, y \in X$，定义 $(x, y)=\int_{-1}^{1} x(t)\overline{y(t)}\mathrm{d}t$，记

$$M=\{x \in X \mid 当 t \leqslant 0 时, x(t)=0\}, N=\{x \in X \mid 当 t \geqslant 0 时, x(t)=0\},$$

证明 $M \oplus N$ 不是闭子空间.

23. 设 G 是线性赋范空间 X 的子空间，证明若 G 是 X 的开集，则 $X=G$.

24. 设 V_0 表示收敛于零的数列全体，$\forall x=(x_1, x_2, \cdots, x_n, \cdots) \in V_0$，定义 $\|\boldsymbol{x}\|=\sup\limits_n |x_n|$. 证明 V_0 是 l^∞ 的闭线性子空间.

25. 设 V_0 表示收敛于零的实数列构成的 Banach 空间，e_n 表示第 n 个坐标为 1，其余坐标为 0 的数列，记 $E=\{e_n\}_{n=1}^{\infty}$，证明 $\mathrm{span}\overline{E} \neq \overline{\mathrm{span}E}$.

26. 设 X 为线性赋范空间，M 是 X 的线性子空间，存在常数 $c \in (0, 1)$，使得 $\forall x \in X$，有 $\inf\limits_{y \in M}\|x-y\| \leqslant c\|x\|$，证明 M 在 X 中稠密.

27. 设 X 为线性赋范空间，V 是 X 的闭子空间. 证明商空间中的点列

$$[x_n]=x_n+V \rightarrow [x]=x+V (n \rightarrow \infty)$$

当且仅当存在 $\{y_n\} \subset V$，使得 $x_n+y_n \rightarrow x \in X$.

28. 设 X 为可分的线性赋范空间，V 是 X 的闭子空间，证明商空间 X/V 是可分的.

29. 设 $X=C[0, 1]$，$V=\{x(t) \in X \mid x(0)=0\}$，证明商空间 X/V 与 $\mathbb{F}$ 等距同构.

◇ 知识点 2.3　线性赋范空间的同构与范数等价

30. 设 $\|\cdot\|_1$ 和 $\|\cdot\|_2$ 为线性空间 X 上的等价范数，证明 $(X, \|\cdot\|_1)$ 中的 Cauchy 列也是 $(X, \|\cdot\|_2)$ 中的 Cauchy 列.

31. 设 $x(t) \in C[0, 1]$，记 $\|x\|_*=\left(\int_0^1 (1+t)|x(t)|^2 \mathrm{d}t\right)^{\frac{1}{2}}$，$\|x\|_2=\left(\int_0^1 |x(t)|^2 \mathrm{d}t\right)^{\frac{1}{2}}$，证明 $\|\cdot\|_*$ 为空间 $C[0, 1]$ 上的范数，并证明范数 $\|\cdot\|_*$ 和 $\|\cdot\|_2$ 等价.

◇ 知识点 2.4　线性赋范空间的维数与紧性

32. 设 X 是线性赋范空间，$A, B \subset X$，记 $A+B=\{x+y \mid x \in A, y \in B\}$，证明

(1) 若 A 或 B 是开集，则 $A+B$ 是开集.

(2) 若 A 和 B 都是紧集，则 $A+B$ 是紧集.

33. 设 X 是线性赋范空间，$A, B \subset X$，证明

(1) 若 A 是紧集、B 是闭集，则 $A+B$ 是闭集.

(2) 若 A 和 B 都是闭集，则 $A+B$ 不一定是闭集.

34. 设 X 是线性赋范空间，$A, B \subset X$，A 是紧集，B 是闭集，$A \cap B=\phi$，证明存在

$\delta > 0$，使得$(A + O(\theta, \delta)) \cap B = \phi$.

◇ 知识点 2.5 内积空间的定义

35. 设$\{x_n\}$和$\{y_n\}$是内积空间X中的两个点列，$\lim\limits_{n\to\infty}(x_n, y_n) = 1$，且$\forall n \in \mathbb{N}$有$\|x_n\| \leqslant 1$以及$\|y_n\| \leqslant 1$，证明$\lim\limits_{n\to\infty}\|x_n - y_n\| = 0$.

36. 设$\{x_n\}$是内积空间X中的点列，且$\forall y \in X$有$(x_n, y) \to (x, y)(n \to \infty)$，证明$\lim\limits_{n\to\infty} x_n = x$当且仅当$\lim\limits_{n\to\infty}\|x_n\| = \|x\|$.

37. 设$(X, (\cdot, \cdot))$为内积空间，$\forall x, y \in X$有x, y线性无关当且仅当

$$|(x, y)|^2 < (x, x)(y, y).$$

◇ 知识点 2.6 内积空间与线性赋范空间的关系

38. 设H是实Hilbert空间，$x, y \in H$，$x \neq \theta$，$y \neq \theta$，证明存在唯一的$\alpha \in [0, \pi]$，使得$\cos\alpha = \dfrac{(x, y)}{\|x\|\|y\|}$，称$\alpha = (\widehat{x, y})$为$x$与$y$之间的夹角.

39. 设X为内积空间，$\forall x \in X$，证明$\|x\| = \sup\limits_{y \in X, \|y\| \leqslant 1} |(x, y)| = \sup\limits_{y \in X, \|y\| \leqslant 1} |(y, x)|$.

40. 设x, y是实内积空间中的非零元素，证明$\|x + y\| = \|x\| + \|y\|$的充要条件是存在$\lambda > 0$，使得$y = \lambda x$.

41. 设X为内积空间，$x_0 \in X$，证明$\|x_0\| = \sup\limits_{\substack{x \in X \\ x \neq 0}} \left\{\dfrac{|(x_0, x)|}{\|x\|}\right\}$.

42. 设X是n维线性空间，$\{e_1, e_2, \cdots, e_n\}$是$X$的一组基，证明$(x, y)$成为$X$上的内积的充要条件是存在正定方阵$A = (a_{ij})$，使得

$$(x, y) = \left(\sum_{i=1}^{n} x_i e_i, \sum_{j=1}^{n} y_j e_j\right) = \sum_{i, j=1}^{n} a_{ij} x_i \overline{y_j}.$$

43. 设$H_1, H_2, \cdots$是Hilbert空间，记

$$H = \{x = (x_1, x_2, \cdots) \mid x_1 \in H_1, x_2 \in H_2, \cdots\},$$

对于H中的元素$x = \{x_n\}_{n=1}^{\infty}$和$y = \{y_n\}_{n=1}^{\infty}$定义内积：$(x, y) = \sum\limits_{n=1}^{\infty}(x_n, y_n)$，证明$H$是Hilbert空间，对应的范数为$\|x\| = \left[\sum\limits_{n=1}^{\infty}\|x_n\|^2\right]^{\frac{1}{2}}$.

44. 设X为内积空间，$x, y \in X$且$\|x\| = \|y\| = 1$，$\|x + y\| = 2$，证明$x = y$.

45. 设M为Hilbert空间H的凸集，$\{x_n\} \subset M$且$\lim\limits_{n\to\infty}\|x_n\| = d = \inf\limits_{x \in M}\{\|x\|\}$，证明$\{x_n\}$为$H$中的收敛点列.

46. 设连续函数空间$X = C\left[0, \dfrac{\pi}{2}\right]$的范数为$\|x\| = \max\limits_{0 \leqslant t \leqslant \frac{\pi}{2}} |x(t)|$，其中$x(t) \in X$，证明在此范数意义下$X$不是内积空间.

◇ 知识点 2.7 内积空间中的正交分解

47. 设M是Hilbert空间H的凸闭集，证明$\forall x \in H$，存在唯一的$y \in M$，使得

$$\|x-y\|=\inf_{z\in M}\|x-z\|.$$

48. 设 X 是内积空间，E 是 X 的正交集，则对于 E 中的任意有限个元素 $x_1, x_2, \cdots, x_n$，以及 $\alpha_1, \alpha_2, \cdots, \alpha_n \in \mathbb{F}$，有

$$\|\alpha_1 x_1+\alpha_2 x_2+\cdots+\alpha_n x_n\|^2=|\alpha_1|^2\|x_1\|^2+|\alpha_2|^2\|x_2\|^2+\cdots+|\alpha_n|^2\|x_n\|^2.$$

[定理 2.7.2]

49. 设 M 为内积空间 X 上的非空子集，证明

(1) $((M^{\perp})^{\perp})^{\perp}=M^{\perp}$.

(2) $M^{\perp}=(\overline{M})^{\perp}$.

50. 设 M 是 Hilbert 空间 H 的子空间，证明$(M^{\perp})^{\perp}$ 是包含 M 的最小闭子空间，即 $\overline{M}=(M^{\perp})^{\perp}$.

51. 设 M 是 Hilbert 空间 H 的闭线性子空间，$x\in H$，x 在 M 上的正交分解 $x=x_0+z$，其中 $x_0\in M$，$z\in M^{\perp}$，证明 $d(x, M)=\|x-x_0\|$.

52. 设 M 是 Hilbert 空间 H 的闭线性子空间，$x\in H$，证明

$$\inf\{\|x-z\| \mid z\in M\}=\sup\{|(x, y)| \mid y\in M^{\perp}, \|y\|=1\}.$$

53. 设 M 是 Hilbert 空间 H 的非空子集，证明 $\overline{\text{span}\, M}=(M^{\perp})^{\perp}$.

54. 设 X 为内积空间，M 为 X 的非空子集，证明$(\text{span}\, M)^{\perp}=M^{\perp}$.

55. 设 M 是 Hilbert 空间 H 的线性子空间，若 $\forall x\in H$ 在 M 上的正交投影 x_0 都存在，证明 M 为 H 的闭子空间.

◇ 知识点 2.8 内积空间中的正交系

56. 设 x, y 是内积空间 X 的两个向量，证明 $x\perp y$ 当且仅当 $\forall \alpha\in\mathbb{F}$ 有

$$\|x+\alpha y\|=\|x-\alpha y\|.$$

57. 设 X 为内积空间 $M, N\subset X$，F 为 M 和 N 张成的线性空间，

$$F=\text{span}(M\cup N).$$

证明 $F^{\perp}=M^{\perp}\cap N^{\perp}$.

58. 设 $C[-1, 1]$ 是$[-1, 1]$ 上的实值连续函数空间，定义内积

$$(f, g)=\int_{-1}^{1} f(t)\cdot g(t)\mathrm{d}t.$$

记 $C[-1, 1]$ 中的奇函数集为 M，偶函数集为 N. 证明 $M\perp N$ 及 $C[-1, 1]=M\oplus N$.

59. 设 M 和 N 均是 Hilbert 空间 H 的子空间，且 $M\perp N$，令 $F=M\oplus N$，证明 F 是 H 的闭子空间的充要条件为 M 和 N 均是闭子空间.

60. 设 H 是 Hilbert 空间，$F=\{e_n\}$ 是 H 的一个标准正交基，证明在 H 内存在完全标准正交基 E 使得 $F\subset E$.

61. 实连续函数空间 $C[-1, 1]$ 上内积定义为 $(f, g)=\int_{-1}^{1} f(t)\cdot g(t)\mathrm{d}t$. 利用 Gram-Scdmidt 标准正交化方法将 $x_1(t)=t^0=1$，$x_2(t)=t$，$x_3(t)=t^2$ 标准正交化.

◇ 知识点 2.9 傅立叶级数及其收敛性

62. 设 $\{e_n\}_{n=1}^{\infty}$ 是 Hilbert 空间 H 中的标准正交基，$\{\xi_n\}\in l^2$，证明存在 $x\in H$，使得

$\xi_n=(x, e_n)$，其中 $n=1, 2, \cdots$，以及 $\sum\limits_{n=1}^{\infty}|\xi_n|^2=\|x\|^2$.

63. 设$\{e_n\}_{n=1}^{\infty}$是Hilbert空间 H 中的标准正交基，$Y=\text{span}\{e_n\}_{n=1}^{\infty}$. 证明 $x\in\overline{Y}$ 的充分必要条件是可以表示成 $x=\sum\limits_{k=1}^{\infty}(x, e_k)e_k$.

64. 设 $E=\{e_n\}$ 是内积空间 X 的标准正交基，$x, y\in X$，关于$\{e_n\}_{n=1}^{\infty}$的巴塞弗(Parseval)公式成立，证明$(x, y)=\sum\limits_{n=1}^{\infty}(x, e_n)\overline{(y, e_n)}$.

65. 设 $E=\{e_n\}$ 是内积空间 X 的标准正交基，以及

$$x=\sum_{k=1}^{\infty}\alpha_k e_k\in X、y=\sum_{k=1}^{\infty}\beta_k e_k\in X,$$

证明$(x, y)=\sum\limits_{k=1}^{\infty}\alpha_k\overline{\beta}_k$ 且$\sum\limits_{k=1}^{\infty}\alpha_k\overline{\beta}_k$ 绝对收敛.

66. 设 $E=\{e_1, e_2, \cdots, e_n, \cdots\}$ 是Hilbert空间 H 的标准正交基，证明 E 是 H 的完全标准正交基当且仅当 $E^{\perp}=\{\theta\}$.

67. 设$\{e_n\}_{n=1}^{\infty}$是Hilbert空间 H 中的完全标准正交基，$\{f_n\}_{n=1}^{\infty}$是 H 中的一个标准正交基，满足$\sum\limits_{k=1}^{\infty}\|e_k-f_k\|<1$，证明$\{f_n\}_{n=1}^{\infty}$也是 H 中的完全标准正交基.

68. 设$\{e_n\}_{n=1}^{\infty}$是Hilbert空间 H 中的完全标准正交基，$\{f_n\}_{n=1}^{\infty}$是 H 中的一个标准正交基，级数$\sum\limits_{k=1}^{\infty}\|e_k-f_k\|$收敛，证明$\{f_n\}_{n=1}^{\infty}$也是 H 中的完全标准正交基.

◇ 知识点 2.10　Hilbert 空间的同构

69. 设 H，K 是 Hilbert 空间，映射 $\varphi: H\to K$ 满足 $\forall x, y\in H$，$\forall\alpha, \beta\in F$，$\varphi(\alpha x+\beta y)=\alpha\varphi(x)+\beta\varphi(y)$(线性映射)，证明 φ 是保距映射($\|\varphi(x)\|=\|x\|$) 当且仅当 $\forall x, y\in H$ 有$(\varphi(x), \varphi(y))=(x, y)$.

70. 设 H，K 是 Hilbert 空间，线性映射 $\varphi: H\to K$ 是满射，且 $\forall x, y\in H$ 有$(\varphi(x), \varphi(y))=(x, y)$，证明 φ 是线性等距同构映射.

2.5　习题解答

1. **证明**　(1) $d(x+z_0, y+z_0)=\|(x+z_0)-(y+z_0)\|=\|x-y\|=d(x, y)$.

(2) $d(\alpha x, \alpha y)=\|\alpha x-\alpha y\|=\|\alpha(x-y)\|=|\alpha|\|x-y\|=|\alpha|d(x, y)$.

2. **证明**　$\forall x, y\in X$，$\forall\alpha\in\mathbb{F}$，验证定义的范数$\|x\|=d(x, \theta)$满足范数公理.

① 正定性：$\|x\|=d(x, \theta)\geqslant 0$，且$\|x\|=d(x, \theta)=0$ 等价于 $x=\theta$.

② 齐次性：$\|\alpha x\|=d(\alpha x, \theta)=|\alpha|d(x, \theta)=|\alpha|\|x\|$.

③ 三角不等式：

$$\begin{aligned}\|x+y\|&=d(x+y, \theta)\leqslant d(x+y, y)+d(y, \theta)\\&=d(x+y, \theta+y)+d(y, \theta)\\&=d(x, \theta)+d(y, \theta)=\|x\|+\|y\|.\end{aligned}$$

3. **证明**　假设 A 不是空集，则存在 $x_0 \in A$，下面证明 $\forall \lambda \in \mathbb{R}(\lambda \neq 0)$，$\forall x \in A^C$，必有 $x+\lambda x_0 \in A$.

若 $x+\lambda x_0 \notin A$，则 $x+\lambda x_0$ 是线性子空间 A^C 中的元素，于是

$$x_0=\frac{1}{\lambda}[(x+\lambda x_0)-x] \in A^C,$$

这与 $x_0 \in A$ 产生矛盾，故 $x+\lambda x_0 \in A$.

于是点列 $\left\{x+\frac{1}{n}x_0\right\} \subset A$，显然 $\lim\limits_{n\to\infty}\left(x+\frac{1}{n}x_0\right)=x$，所以 A 是 X 的稠密子集.

4. **证明**　$\forall x, y \in X$，$\forall \alpha \in \mathbb{F}$，由于 $d(x, y)=\|x-y\|$，因此

$$d(x-y, \theta)=\|x-y\|=d(x, y);$$

$$d(\alpha x, \theta)=\|\alpha x\|=|\alpha|\|x\|=|\alpha| d(x, \theta).$$

5. **证明**　验证 $\|x\|$ 满足三条范数公理. $\forall x, y \in X$，$\alpha \in \mathbb{F}$ 有

(1) 正定性：显然 $\|x\|=d(x, \theta) \geqslant 0$，且 $\|x\|=0$ 等价于 $x=\theta$；

(2) 齐次性：$\|\alpha x\|=d(\alpha x, \theta)=|\alpha| d(x, \theta)=|\alpha|\|x\|$；

(3) 三角不等式：

$$\begin{aligned}\|x+y\| &= d(x+y, \theta)=d(x,-y) \\ &\leqslant d(x, \theta)+d(\theta,-y)=\|x\|+d(-y, \theta) \\ &=\|x\|+d(y, \theta)=\|x\|+\|y\|\end{aligned}$$

均成立，故 X 按所定义范数成为线性赋范空间.

6. **证明**　当 $a \leqslant 1$ 时，

$$\|f\|_1=a\int_0^1|f(t)|\,\mathrm{d}t \leqslant \max_{0\leqslant t\leqslant 1}|f(t)|=\|f\|_\infty,$$

所以 $\|f\|=\|f\|_1$ 是 $C[0, 1]$ 上的范数.

对于 $n \geqslant 0$，设 $f_n(t)=t^n$，其中 $t \in[0, 1]$，则 $f_n \in C[0, 1]$. 于是 $\|f_0\|_\infty=1$，$\|f_0\|_1=a$，所以 $\|f_0\|=\min\{1, a\}$. 以及 $\|f_n\|_\infty=1$，$\|f_n\|_1=\frac{a}{n+1}$，$\|f_n\|=\min\left\{1, \frac{a}{n+1}\right\}$. 对于任意的正整数 $n \geqslant 1$，

$$\|f_0+f_n\|_\infty=2,\ \|f_0+f_n\|_1=a\left(1+\frac{1}{n+1}\right),$$

$$\|f_0+f_n\|=\min\left\{2, a\left(1+\frac{1}{n+1}\right)\right\}.$$

当 $\|f\|$ 是 $C[0, 1]$ 上的范数时，有

$$\|f_0+f_n\| \leqslant\|f_0\|+\|f_n\|,$$

即

$$\min\left\{2, a\left(1+\frac{1}{n+1}\right)\right\} \leqslant \min\{1, a\}+\min\left\{1, \frac{a}{n+1}\right\}.$$

令 $n \rightarrow \infty$，有 $\min\{2, a\} \leqslant \min\{1, a\}+\min\{1, 0\}$，即 $\min\{2, a\} \leqslant \min\{1, a\}$ 因此 $a \leqslant 1$.

7. **解**　当 $n=1$ 时，对于 $x \in \mathbb{R}$，$\varphi(x)=|x|$，显然 $\varphi(x)$ 是 $\mathbb{R}$ 上的范数.

当 $n \geqslant 2$ 时，选取 $x=(1,3,0, \cdots, 0)$，$y=(3,1,0, \cdots, 0) \in \mathbb{R}^n$，则

$$\varphi(x+y)=(2+2)^2=16,$$

$$\varphi(x)+\varphi(y)=2(1+\sqrt{3})^2=8+4\sqrt{3}<8+4\times 2=16,$$

此时显然有 $\varphi(x+y)>\varphi(x)+\varphi(y)$，因此 $n\geqslant 2$ 时，$\varphi(x)$ 不是 $\mathbb{R}^n$ 上的范数.

8. **证明**　若 A 是有界集，则存在 $0<M<\infty$，使得

$$\mathrm{dia}A=\sup\{d(x,y)\mid x,y\in X\}=\sup\{\|x-y\|\mid x,y\in X\}\leqslant M,$$

取一固定的 $x_0\in A$，令 $\delta=M+\|x_0\|$，则 $\forall x\in A$，有

$$\|x\|=\|x-x_0+x_0\|\leqslant\|x-x_0\|+\|x_0\|\leqslant M+\|x_0\|=\delta.$$

若 $A\subset O(\theta,\delta)$，则 $\forall x,y\in A$，有

$$\|x-y\|\leqslant\|x\|+\|y\|\leqslant 2\delta,$$

所以 $\mathrm{dia}A\leqslant 2\delta$，即 A 是有界集.

9. **证明**　如果 $x=y$，结论显然成立. 不妨设 $x\neq y$，令 $z=x+\delta\dfrac{x-y}{\|x-y\|}$，则 $\|x-z\|=\delta$，于是 $z\in\overline{O}(x,\delta)\subseteq\overline{O}(y,\lambda)$，即有 $\|z-y\|\leqslant\lambda$. 所以

$$\|z-y\|=\left\|x-y+\delta\frac{x-y}{\|x-y\|}\right\|\leqslant\lambda,$$

于是

$$\|x-y\|\left(1+\frac{\delta}{\|x-y\|}\right)\leqslant\lambda,$$

因此 $\|x-y\|\leqslant\lambda-\delta$，进而知 $\lambda\geqslant\delta$.

特别地，如果 $\overline{O}(x,\delta)=\overline{O}(y,\lambda)$，当 $x=y$ 时，结论显然成立；当 $x\neq y$ 时，同上可证得 $\lambda\geqslant\delta$ 和 $\delta\geqslant\lambda$，因此 $\lambda=\delta$.

10. **证明**　必要性：由于 X 中的单位球面是闭集，依据定理 1.5.3 知，当 X 是 Banach 空间时，S 必是完备的子集.

充分性：设 S 是完备的子集，$\{x_n\}$ 是 X 的任一 Cauchy 列，下证 $\{x_n\}$ 是收敛列. 若 $\{x_n\}$ 有收敛于零元素 θ 的子列，则 $\{x_n\}$ 收敛到 θ，此时结论成立. 否则，我们不妨假设 $\exists\delta>0$，使得 $\forall n\in\mathbb{N}$ 有 $\|x_n\|\geqslant\delta$. 于是 $y_n=\dfrac{x_n}{\|x_n\|}\in S$ 以及 $\forall i,j\in\mathbb{N}$ 有

$$\begin{aligned}\|y_i-y_j\|&=\left\|\frac{x_i}{\|x_i\|}-\frac{x_j}{\|x_j\|}\right\|=\frac{\|\,\|x_j\|x_i-\|x_i\|x_j\,\|}{\|x_i\|\|x_j\|}\\&\leqslant\frac{1}{\delta^2}\|\,\|x_j\|x_i-\|x_j\|x_j+\|x_j\|x_j-\|x_i\|x_j\,\|\\&\leqslant\frac{1}{\delta^2}\Big[\|x_j\|\|x_i-x_j\|+\Big|\|x_j\|-\|x_i\|\Big|\|x_j\|\Big],\end{aligned}$$

由定理 1.5.1 知 Cauchy 列有界，由

$$\Big|\|x_j\|-\|x_i\|\Big|\leqslant\|x_j-x_i\|$$

知 $\{\|x_n\|\}$ 为 Cauchy 数列，令 $\lim\limits_{n\to\infty}\|x_n\|=\alpha$，所以 $\{y_n\}$ 是 S 的 Cauchy 列. 不妨设 $\{y_n\}$ 收敛到 $y_0\in S$，于是 $\lim\limits_{n\to\infty}x_n=\lim\limits_{n\to\infty}\|x_n\|y_n=\alpha y_0$，因此 $\{x_n\}$ 是收敛列.

11. **证明**　设 $\{x_n\}$ 是 X 中的 Cauchy 列，可选取其子列 $\{x_{n_k}\}$，使得

$$\|x_{n_{k+1}}-x_{n_k}\|<\frac{1}{2^k},\ k=1,2,3,\cdots$$

于是级数 $\sum_{k=1}^{\infty}\|x_{n_{k+1}}-x_{n_k}\|$ 收敛，从而级数 $x_{n_1}+\sum_{k=1}^{\infty}(x_{n_{k+1}}-x_{n_k})$ 收敛，即级数的部分和点列

$$s_k=x_{n_1}+(x_{n_2}-x_{n_1})+(x_{n_3}-x_{n_2})+\cdots+(x_{n_k}-x_{n_{k-1}})=x_{n_k}$$

收敛，可见 Cauchy 列 $\{x_n\}$ 存在收敛子列，即 $\{x_n\}$ 为收敛列，因此 X 是 Banach 空间.

12. **证明**　不妨设级数 $\sum_{n=1}^{\infty}x_n$ 收敛到 x_0，记 $S_n=\sum_{i=1}^{n}x_i$，于是

$$\lim_{n\to\infty}\|S_n-x_0\|=\lim_{n\to\infty}\left\|\sum_{i=1}^{n}x_n-x_0\right\|=0,$$

因为

$$\begin{aligned}\|x_n\|=\|S_n-S_{n-1}\|&=\|(S_n-x_0)-(S_{n-1}-x_0)\|\\&\leqslant\|S_n-x_0\|+\|S_{n-1}-x_0\|,\end{aligned}$$

所以 $\lim_{n\to\infty}\|x_n\|=0$，即 $x_n\to0(n\to\infty)$.

13. **证明**　考虑级数 $\sum_{n=1}^{\infty}(x_n-x_{n-1})$，则其部分和为

$$S_n=\sum_{i=1}^{n}(x_i-x_{i-1})=x_n-x_0,$$

故 $\{x_n\}$ 收敛等价于 $\{S_n\}$ 收敛，即等价于级数 $\sum_{n=1}^{\infty}(x_n-x_{n-1})$.

考虑级数 $\sum_{n=1}^{\infty}\|x_n-x_{n-1}\|$，由于

$$\|x_{n+1}-x_n\|\leqslant r\|x_n-x_{n-1}\|\leqslant\cdots\leqslant r^n\|x_1-x_0\|,\ 0<r<1,$$

而数项级数 $\sum_{n=1}^{\infty}r^n\|x_1-x_0\|$ 收敛，由比较判别法知 $\sum_{n=1}^{\infty}\|x_n-x_{n-1}\|$ 收敛，由于在 Banach 空间中，绝对收敛的级数必收敛，所以 $\sum_{n=1}^{\infty}(x_n-x_{n-1})$ 收敛，故 $\{x_n\}$ 收敛.

14. **证明**　显然距离 $d(x,y)$ 定义中的非负性和对称性成立，$\forall x,y,z\in X$，下证三角不等式成立：

当 $x=y$ 时，则 $d(x,y)=0\leqslant d(x,z)+d(z,y)$；

当 $x\neq y$ 时分为三种情况：

(1) $x\neq z$ 和 $y\neq z$.

$$\begin{aligned}d(x,y)&=\|x-y\|+1=\|x-z+z-y\|+1\\&\leqslant\|x-z\|+\|z-y\|+1<d(x,z)+d(z,y).\end{aligned}$$

(2) $x=z$ 和 $y\neq z$. 注意到 $\|x-z\|=0$ 和 $d(x,z)=0$，所以有

$$\begin{aligned}d(x,y)&=\|x-y\|+1\leqslant\|x-z\|+\|z-y\|+1\\&=d(x,z)+d(z,y).\end{aligned}$$

(3) $x\neq z$ 和 $y=z$. 注意到 $\|z-y\|=0$ 和 $d(z,y)=0$，所以有

$$\begin{aligned}d(x,y)&=\|x-y\|+1\leqslant\|x-z\|+1+\|z-y\|\\&=d(x,z)+d(z,y).\end{aligned}$$

因此 (X,d) 是度量空间. 假设 d 是由某范数 $\|\cdot\|_1$ 导出的距离，即 $d(x,y)=\|x-y\|_1$，于

是当 $x\neq\theta$ 及 $\alpha x\neq\theta$ 时有

$$\|x\|_1=d(x,\theta)=\|x\|+1;$$

$$\|\alpha x\|_1=d(\alpha x,\theta)=|\alpha|\|x\|+1;$$

可见

$$|\alpha|\|x\|_1=|\alpha|d(x,\theta)=|\alpha|(\|x\|+1),$$

显然 $|\alpha|\|x\|_1\neq\|\alpha x\|_1$ 产生矛盾，故 d 不是由某范数导出的距离.

15. **证明**　设 $x, y\in\overline{O}(0,1)$，即 $\|x\|\leqslant 1$，$\|y\|\leqslant 1$，令 $0\leqslant\lambda\leqslant 1$，那么

$$\begin{aligned}\|\lambda x+(1-\lambda)y\|&\leqslant\|\lambda x\|+\|(1-\lambda)y\|\\&=\lambda\|x\|+(1-\lambda)\|y\|\\&\leqslant\lambda+(1-\lambda)=1.\end{aligned}$$

因此 $M=\{z\mid z=\lambda x+(1-\lambda)y,\ 0\leqslant\lambda\leqslant 1,\ x, y\in\overline{O}(0,1)\}\subset\overline{O}(0,1)$，即 $\overline{O}(0,1)$是凸集.

16. **证明**　设 $f, g\in F_b(S,X)$ 及 $\alpha\in\mathbb{F}$，$\forall x\in S$ 通过定义

$$(f+g)(x)=f(x)+g(x),\ (\alpha f)(x)=\alpha f(x),$$

可验证 $F_b(S,X)$为一线性空间.

① 显然 $\|f\|_b=\sup\{\|f(s)\|: s\in S\}\geqslant 0$，且当 $\|f\|_b=\sup\{\|f(s)\|: s\in S\}=0$ 时有 f 将 S 映射为 X 中的零元素，即 $f=\theta$，反之若 $f=\theta$，则 $\|f\|_b=0$.

② 由 $\|\alpha f\|_b=\sup\{\|\alpha f(s)\|: s\in S\}=|\alpha|\sup\{\|f(s)\|: s\in S\}=|\alpha|\|f\|$得

$$\|\alpha f\|=|\alpha|\|f\|.$$

③ 因为

$$\begin{aligned}\|f+g\|_b=\sup\{\|(f+g)(s)\|: s\in S\}&\leqslant\sup\{\|f(s)\|+\|g(s)\|: s\in S\}\\&\leqslant\sup\{\|f(s)\|: s\in S\}+\sup\{+\|g(s)\|: s\in S\}=\|f\|+\|g\|,\end{aligned}$$

所以 $\|f+g\|_b\leqslant\|f\|+\|g\|$.

17. **证明**　$\forall w=(x,y)$、$u=(s,t)$、$v=(m,n)\in W$ 以及 $\lambda\in\mathbb{F}$.

(1) 正定性：显然 $\|w\|=\max\{\|x\|_1, \|y\|_2\}\geqslant 0$；$\|w\|=\max\{\|x\|_1, \|y\|_2\}=0$ 当且仅当 $w=(x,y)=(0,0)$.

(2) 齐次性：

$$\|\lambda w\|=\max\{\|\lambda x\|_1, \|\lambda y\|_2\}=|\lambda|\max\{\|x\|_1, \|y\|_2\}=|\lambda|\|w\|.$$

(3) 三角不等式性：

$$\begin{aligned}\|w+u\|&=\max\{\|x+s\|_1, \|y+t\|_2\}\\&\leqslant\max\{\|x\|_1+\|s\|_1, \|y\|_2+\|t\|_2\}\\&\leqslant\max\{\|x\|_1, \|y\|_2\}+\max\{\|s\|_1, \|t\|_2\}\\&=\|w\|+\|u\|.\end{aligned}$$

18. **证明**　令 $x\in L$，由于 L 为 X 的线性子空间，所以对任意的自然数 $n\in\mathbb{N}$，有

$$nx\in L\subset O(x_0,\delta),$$

于是

$$\|nx\|=\|nx-x_0+x_0\|\leqslant\|nx-x_0\|+\|x_0\|<\delta+\|x_0\|,$$

所以 $\|x\|<\dfrac{\delta+\|x_0\|}{n}$，令 $n\to\infty$，可得 $\|x\|=0$，因此 $L=\{\theta\}$.

19. **证明**　显然 $x_0\in O(x_0,\delta)\subset L$，即 $x_0\in L$. 设 $x\in X$ 且 $\|x\|<\delta$，则

$$x+x_0\in O(x_0,\delta)\subset L.$$

由于 L 为 X 的线性子空间，$x_0\in L$，$x+x_0\in L$，所以 $x\in L$，即 $O(\theta,\delta)\subset L$. $\forall x\in X$，当 $\|x\|\neq 0$ 时，有

$$\frac{\delta x}{2\|x\|}\in O(\theta,\delta)\subset L,$$

因为 L 为 X 的线性子空间，所以 $x\in L$，故 $L=X$.

20. **证明**　$\forall x, y\in\mathring{A}$ 以及 $0\leqslant\lambda\leqslant 1$，下证明 $z=\lambda x+(1-\lambda)y\in\mathring{A}$.

由于 $x, y\in\mathring{A}$，因此存在 $r>0$，使得 $O(x,r)\subset A$ 及 $O(y,r)\subset A$. 于是当 $\|h\|<r$ 时，有

$$x+h\in O(x,r)\subset A \text{ 及 } y+h\in O(y,r)\subset A.$$

由于 A 是凸集，

$$z+h=\lambda x+(1-\lambda)y+h=\lambda(x+h)+(1-\lambda)(y+h)\in A,$$

因此有 $O(z,r)\subset A$，即 z 是 A 的内点，因此

$$z=\lambda x+(1-\lambda)y\in\mathring{A}.$$

21. **证明**　设 $\{x_n(t)\}\subset A$ 且 $\lim\limits_{n\to\infty}x_n(t)=x(t)$，于是 $\forall\varepsilon>0$，$\exists N\in\mathbb{N}$，当 $n>N$ 时有 $\|x_n(t)-x(t)\|<\varepsilon$，即 $\max\limits_{t\in[0,1]}|x_n(t)-x(t)|<\varepsilon$，可见 $\forall t\in[0,1]$ 有 $|x_n(t)-x(t)|<\varepsilon$，即连续函数列 $x_n(t)$ 一致收敛到 $x(t)$，所以 $x(t)\in C[0,1]$，由 $|x_n(t)-x(t)|<\varepsilon$ 可得 $x_n(t)-\varepsilon<x(t)$，因此 $x(t)\in A$，即 A 是 $C[0,1]$ 中的闭集.

下证 A 是 $C[0,1]$ 中的凸集. 设 $x(t)$，$y(t)\in A$ 及 $0\leqslant\lambda\leqslant 1$，于是 $\forall t\in[0,1]$ 有 $x(t)\geqslant 0$ 和 $y(t)\geqslant 0$，令 $\varphi(t)=\min\limits_{t\in[0,1]}\{x(t), x(t)\}\geqslant 0$，那么

$$\lambda x(t)+(1-\lambda)y(t)\geqslant\lambda\varphi(t)+(1-\lambda)\varphi(t)=\varphi(t)\geqslant 0,$$

因此 A 是 $C[0,1]$ 中的凸集.

22. **证明**　显然 $M\perp N$ 且 $M\cap N=\{\theta\}$，这里 $M\oplus N=\{x+y\mid x\in M, y\in N\}$. 设 $x(t)\equiv 1$，令

$$x_n(t)=\begin{cases}0, & t\leqslant 0,\\ nt, & 0\leqslant t\leqslant\dfrac{1}{n},\\ 1, & \dfrac{1}{n}\leqslant t\leqslant 1,\end{cases}\qquad y_n(t)=\begin{cases}1, & -1\leqslant t\leqslant -\dfrac{1}{n},\\ -nt, & -\dfrac{1}{n}\leqslant t\leqslant 0,\\ 0, & t\geqslant 0,\end{cases}$$

则 $x_n+y_n\in M\oplus N$，且

$$\begin{aligned}\|x_{(t)}-(x_{n(t)}+y_{n(t)})\|&=\int_{-1}^{1}|x(t)-x_n(t)-y_n(t)|^2\mathrm{d}t\\&=\int_{-\frac{1}{n}}^{0}|1+nt|^2\mathrm{d}t+\int_{0}^{\frac{1}{n}}|1-nt|^2\mathrm{d}t\\&=\frac{2}{3n}\to 0\ (n\to\infty),\end{aligned}$$

所以 $x\in\overline{M\oplus N}$，但 $x\in X$，$x\notin M\oplus N$，故 $M\oplus N$ 不是闭子空间.

23. **证明**　由于 G 是线性子空间，因此 $\theta\in G$. 于是由 G 是 X 的开集知，存在邻域

$$O(\theta,\delta)=\{x\mid\|x\|<\delta\}\subset G.$$

可见 $\forall x\in X$，当 $x\neq\theta$ 时，有 $\frac{\delta x}{2\|x\|}\in O(\theta,\delta)$，于是 $\frac{\delta x}{2\|x\|}\in G$.因为 G 是线性子空间，所以 $x\in G$，即 $X=G$.

24. **证明**　设 $x,y\in V_0$ 以及 $\alpha,\beta\in\mathbb{F}$，其中

$$x=(x_1,x_2,\cdots,x_n,\cdots),\ y=(y_1,y_2,\cdots,y_n,\cdots),$$

于是

$$\alpha x+\beta y=(\alpha x_1+\beta y_1,\alpha x_2+\beta y_2,\cdots,\alpha x_n+\beta y_n,\cdots),$$

显然

$$\lim_{n\to\infty}\{\alpha x_n+\beta y_n\}=\alpha\lim_{n\to\infty}\{x_n\}+\beta\lim_{n\to\infty}\{y_n\}=0,$$

所以 $\alpha x+\beta y\in V_0$，即 V_0 是 l^∞ 的线性子空间.

假设 $\{x^k\}\subset V_0$ 且 $\lim\limits_{k\to\infty}x^k=x^0$，其中

$$x^k=(x_1^k,x_2^k,\cdots,x_n^k,\cdots),\ x^0=(x_1^0,x_2^0,\cdots,x_n^0,\cdots),$$

于是

$$\lim_{k\to\infty}\|x^k-x^0\|=0,$$

即

$$\|x^k-x^0\|=\sup\{|x_n^k-x_n^0|\,|n=1,2,\cdots\}\to0(k\to\infty).$$

下面说明 $x^0\in V_0$. $\forall\varepsilon>0$，$\exists K\in\mathbb{N}$，当 $k>K$ 时，有

$$\|x^k-x^0\|=\sup\{|x_n^k-x_n^0|\,|n=1,2,\cdots\}<\frac{\varepsilon}{2}.$$

对于这样的 $x^k=(x_1^k,x_2^k,\cdots,x_n^k,\cdots)\in V_0$，$\exists N\in\mathbb{N}$，当$n>N$时，有 $|x_n^k|<\frac{\varepsilon}{2}$. 于是对于 $n>N$、$k>K$，有

$$|x_n^0|<|x_n^k|+\frac{\varepsilon}{2}<\varepsilon,$$

可见 $x\in V_0$，则 V_0 是 l^∞ 的闭线性子空间.

25. **证明**　对于 $m\neq n$，$m>n$，$e_m-e_n=(0,\cdots,0,-1,0,\cdots,0,1,0,\cdots)$，所以 $\|e_m-e_n\|=1$，可见集合 E 没有聚点，因此 E 闭集，即 $\mathrm{span}\overline{E}=\mathrm{span}E$.

令 $x^{(n)}=\left(1,\frac{1}{2},\cdots,\frac{1}{n},0,\cdots\right)$，显然 $x^{(n)}\in\mathrm{span}E$，记 $x^{(0)}=\left(1,\frac{1}{2},\cdots,\frac{1}{n},\cdots\right)$，因为

$$\lim_{n\to\infty}\|x^{(0)}-x^{(n)}\|=\lim_{n\to\infty}\frac{1}{n+1}=0,$$

所以 $x^{(0)}\in\overline{\mathrm{span}E}$，但是 $x^{(0)}\notin\mathrm{span}E$，即 $\mathrm{span}\overline{E}=\mathrm{span}E$ 不是闭集，因此

$$\mathrm{span}\overline{E}\neq\overline{\mathrm{span}E}.$$

26. **证明**　由于 M 的闭包 $\overline{M}$ 是 X 的闭子空间，则 $\forall x\in X$ 且 $\|x\|=1$，有

$$d(x,\overline{M})\leqslant d(x,M)=\inf_{y\in M}\|x-y\|\leqslant c\|x\|=c.$$

假设线性子空间 M 在 X 中不稠密，则存在 $x\in X$，$x\notin\overline{M}$ 且 $\|x\|=1$. 根据 Riesz 引理，对于常数 $c\in(0,1)$，则存在 $x_c\in X$ 且 $\|x_c\|=1$，使得

$$d(x_c,\overline{M})>c.$$

产生矛盾，故 M 在 X 中稠密.

27. **证明** 必要性：由于

$$\begin{aligned}\|x_n - x + V\| &= \|[x_n - x]\| = \inf\{d(x_n - x, v) \mid v \in V\} \\ &= \inf\{\|x_n - x - v\| \mid v \in V\} \\ &= \inf\{\|x_n - x + v\| \mid v \in V\},\end{aligned}$$

因此对于任给的 $n\geqslant 1$，存在 $y_n\in V$，使得

$$\|x_n - x + y_n\| < \|x_n - x + V\| + \frac{1}{n}.$$

于是当 $n\to\infty$ 时，有

$$\|x_n - x + y_n\| < \|x_n - x + V\| + \frac{1}{n} = \|(x_n + V) - (x + V)\| + \frac{1}{n} \to 0.$$

即得 $x_n + y_n \to x \in X$.

充分性：假设存在 $\{y_n\}\subset V$，使得 $x_n + y_n \to x \in X$，则有

$$\|(x_n + V) - (x + V)\| = \|x_n - x + V\| \leqslant \|x_n - x + y_n\| \to 0,$$

所以 $x_n + V \to x + V$.

28. **证明** 设 A 是 X 的可列稠密子集，则 $B=\{y+V \mid y\in A\}$是可列集. 设$[x]=x+V$ 是 X/V 中的任意一个元素，$\forall \varepsilon>0$，存在 $y\in A$，使得$\|x-y\|<\varepsilon$. 于是

$$\|[x]-[y]\| = \|(x+V)-(y+V)\| = \|x-y+V\| \leqslant \|x-y\| < \varepsilon,$$

因此商空间 X/V 是可分的.

29. **证明** $\forall [x]\in X/V$，注意到当 $f, g\in[x]$时，有 $f(0)=g(0)$，所以任取 $f(t)\in[x]$，记 $f_0=f(0)\in\mathbb{F}$. 建立映射

$$\varphi: X/V \to \mathbb{F},\ \varphi([x]) = f_0,\ f\in[x],$$

容易验证 φ 是一一映射，下证$|\varphi([x])|=\|[x]\|$. 一方面对于常函数 $f(t)\equiv f_0=x(0)$，有 $f(t)\in[x]$，于是

$$\|[x]\| = \inf\{\|y\| \mid y\in x+V\} \leqslant |f_0|.$$

另一方面由$\|[x]\|=\inf\{\|y\| \mid y\in x+V\}$知，$\forall\varepsilon>0$，存在 $y\in x+V$，使得

$$\|[x]\| + \varepsilon > \|y\| = \max\{|y(t)| \mid t\in[0, 1]\} \geqslant |y(0)| = |f_0|.$$

因此$|\varphi([x])|=\|[x]\|$.

30. **证明** 设$\{x_n\}\subset X$ 是$(X, \|\cdot\|_1)$中的 Cauchy 列，则$\forall\varepsilon>0$，$\exists N\in\mathbb{N}$，当 $m, n>N$ 时，有$\|x_m-x_n\|_1<\varepsilon$. 由于$\|\cdot\|_1$ 和$\|\cdot\|_2$ 为线性空间 X 上的等价范数，所以存在正实数 a，使得

$$\|x_m - x_n\|_2 \leqslant a\,\|x_m - x_n\|_1 < a\cdot\varepsilon.$$

因此$\{x_n\}$是$(X, \|\cdot\|_2)$中的 Cauchy 列.

31. **证明** ① $\forall x(t), y(t)\in C[0, 1]$，$\forall\alpha\in\mathbb{F}$，有

$\|x\|_* = \left(\int_0^1 (1+t)\,|x(t)|^2 \mathrm{d}t\right)^{\frac{1}{2}} \geqslant 0$，$\left(\int_0^1 (1+t)\,|x(t)|^2 \mathrm{d}t\right)^{\frac{1}{2}} = 0$ 等价于 $x(t)=0$，

$$\|\alpha x\|_* = \left(\int_0^1 (1+t)\,|\alpha x(t)|^2 \mathrm{d}t\right)^{\frac{1}{2}} = |\alpha|\left(\int_0^1 (1+t)\,|x(t)|^2 \mathrm{d}t\right)^{\frac{1}{2}} = |\alpha|\,\|x\|_*,$$

$$\|x+y\|_*=\left(\int_0^1(1+t)\,|x(t)+y(t)|^2\mathrm{d}t\right)^{\frac{1}{2}}\leqslant\left(\int_0^1(1+t)\,[|x(t)|+|y(t)|]^2\mathrm{d}t\right)^{\frac{1}{2}}$$
$$\leqslant\left(\int_0^1(1+t)\,|x(t)|^2\mathrm{d}t\right)^{\frac{1}{2}}+\left(\int_0^1(1+t)\,|y(t)|^2\mathrm{d}t\right)^{\frac{1}{2}}$$
$$=\|x\|_*+\|y\|_*.$$

② 显然$\|\cdot\|_2\leqslant\|\cdot\|_*$，又因为$\forall\, x(t)\in C[0,1]$，有

$$\|x\|_*^2=\int_0^1(1+t)\,|x(t)|^2\mathrm{d}t=\int_0^1|x(t)|^2\mathrm{d}t+\int_0^1 t\,|x(t)|^2\mathrm{d}t$$
$$\leqslant 2\int_0^1|x(t)|^2\mathrm{d}t=2\,\|x\|_2^2,$$

即$\|x\|_*\leqslant\sqrt{2}\,\|x\|_2$，因此范数$\|\cdot\|_*$和$\|\cdot\|_2$等价.

32. **证明**　(1) 设$c=a+b\in A+B$，其中$a\in A$、$b\in B$，下面说明

$$O(c,\delta)\subset A+B.$$

不妨设A是开集，则$\exists\,\delta>0$，使得

$$O(a,\delta)=\{x\,|\,\|x-a\|<\delta\}\subset A.$$

令$z\in O(c,\delta)$，记$x=z-b$，则

$$x-a=z-b-a=z-c,\ \|x-a\|=\|z-c\|<\delta,$$

可见$x\in O(a,\delta)\subset A$，于是$z=x+b\in A+B$. 因此$A+B$是开集.

(2) 设$c_n=a_n+b_n\in A+B$，其中$a_n\in A$、$b_n\in B$，$n=1,2,\cdots$. 因为A是紧集，所以$\{a_n\}$存在收敛子列$a_{n_k}\to a_0\in A\,(k\to\infty)$；因为$B$是紧集，所以$\{b_{n_k}\}$存在收敛子列$b_{n_{k_j}}\to b_0\in B(j\to\infty)$，于是点列$c_{n_{k_j}}=a_{n_{k_j}}+b_{n_{k_j}}$收敛且收敛到$a_0+b_0\in A+B$，

$$c_{n_{k_j}}=a_{n_{k_j}}+b_{n_{k_j}}\to a_0+b_0\in A+B(j\to\infty),$$

因此$A+B$中的任何点列，均有收敛于$A+B$中元素的子列，所以$A+B$是紧集.

33. **证明**　(1) 设$c\in\overline{A+B}$，即存在$c_n=a_n+b_n\in A+B$，使得$\lim\limits_{n\to\infty}c_n=c$，其中$a_n\in A$、$b_n\in B$. 由于$A$是紧集，所以$\{a_n\}$存在收敛子列$a_{n_k}\to a_0\in A(k\to\infty)$. 于是

$$b_{n_k}=c_{n_k}-a_{n_k}\to c-a_0(k\to\infty).$$

由于B是闭集，所以$b_0=c-a_0\in B(k\to\infty)$，于是点列

$$c_{n_k}=a_{n_k}+b_{n_k}\to c=a_0+b_0\in A+B(k\to\infty).$$

因此$c\in A+B$，即$A+B=\overline{A+B}$，$A+B$是闭集.

(2) 设$X=\mathbb{F}$，令

$$A=\left\{n+\frac{1}{n}\,\middle|\,n=1,2,\cdots\right\},\ B=\{-n,\,n\,|\,n=1,2,\cdots\}.$$

显然A和B均没有极限点，所以A和B都是闭集. $\forall\, r,\ n\geqslant 1$，有

$$c_n=r+\frac{1}{n+r}=\left(n+r+\frac{1}{n+r}\right)+(-n)\in A+B$$

以及$c_n\to r(n\to\infty)$. 若$r\in A+B$，则$r=\left(n+\dfrac{1}{n}\right)+(-m)\in A+B$，即$n(m+r-n)=1$，只有当$n=1$以及$m=2-r$时，$n(m+r-n)=1$才成立；若$r\geqslant 2$，则$r\notin A+B$，故此时不是闭集.

34. **证明**　对于$x\in X$，定义

$$f(x)=d(x,B)=\inf\{\|x-y\|\,|\,y\in B\},$$

则由第一章习题 16 知 $f(x)$: $X\to\mathbb{R}$ 为连续映射. 因为 A 是紧集，由定理 1.6.3 知存在 $x_1\in A$，使得 $\forall x\in A$，有 $f(x_1)\leqslant f(x)$. 因为 $x_1\notin B$，B 是闭集，所以 $d(x_1, B)>0$，即 $f(x_1)>0$.

设 $0<\delta<f(x_1)$，下证 $(A+O(\theta,\delta))\cap B=\phi$. 假设存在 $x\in(A+O(\theta,\delta))\cap B$，则

$$x=a+y,\ a\in A,\ y\in O(\theta,\delta),\ x\in B.$$

所以

$$f(a)=d(a, B)\leqslant d(a, x)=\|a-x\|=\|y\|<\delta<f(x_1),$$

这与 x_1 是 f 在 A 上取得最小值的点相矛盾，故假设不成立，结论 $(A+O(\theta,\delta))\cap B=\phi$ 成立.

35. **证明** 因为

$$\begin{aligned}0&\leqslant\|x_n-y_n\|^2\\&=(x_n-y_n, x_n-y_n)=(x_n, x_n)-(x_n, y_n)-(y_n, x_n)+(y_n, y_n)\\&=\|x_n\|^2+\|y_n\|^2-[(x_n, y_n)+\overline{(x_n, y_n)}]\\&=\|x_n\|^2+\|y_n\|^2-2\mathrm{Re}(x_n, y_n)\\&\leqslant2-2\mathrm{Re}(x_n, y_n)\to0(n\to\infty),\end{aligned}$$

所以 $\lim\limits_{n\to\infty}\|x_n-y_n\|=0$.

36. **证明** 必要性：若 $\lim\limits_{n\to\infty}x_n=x$，则 $\lim\limits_{n\to\infty}\|x_n-x\|=0$，于是

$$|\|x_n\|-\|x\||\leqslant\|x_n-x\|=0(n\to\infty).$$

充分性：设 $\lim\limits_{n\to\infty}\|x_n\|=\|x\|$，则

$$\|x_n-x\|^2=\|x_n\|^2+\|x\|^2-2\mathrm{Re}(x_n, x)\to\|x\|^2+\|x\|^2-2\mathrm{Re}(x, x)(n\to\infty),$$

即 $\lim\limits_{n\to\infty}x_n=x$.

37. **证明** 必要性：若 x，y 线性无关，则 $\forall\lambda\in\mathbb{F}$ 有 $x+\lambda y\neq0$，于是

$$\begin{aligned}0<(x+\lambda y, x+\lambda y)&=(x, x)+\bar{\lambda}(x, y)+\lambda(y, x)+\lambda\bar{\lambda}(y, y)\\&=(x, x)+\bar{\lambda}[(x, y)+\lambda(y, y)]+\lambda(y, x).\end{aligned}$$

令 $\lambda=-\dfrac{(x, y)}{(y, y)}$，则有

$$0<(x, x)-\frac{|(x, y)|^2}{(y, y)},$$

即

$$|(x, y)|^2<(x, x)(y, y)=\|x\|^2\cdot\|y\|^2,$$

因此 $|(x, y)|<\|x\|\cdot\|y\|$，即 $|(x, y)|^2<(x, x)(y, y)$. 上述步骤可逆向推理得到充分性证明.

38. **证明** 根据 Cauchy-Schwarz 不等式，有 $\dfrac{|(x, y)|}{\|x\|\|y\|}\leqslant1$，因为 H 是实 Hilbert 空间，所以

$$-1\leqslant\frac{(x, y)}{\|x\|\|y\|}\leqslant1.$$

因为三角余弦函数 $\cos t$: $[0, \pi]\to[-1, 1]$ 是双射，所以存在唯一的 $\alpha\in[0, \pi]$，使得 $\cos\alpha=\dfrac{(x, y)}{\|x\|\|y\|}$.

39. **证明**　当 $x=\theta$ 时，显然成立. 令 $x\neq\theta$，因为

$$\sup_{y\in X,\ \|y\|\leqslant 1}|(x,\ y)|\leqslant\sup_{y\in X,\ \|y\|\leqslant 1}\|x\|\|y\|\leqslant\|x\|,$$

$$\|x\|=\left(x,\ \frac{1}{\|x\|}x\right)\leqslant\sup_{y\in X,\ \|y\|\leqslant 1}|(x,\ y)|,$$

所以

$$\|x\|=\sup_{y\in X,\ \|y\|\leqslant 1}|(x,\ y)|=\sup_{y\in X,\ \|y\|\leqslant 1}|(y,\ x)|.$$

40. **证明**　必要性：因为

$$\|x+y\|=\|x\|+\|y\|,$$

所以

$$(\|x\|+\|y\|)^2=\|x\|^2+\|y\|^2+2\|x\|\|y\|,$$

又

$$\|x+y\|^2=(x+y,\ x+y)=\|x\|^2+\|y\|^2+2(x,\ y),$$

所以 $(x,\ y)=\|x\|\|y\|$. 可见 Cauchy-Schwarz 不等式中的等号成立，即 x 与 y 线性相关：存在 $\lambda>0$，使得 $y=\lambda x$.

充分性：因为 $y=\lambda x$，所以

$$\|x+y\|=\|x+\lambda x\|=(1+\lambda)\|x\|=\|x\|+\|\lambda x\|=\|x\|+\|y\|.$$

41. **证明**　当 $x_0=\theta$ 时，结论显然成立，下面不妨设 $x_0\neq\theta$. 根据 Cauchy-Schwarz 不等式知 $|(x_0,\ x)|\leqslant\|x_0\|\|x\|$，所以

$$\|x_0\|\geqslant\sup_{\substack{x\in X\\ x\neq 0}}\left\{\frac{|(x_0,\ x)|}{\|x\|}\right\}.$$

另一方面，$\dfrac{|(x_0,\ x_0)|}{\|x_0\|}=\|x_0\|$，于是

$$\|x_0\|\leqslant\sup\left\{\frac{|(x_0,\ x)|}{\|x\|}\,\middle|\,x\in X,\ x\neq\theta\right\},$$

所以 $\|x_0\|\leqslant\sup\limits_{\substack{x\in X\\ x\neq 0}}\left\{\dfrac{|(x_0,\ x)|}{\|x\|}\right\}$.

42. **证明**　若 $(x,\ y)$ 是 X 上的内积，令 $a_{ij}=(e_i,\ e_j)$，$\forall\,x=\sum\limits_{i=1}^{n}x_ie_i\in X$，有

$$0\leqslant(x,\ x)=\left(\sum_{i=1}^{n}x_ie_i,\ \sum_{i=1}^{n}x_ie_i\right)=\sum_{i,\ j=1}^{n}a_{ij}x_i\overline{x_j},$$

且当 $x\neq\theta$ 时，$\sum\limits_{i,\ j=1}^{n}a_{ij}x_i\overline{x_j}>0$，因此 $A=(a_{ij})$ 是正定方阵.

若 $A=(a_{ij})$ 是正定方阵，则 $\forall\,x,\ y\in X$，其中 $x=\sum\limits_{i=1}^{n}x_ie_i$ 以及 $y=\sum\limits_{j=1}^{n}y_je_j$，定义内积为 $(x,\ y)=\sum\limits_{i,\ j=1}^{n}a_{ij}x_i\overline{y_j}$，下面验证 $(x,\ y)$ 为 X 上的内积.

① 因为 $A=(a_{ij})$ 是正定方阵，所以 $(x,\ y)=\sum\limits_{i,\ j=1}^{n}a_{ij}x_i\overline{y_j}\geqslant 0$；$(x,\ x)=0$ 当且仅当 $x=\theta$.

② $\overline{(x, y)}=\overline{\sum_{i,j=1}^{n} a_{ij}x_i\overline{y_j}}=\sum_{i,j=1}^{n}\overline{a_{ij}}\,\overline{x_i}y_j=\sum_{i,j=1}^{n}a_{ij}\overline{x_i}y_j=(y, x)$.

③ 对于任意的 $\alpha, \beta \in \mathbb{C}$ 以及 $z=\sum_{k=1}^{n} z_k e_k$，有

$$
\begin{aligned}
(\alpha x+\beta y, z) &= \sum_{i,j=1}^{n} a_{ij}(\alpha x_i+\beta y_i)\overline{z_j} \\
&= \alpha\sum_{i,j=1}^{n} a_{ij}x_i\overline{z_j}+\beta\sum_{i,j=1}^{n} a_{ij}y_i\overline{z_j} \\
&= \alpha(x, z)+\beta(y, z).
\end{aligned}
$$

43. **证明** ① 证明 H 是内积空间. 对于任意的 $x=\{x_n\}_{n=1}^{\infty}\in H$ 和 $y=\{y_n\}_{n=1}^{\infty}\in H$，依据柯西-施瓦茨不等式有

$$
\sum_{n=1}^{\infty}|(x_n, y_n)|\leqslant\sum_{n=1}^{\infty}\|x_n\|\|y_n\|\leqslant\left[\sum_{n=1}^{\infty}\|x_n\|^2\right]^{\frac{1}{2}}\left[\sum_{n=1}^{\infty}\|y_n\|^2\right]^{\frac{1}{2}}<\infty,
$$

所以 $\sum_{n=1}^{\infty}(x_n, y_n)$ 绝对收敛，即定义 (x, y) 有意义. 易验证满足内积的正定性、共轭对称性和第一变元的线性性.

② 证明 H 的完备性. 假设 $\{x^n\}_{n=1}^{\infty}=\{(x_1^n, x_2^n, x_3^n, \cdots)\}_{n=1}^{\infty}\subset H$ 为柯西列，则 $\forall\varepsilon>0$，$\exists N\in\mathbb{N}$，当 $m, n>N$ 时，有

$$
d^2(x^n, x^m)=\|x^n-x^m\|^2=\sum_{i=1}^{\infty}\|x_i^n-x_i^m\|^2<\varepsilon,
$$

所以 $\forall i\geqslant 1$ 有 $\|x_i^n-x_i^m\|<\varepsilon$，即 $\{x_i^n\}_{i=1}^{\infty}$ 为 H_i 空间的柯西列，不妨设 $\lim\limits_{n\to\infty}x_i^n=x_i^0$，记 $x^0=(x_1^0, x_2^0, \cdots, x_i^0, \cdots)$. 由 $\sum_{i=1}^{\infty}\|x_i^n-x_i^m\|^2<\varepsilon$ 知，对于固定的 M 有

$$
\sum_{i=1}^{M}\|x_i^n-x_i^m\|^2<\varepsilon.
$$

令 $m\to\infty$ 得 $\sum_{i=1}^{M}\|x_i^n-x_i^0\|^2<\varepsilon$，再令 $M\to\infty$，所以

$$
\sum_{i=1}^{\infty}\|x_i^n-x_i^0\|^2<\varepsilon.
$$

由级数 $\sum_{i=1}^{\infty}\|x_i^n\|^2$ 与 $\sum_{i=1}^{\infty}\|x_i^n-x_i^0\|^2$ 收敛知级数 $\sum_{i=1}^{\infty}\|x_i^0\|^2$ 收敛，其原因是因为由初等不等式 $(a+b)^2\leqslant 2(a^2+b^2)$ 知

$$
\|x_i^0\|^2=\|x_i^n+x_i^0-x_i^n\|^2\leqslant(\|x_i^n\|+\|x_i^0-x_i^n\|)^2\leqslant 2(\|x_i^n\|^2+\|x_i^n-x_i^0\|^2).
$$

因为 ε 的任意性，由 $\sum_{i=1}^{\infty}\|x_i^n-x_i^0\|^2<\varepsilon$ 知

$$
d^2(x^n, x^0)=\|x^n-x^0\|^2\to 0\ (n\to\infty),
$$

因此 H 是 Hilbert 空间.

44. **证明** 由定理 2.6.2 平行四边形公式得：

$$
\|x+y\|^2+\|x-y\|^2=2\|x\|^2+2\|y\|^2,
$$

于是将 $\|x\|=\|y\|=1$ 以及 $\|x+y\|=2$ 条件代入得 $\|x-y\|=0$，因此 $x=y$.

45. **证明**　因为 H 是完备的内积空间，所以只需证明 $\{x_n\}$ 为 Cauchy 列. 由 $\lim\limits_{n\to\infty}\|x_n\|=d$ 知，$\forall\varepsilon>0$，$\exists N\in\mathbb{N}$，当 m，$n>N$ 时，有

$$\|x_n\|^2-d^2<\frac{\varepsilon}{4},\ \|x_m\|^2-d^2<\frac{\varepsilon}{4}.$$

根据平行四边形公式，有

$$\|x_m\|^2+\|x_n\|^2=2\left\|\frac{x_m+x_n}{2}\right\|^2+2\left\|\frac{x_m-x_n}{2}\right\|^2,$$

即

$$2\left\|\frac{x_m-x_n}{2}\right\|^2=\|x_m\|^2+\|x_n\|^2-2\left\|\frac{x_m+x_n}{2}\right\|^2,$$

因为 M 为凸集，所以 $\frac{x_m+x_n}{2}\in M$，进而有 $\left\|\frac{x_m+x_n}{2}\right\|\geqslant d$，于是

$$\frac{1}{2}\|x_m-x_n\|^2\leqslant\|x_m\|^2+\|x_n\|^2-2d^2,$$

因此 $\|x_m-x_n\|^2\leqslant 2[(\|x_m\|^2-d^2)+(\|x_n\|^2-d^2)]<\varepsilon$.

46. **证明**　取 $x(t)=\sin t$ 以及 $y(t)=\cos t$，则 $\|x\|=\|y\|=1$，以及

$$\|x+y\|=\max_{0\leqslant t\leqslant\frac{\pi}{2}}|\sin t+\cos t|=\sqrt{2},$$

$$\|x-y\|=\max_{0\leqslant t\leqslant\frac{\pi}{2}}|\sin t-\cos t|=1,$$

所以

$$\|x+y\|^2+\|x-y\|^2=3,\ 2\|x\|^2+2\|y\|^2=4,$$

即不满足平行四边形公式，因此 X 不是内积空间.

47. **证明**　① 证 y 的存在性.

设 $a=\inf\limits_{z\in M}\|x-z\|$，则存在 $\{y_n\}\subset M$，使得

$$\|y_n-x\|\to a\quad(n\to\infty),$$

因为 M 是凸闭集，所以 $\frac{y_m+y_n}{2}\in M$，于是 $\left\|x-\frac{y_m+y_n}{2}\right\|>a$. 因为

$$\begin{aligned}\|y_m-y_n\|^2&=\|(y_m-x)+(x-y_n)\|^2\\&=2\|y_m-x\|^2+2\|x-y_n\|^2-\|(y_m-x)-(x-y_n)\|^2\\&=2\|y_m-x\|^2+2\|x-y_n\|^2-4\left\|x-\frac{y_m+y_n}{2}\right\|^2\\&\leqslant 2\|y_m-x\|^2+2\|x-y_n\|^2-4a^2,\end{aligned}$$

当 m，$n\to\infty$ 时，

$$\|y_m-x\|^2\to a^2,\ \|x-y_n\|^2\to a^2,$$

所以

$$\|y_m-y_n\|^2\to 0\ (m,\ n\to\infty).$$

故 $\{y_n\}$ 是 M 中的基本列，又因为 M 是闭集，即为完备子空间，所以 $\{y_n\}$ 是 M 中的收敛列. 记 $y=\lim\limits_{n\to\infty}y_n$，$y\in M$，则证明了 y 的存在性.

② 再证 y 的唯一性. 假设存在 $y'\in M$，使得 $\|x-y'\|=\inf\limits_{z\in M}\|x-z\|$，则

$$\begin{aligned}0&\leqslant\|y-y'\|^2=\|(y-x)+(x-y')\|^2\\&=2\|y-x\|^2+2\|x-y'\|^2-4\left\|x-\frac{y+y'}{2}\right\|^2\\&\leqslant 2a^2+2a^2-4a^2=0,\end{aligned}$$

可见 $y=y'$，即 y 具有唯一性.

48. **证明**

$$\begin{aligned}&\|\alpha_1x_1+\alpha_2x_2+\cdots+\alpha_nx_n\|^2\\=&(\alpha_1x_1+\alpha_2x_2+\cdots+\alpha_nx_n,\ \alpha_1x_1+\alpha_2x_2+\cdots+\alpha_nx_n)\\=&(\alpha_1x_1,\ \alpha_1x_1)+(\alpha_2x_2,\ \alpha_2x_2)+\cdots+(\alpha_nx_n,\ \alpha_nx_n)\\=&|\alpha_1|^2\|x_1\|^2+|\alpha_2|^2\|x_2\|^2+\cdots+|\alpha_n|^2\|x_n\|^2.\end{aligned}$$

49. **证明**　由性质 2.7.1 知 (a) 若 $M\perp N$，则 $M\subset N^\perp$；(b) 若 $M\subset N$，则 $M^\perp\supset N^\perp$；$(c)M\subset(M^\perp)^\perp$.

(1) 因为 $M\subset(M^\perp)^\perp$，所以 $M^\perp\supset((M^\perp)^\perp)^\perp$；反之以 $M^\perp$ 代替 $M\subset(M^\perp)^\perp$ 中的 M，有 $M^\perp\subset((M^\perp)^\perp)^\perp$，因此 $((M^\perp)^\perp)^\perp=M^\perp$.

(2) 因为 $M\subset\overline{M}$，所以 $M^\perp\supset(\overline{M})^\perp$. 反过来，$\forall x\in M^\perp$，$y\in\overline{M}$，不妨设 $\{y_n\}\subset M$ 以及 $\lim\limits_{n\to\infty}y_n=y$，由于 $(y,\ x)=(\lim\limits_{n\to\infty}y_n,\ x)=\lim\limits_{n\to\infty}(y_n,\ x)=0$，于是 $x\in(\overline{M})^\perp$，因此 $M^\perp=(\overline{M})^\perp$.

50. **证明**　由性质 2.7.1 知 $M\subset(M^\perp)^\perp$，由性质 2.7.2 知，$(M^\perp)^\perp$ 是 H 的闭线性子空间，所以 $\overline{M}\subset(M^\perp)^\perp$. 下证 $(M^\perp)^\perp\subset\overline{M}$.

由定理 2.7.3 投影定理得，$H=\overline{M}\oplus(\overline{M})^\perp$. 由习题 49 结论知 $M^\perp=(\overline{M})^\perp$，于是

$$H=\overline{M}\oplus M^\perp.$$

$\forall x\in(M^\perp)^\perp$，$\exists y\in\overline{M}\subset(M^\perp)^\perp$ 以及 $z\in M^\perp$，使得 $x=y+z$，因为 $(M^\perp)^\perp$ 为线性空间，所以

$$z=x-y\in(M^\perp)^\perp\cap M^\perp=\{0\},$$

即 $z=0$，所以 $x=y\in\overline{M}$，于是 $(M^\perp)^\perp\subset\overline{M}$.

51. **证明**　一方面因为 $\forall y\in M$，有 $(x_0-y,\ z)=0$，所以

$$\|x-y\|^2=\|x_0-y+z\|^2=\|x_0-y\|^2+\|z\|^2\geqslant\|z\|^2=\|x-x_0\|^2,$$

于是

$$\inf\{\|x-y\|\mid y\in M\}\geqslant\|x-x_0\|.$$

另一方面，由 $x_0\in M$ 知

$$\inf\{\|x-y\|\mid y\in M\}\leqslant\|x-x_0\|.$$

因此

$$d(x,\ M)=\inf\{\|x-y\|\mid y\in M\}=\|x-x_0\|.$$

52. **证明**　因为 M 是 H 的闭子空间，所以 x 在 M 上的正交分解 $x=x_0+z$ 存在，其中 $x_0\in M$，$z\in M^\perp$，由习题 51 的结论知，

$$d(x,\ M)=\inf\{\|x-z\|\mid z\in M\}=\|x-x_0\|=\|z\|.$$

因为 $\forall y\in M^\perp$，$\|y\|=1$，有

$$|(x,\ y)|=|(x_0+z,\ y)|=|(z,\ y)|\leqslant\|z\|\|y\|=\|z\|,\text{ 所以}$$

$$\sup\{|(x,\ y)|\mid y\in M^\perp,\ \|y\|=1\}\leqslant\|z\|.$$

当 $z=\theta$ 时，易证结论成立. 不妨设 $z\neq\theta$，令 $y=\frac{z}{\|z\|}$，显然 $y\in M^{\perp}$，$\|y\|=1$，以及

$$(x,\ y)=\left(x_0+z,\ \frac{z}{\|z\|}\right)=\|z\|,$$

所以

$$\sup\{|(x,\ y)|\mid y\in M^{\perp},\ \|y\|=1\}\geqslant\|z\|.$$

因此

$$d(x,\ M)=\inf\{\|x-z\|\mid z\in M\}=\|x-x_0\|=\sup\{|(x,\ y)|\mid y\in M^{\perp},\ \|y\|=1\}.$$

53. **证明**　(1) 由性质 2.7.1 和性质 2.7.2 知 $M\subset(M^{\perp})^{\perp}$ 以及 $(M^{\perp})^{\perp}$ 是闭线性子空间，所以 $\overline{\text{span } M}\subset(M^{\perp})^{\perp}$.

(2) $\forall x\in(M^{\perp})^{\perp}$，由于 $\overline{\text{span } M}$ 是 X 的闭子空间，所以存在 x 关于 $\overline{\text{span } M}$ 的正交分解

$$x=x_0+z,$$

其中 $x_0\in\overline{\text{span } M}$，$z\in(\overline{\text{span } M})^{\perp}$. 显然 $M\subset\overline{\text{span } M}$，可得 $(\overline{\text{span } M})^{\perp}\subset M^{\perp}$，于是有 $z\in M^{\perp}$. 由于 $x\in(M^{\perp})^{\perp}$，所以 $z\perp x$，于是

$$(z,\ z)=(x-x_0,\ z)=(x,\ z)-(x_0,\ z)=0,$$

因此 $z=0$，即 $x=x_0\in\overline{\text{span } M}$，可见 $(M^{\perp})^{\perp}\subset\overline{\text{span } M}$.

54. **证明**　因为 $M\subset\text{span}M$，所以 $(\text{span}M)^{\perp}\subset M^{\perp}$. 设 $x\in M^{\perp}$，$\forall y\in\text{span}M$，存在

$$x_1,\ x_2,\ \cdots,\ x_n\in M,\ \lambda_1,\ \lambda_2,\ \cdots,\ \lambda_n\in\mathbb{F}$$

使得 $y=\sum\limits_{k=1}^{n}\lambda_k x_k$，于是由

$$(x,\ y)=\left(x,\ \sum_{k=1}^{n}\lambda_k x_k\right)=\sum_{k=1}^{n}\overline{\lambda_k}(x,\ x_k)=0,$$

得 $x\in(\text{span}M)^{\perp}$，即 $M^{\perp}\subset(\text{span}M)^{\perp}$.

55. **证明**　设 $\{x_n\}\subset M$ 且 $x_n\to x(n\to\infty)$，下面证明 $x\in M$.

设 x 在 M 上的正交分解为 $x=x_0+z$，其中 $x_0\in M$，$z\in M^{\perp}$. 于是由 $\{x_n\}\subset M$，$z\in M^{\perp}$ 知 $(x_n,\ z)=0$，所以

$$0=\lim_{n\to\infty}(x_n,\ z)=(x,\ z)=(x_0+z,\ z)=(z,\ z)=\|z\|^2,$$

可见 $z=0$，即 $x=x_0\in M$. M 为 H 的闭子空间.

56. **证明**　由 $\|x\|^2=(x,\ x)$ 可得 $\forall\alpha\in\mathbb{F}$ 有

$$\|x+\alpha y\|^2=(x+\alpha y,\ x+\alpha y)=\|x\|^2+\alpha(y,\ x)+\overline{\alpha}(x,\ y)+|\alpha|^2\|y\|^2,$$
$$\|x-\alpha y\|^2=(x-\alpha y,\ x-\alpha y)=\|x\|^2-\alpha(y,\ x)-\overline{\alpha}(x,\ y)+|\alpha|^2\|y\|^2.$$

于是 $\|x+\alpha y\|=\|x-\alpha y\|$ 当且仅当 $\alpha(y,\ x)+\overline{\alpha}(x,\ y)=0$.

若 $x\perp y$，显然有 $\alpha(y,\ x)+\overline{\alpha}(x,\ y)=0$.

若 $\forall\alpha\in\mathbb{F}$，$\alpha(y,\ x)+\overline{\alpha}(x,\ y)=0$ 成立，不妨取 $\alpha=(x,\ y)$，可得 $2|(x,\ y)|^2=0$，从而 $(x,\ y)=0$ 即 $x\perp y$.

57. **证明**　显然 $M\subset F$ 以及 $N\subset F$，于是有 $F^{\perp}\subset M^{\perp}$ 与 $F^{\perp}\subset N^{\perp}$，进而得

$$F^{\perp}\subset M^{\perp}\cap N^{\perp}.$$

$\forall y\in F=\text{span}(M\cup N)$，存在 $u_i\in M$，$v_j\in N$ 以及 α_i，$\beta_j\in\mathbb{F}$，使得

$$y=\sum_{i=1}^{m}\alpha_i u_i+\sum_{j=1}^{n}\beta_j v_j.$$

设 $x\in M^{\perp}\cap N^{\perp}$，则

$$(x,y)=\sum_{i=1}^{m}\overline{\alpha}_i(x,u_i)+\sum_{j=1}^{n}\overline{\beta}_j(x,v_j)=0,$$

所以 $x\in F^{\perp}$，即 $M^{\perp}\cap N^{\perp}\subset F^{\perp}$，因此 $F^{\perp}=M^{\perp}\cap N^{\perp}$.

58. **证明** 任取 $f(t)\in M$，$g(t)\in N$，因为

$$\begin{aligned}(f,g)&=\int_{-1}^{1}f(t)\cdot g(t)\mathrm{d}t=\int_{-1}^{1}[-f(-t)]\cdot g(-t)\mathrm{d}t\\&=-\int_{-1}^{1}f(-t)\cdot g(-t)\mathrm{d}t\\&=-\int_{-1}^{1}f(s)\cdot g(s)\mathrm{d}s=-(f,g),\end{aligned}$$

所以$(f,g)=0$，即 $M\perp N$. $\forall h(t)\in C[-1,1]$，令

$$f(t)=\frac{1}{2}[h(t)-h(-t)],$$

$$g(t)=\frac{1}{2}[h(t)+h(-t)],$$

则有 $f(t)\in M$，$g(t)\in N$，以及 $h(t)=f(t)+g(t)$，显然 $M\cap N=\{\theta\}$，因此

$$C[-1,1]=M\oplus N.$$

59. **证明** 必要性：设 F 是 H 的闭子空间，$\{x_n\}\subset M$ 以及$\lim\limits_{n\to\infty}x_n=x$，则 $\forall y\in N$，有

$$(x,y)=(\lim_{n\to\infty}x_n,y)=\lim_{n\to\infty}(x_n,y)=0,$$

于是 $x\in N^{\perp}$. 因为 F 是 H 的闭子空间，所以 $x=\lim\limits_{n\to\infty}x_n=\lim\limits_{n\to\infty}(x_n+\theta)\in F$，于是存在 $u\in M$ 以及 $v\in N$，使得 $x=u+v$，那么

$$\|v\|^2=(v,v)=(v,x-u)=(v,x)-(v,u)=0,$$

即 $x=u\in M$，可见 M 是闭子空间. 同理可证 N 是闭子空间.

充分性：设$\{x_n\}\subset F$ 以及$\lim\limits_{n\to\infty}x_n=x$，则由 $F=M\oplus N$ 知，

$$x_n=u_n+v_n,\ u_n\in M,\ v_n\in N.$$

因为 M 是闭子空间，所以存在正交分解 $x=x_1+z$，其中 $x_1\in M$，$z\in M^{\perp}$. 于是可得

$$(u_n-x_1)\perp(v_n-z),$$

进而有

$$\|u_n-x_1\|^2+\|v_n-z\|^2=\|u_n-x_1+v_n-z\|^2=\|x_n-x\|^2\to0(n\to\infty).$$

可见 $v_n\to z$，因为 N 是闭子空间，所以 $z\in N$，因此 $x=x_1+z\in F$，即 F 是 H 的闭子空间.

60. **证明** 若 $M=\overline{\mathrm{span}F}=\overline{\mathrm{span}\{e_n\}}=H$，则 F 是 H 的完全标准正交基. 否则有 $M^{\perp}\neq\{0\}$，即 $M^{\perp}$ 是非零内积子空间，于是 $M^{\perp}$ 有完全的标准正交基 $F^*=\{e_n^*\}$. 令 $E=F\cup F^*$，下证 E 是 H 的完全标准正交基.

若 $x\in H$ 且 $x\perp E$，由投影定理 $H=M\oplus M^{\perp}$ 得，$x=x_0+z$ 其中 $x_0\in M$，$z\in M^{\perp}$，于是根据内积的连续性得

$$\|x\|^2=(x,x)=(x,x_0+z)=(x,x_0)+(x,z)=0+0=0,$$

因此 E 是 H 的完全标准正交基.

61. **解**　显然 x_0, x_1, x_2 线性无关.

(1) 令 $e_1=\dfrac{x_1}{\|x_1\|}$, 则 $e_1=\dfrac{1}{\sqrt{2}}=\dfrac{\sqrt{2}}{2}$.

(2) 因为 $(x_2, e_1)=\dfrac{1}{\sqrt{2}}\int_{-1}^{1}t\,\mathrm{d}t=0$, 所以 $x_2-(x_2, e_1)e_1=x_2$, 于是令 $e_2=\dfrac{x_2}{\|x_2\|}$, 则

$$\|x_2\|^2=\int_{-1}^{1}t^2\,\mathrm{d}t=\frac{2}{3},\ e_2=\sqrt{\frac{3}{2}}t=\frac{\sqrt{6}}{2}t.$$

(3) 因为

$$(x_3, e_1)=\frac{\sqrt{2}}{2}\int_{-1}^{1}t^2\,\mathrm{d}t=\frac{\sqrt{2}}{3},\ (x_3, e_2)=\frac{\sqrt{6}}{2}\int_{-1}^{1}t^3\,\mathrm{d}t=0,$$

所以

$$v=x_3-(x_3, e_1)e_1-(x_3, e_2)e_2=t^2-\frac{1}{3},\ \|v\|^2=\int_{-1}^{1}\left(t^2-\frac{1}{3}\right)^2\mathrm{d}t=\frac{8}{45}.$$

于是

$$e_3=\frac{v}{\|v\|}=\frac{\sqrt{10}}{4}(3t^2-1).$$

因此 $\{1, t, t^2\}$ 正交化后的标准正交基为 $\left\{\dfrac{\sqrt{2}}{2}, \dfrac{\sqrt{6}}{2}t, \dfrac{\sqrt{10}}{4}(3t^2-1)\right\}$.

62. **证明**　令 $x_n=\sum\limits_{k=1}^{n}\xi_k e_k$, 其中 $n=1, 2, \cdots$, 则对于任意正整数 p 有

$$\|x_{n+p}-x_n\|^2=\left\|\sum_{k=n+1}^{n+p}\xi_k e_k\right\|^2=\sum_{k=n+1}^{n+p}|\xi_k|^2,$$

由于 $\{\xi_n\}\in l^2$, 因此 $\{x_n\}$ 是 Hilbert 空间 H 中的 Cauchy 列, 于是存在 $x\in H$, 使得 $\lim\limits_{n\to\infty}\|x-x_n\|=0$. 因为

$$(x_n, e_i)=\left(\sum_{k=1}^{n}\xi_k e_k, e_i\right)=\xi_i\quad(n>i),$$

$$|(x-x_n, e_i)|\leqslant\|x-x_n\|\|e_i\|=\|x-x_n\|,$$

$$(x, e_i)=(x_n, e_i)+(x-x_n, e_i).$$

令 $n\to\infty$ 得 $(x, e_n)=\xi_n$, 所以

$$\lim_{n\to\infty}\|x-x_n\|=\lim_{n\to\infty}\left(x-\sum_{k=1}^{n}\xi_k e_k, x-\sum_{k=1}^{n}\xi_k e_k\right)=\|x\|^2-\sum_{k=1}^{\infty}|\xi_k|^2,$$

即 $\sum\limits_{n=1}^{\infty}|\xi_n|^2=\|x\|^2$.

63. **证明**　充分性: 设 $x_n=\sum\limits_{k=1}^{n}(x, e_k)e_k$, 显然 $x_n\in Y$, 由于

$$x=\sum_{k=1}^{\infty}(x, e_k)e_k,$$

因此级数的部分和点列 $\{x_n\}$ 收敛到 x, 即 $x_n\to x$, 于是 $x\in\overline{Y}$.

必要性：由条件 $\overline{Y}=\overline{\text{span}\{e_n\}}$ 知，$\overline{Y}$ 是闭子空间，$\{e_n\}$ 是 $\overline{Y}$ 的完全标准正交基，所以 $\{e_n\}$ 是 Hilbert 空间 $\overline{Y}$ 的完全标准正交基，由定理 2.9.4 知，$\forall x\in\overline{Y}$，有 $x=\sum_{k=1}^{\infty}(x,e_k)e_k$.

64. **证明** 由于巴塞弗公式 $\|x\|^2=\sum_{k=1}^{\infty}|(x,e_k)|^2$、$\|y\|^2=\sum_{k=1}^{\infty}|(y,e_k)|^2$ 成立，因此

$$x=\sum_{k=1}^{\infty}(x,e_k)e_k\text{、}y=\sum_{k=1}^{\infty}(y,e_k)e_k.$$

记 $x_n=\sum_{k=1}^{n}(x,e_k)e_k$、$y_n=\sum_{k=1}^{n}(y,e_k)e_k$，则

$$\begin{aligned}(x_n,y_n)&=\left(\sum_{k=1}^{n}(x,e_k)e_k,\sum_{k=1}^{n}(y,e_k)e_k\right)=\sum_{k=1}^{n}(x,e_k)\overline{(y,e_k)}(e_k,e_k)\\&=\sum_{k=1}^{n}(x,e_k)\overline{(y,e_k)}.\end{aligned}$$

由内积的连续性知

$$\begin{aligned}(x,y)&=\lim_{n\to\infty}(x_n,y_n)=\lim_{n\to\infty}\sum_{k=1}^{n}(x,e_k)\overline{(y,e_k)}=\sum_{k=1}^{\infty}(x,e_k)\overline{(y,e_k)}\\&=\sum_{n=1}^{\infty}(x,e_n)\overline{(y,e_n)}.\end{aligned}$$

65. **证明** 由题设知 $\sum_{k=1}^{\infty}|\alpha_k|^2=\|x\|^2<\infty$，$\sum_{k=1}^{\infty}|\beta_k|^2=\|y\|^2<\infty$. 记 $x_n=\sum_{k=1}^{n}\alpha_k e_k$、$y_n=\sum_{k=1}^{n}\beta_k e_k$，$n=1,2,3,\cdots$，则

$$(x_n,y_n)=\left(\sum_{k=1}^{n}\alpha_k e_k,\sum_{k=1}^{n}\beta_k e_k\right)=\sum_{k=1}^{n}\alpha_k\overline{\beta_k}(e_k,e_k)=\sum_{k=1}^{n}\alpha_k\overline{\beta_k}.$$

由内积的连续性知

$$(x,y)=\lim_{n\to\infty}(x_n,y_n)=\lim_{n\to\infty}\sum_{k=1}^{n}\alpha_k\overline{\beta_k}=\sum_{k=1}^{\infty}\alpha_k\overline{\beta_k}.$$

再由 Hölder 不等式得

$$\begin{aligned}\sum_{k=1}^{\infty}|\alpha_k\overline{\beta_k}|&\leqslant\left(\sum_{k=1}^{\infty}|\alpha_k|^2\right)^{\frac{1}{2}}\left(\sum_{k=1}^{\infty}|\alpha_k\overline{\beta_k}|^2\right)^{\frac{1}{2}}\\&=\left(\sum_{k=1}^{\infty}|\alpha_k|^2\right)^{\frac{1}{2}}\left(\sum_{k=1}^{\infty}|\alpha_k\beta_k|^2\right)^{\frac{1}{2}}=\|x\|\|y\|<\infty,\end{aligned}$$

即 $\sum_{k=1}^{\infty}\alpha_k\overline{\beta_k}$ 绝对收敛.

66. **证明** 若 E 是 H 的完全标准正交基，$x\in E^{\perp}$，则由定理 2.9.4 知，$x=\sum_{k=1}^{\infty}(x,e_k)e_k$，因为 $\forall k\in\mathbb{N}$，有 $(x,e_k)=0$，所以 $x=\theta$，即 $E^{\perp}=\{\theta\}$.

设 $E^{\perp}=\{\theta\}$，对于 $x\in H$，记 $c_k=(x,e_k)$，$x_n=\sum_{k=1}^{n}c_k e_k$，由定理 2.9.2 贝塞尔不等式

知 $\sum_{k=1}^{\infty} |c_k|^2 \leqslant \|x\|^2$. 为了证明的方便，不妨设 $m > n$，于是当 $n \to \infty$ 时，有

$$\|x_m - x_n\|^2 = (x_m - x_n, x_m - x_n) = \left(\sum_{k=n+1}^{m} c_k e_k, \sum_{k=n+1}^{m} c_k e_k\right) = \sum_{k=n+1}^{m} c_k \overline{c_k}(e_k, e_k)$$

$$= \sum_{k=n+1}^{m} |c_k|^2 \leqslant \sum_{k=n}^{\infty} |c_k|^2 \to 0 \ (n \to \infty),$$

所以 $\{x_n\}$ 是 Hilbert 空间 H 的收敛列. 令 $y = x - \sum_{k=1}^{\infty} c_k e_k$，于是 $\forall i \in \mathbb{N}$ 有

$$(y, e_i) = \left(x - \sum_{k=1}^{\infty} c_k e_k, e_i\right) = (x, e_i) - c_i = 0,$$

即 $y \in E^{\perp} = \{\theta\}$，所以 $x = \sum_{k=1}^{\infty} c_k e_k$，由定理 2.9.4 知 E 是 H 的完全标准正交基.

67. **证明**　假设 $\{f_n\}_{n=1}^{\infty}$ 不是 H 的完全标准正交基，则存在 $f_0 \in H$ 且 $f_0 \neq 0$，使得 $f_0 \perp f_i$，$i = 1, 2, \cdots$. 由于 $\{e_n\}_{n=1}^{\infty}$ 是完全标准正交基，所以 $\|f_0\|^2 = \sum_{i=1}^{\infty} |(f_0, e_i)|^2$，于是

$$\|f_0\|^2 = \sum_{i=1}^{\infty} |(f_0, e_i) - (f_0, f_i)|^2 = \sum_{i=1}^{\infty} |(f_0, e_i - f_i)|^2$$

$$\leqslant \sum_{i=1}^{\infty} \|f_0\|^2 \|e_i - f_i\|^2$$

$$= \|f_0\|^2 \sum_{i=1}^{\infty} \|e_i - f_i\|^2 < \|f_0\|^2$$

产生矛盾，故 $\{f_n\}_{n=1}^{\infty}$ 是完全标准正交基.

68. **证明**　因为级数 $\sum_{k=1}^{\infty} \|e_k - f_k\|$ 收敛，所以存在 $N \in \mathbb{N}$，使得 $\sum_{k=N+1}^{\infty} \|e_k - f_k\| < 1$.

假设 $\{f_n\}_{n=1}^{\infty}$ 不是完全标准正交基，则存在非零元素 $f_0 \in H$，使得 $f_0 \perp f_i$，$i = 1, 2, \cdots$.

令 $g_0 = \sum_{j=1}^{N} (f_0, e_j) e_j$，$g_1 = \sum_{j=1}^{N} (f_1, e_j) e_j$，$\cdots$，$g_N = \sum_{j=1}^{N} (f_N, e_j) e_j$，于是在 N 维空间 $\mathrm{span}\{e_1, e_2, \cdots, e_N\}$ 中这 $N+1$ 个向量线性相关，即存在不全为零的数

$$\alpha_0, \alpha_1, \cdots, \alpha_N,$$

使得 $\alpha_0 g_0 + \alpha_1 g_1 + \cdots + \alpha_N g_N = 0$，从而有

$$0 = \sum_{k=0}^{N} \alpha_k g_k = \sum_{k=0}^{N} \alpha_k \left(\sum_{j=1}^{N} (f_k, e_j) e_j\right) = \sum_{k=0}^{N} \sum_{j=1}^{N} (\alpha_k f_k, e_j) e_j$$

$$= \sum_{j=1}^{N} \left(\sum_{k=0}^{N} \alpha_k f_k, e_j\right) e_j = \sum_{j=1}^{N} (h, e_j) e_j,$$

其中 $h = \sum_{k=0}^{N} \alpha_k f_k$，所以 $(h, e_j) = 0$，$j = 1, 2, \cdots, N$，显然 $h \perp f_i$，$i = N+1, N+2, \cdots$. 因此

$$\|h\|^2 = \sum_{i=1}^{\infty} |(h, e_i)|^2 = \sum_{i=N+1}^{\infty} |(h, e_i)|^2 = \sum_{i=N+1}^{\infty} |(h, e_i) - (h, f_i)|^2$$

$$= \sum_{i=N+1}^{\infty} |(h, e_i - f_i)|^2 \leqslant \sum_{i=1}^{\infty} \|h\|^2 \|e_i - f_i\|^2$$

$$= \|h\|^2 \sum_{i=N+1}^{\infty} \|e_i - f_i\|^2 < \|h\|^2,$$

产生矛盾，故$\{f_n\}_{n=1}^{\infty}$是完全标准正交基.

69. **证明** 设 $\forall x, y \in H$ 有$(\varphi(x), \varphi(y)) = (x, y)$,则

$$\|\varphi(x)\|^2 = (\varphi(x), \varphi(x)) = (x, x) = \|x\|^2,$$

所以 $\|\varphi(x)\| = \|x\|$.

设 φ 是保距映射,则当 $x, y \in H, \lambda \in F$ 时，有

$$\|\varphi(x) + \lambda\varphi(y)\|^2 = \|x + \lambda y\|^2.$$

展开有

$$\|\varphi(x)\|^2 + 2\mathrm{Re}\bar{\lambda}(\varphi(x), \varphi(y)) + |\lambda|^2 \|\varphi(y)\|^2 = \|x\|^2 + 2\mathrm{Re}\bar{\lambda}(x, y) + |\lambda|^2 \|y\|^2,$$

所以

$$\bar{\lambda}\mathrm{Re}(\varphi(x), \varphi(y)) = \bar{\lambda}\mathrm{Re}(x, y).$$

当 $F = \mathbb{R}$ 时，取 $\lambda = 1$，可得

$$(\varphi(x), \varphi(y)) = (x, y);$$

当 $F = \mathbb{C}$ 时，分别取$\lambda = 1$和$\lambda = i$,可分别得$(\varphi(x), \varphi(y))$和(x, y)实部和虚部相等，因此

$$(\varphi(x), \varphi(y)) = (x, y).$$

70. **证明** 依据定义2.10.1只需证明$\varphi: H \to K$是单射，由习题69知φ是保距映射. 令 $x, y \in H$ 且 $x \neq y$，那么

$$\|\varphi(x) - \varphi(y)\|^2 = \|\varphi(x - y)\|^2 = \|x - y\|^2 \neq 0,$$

所以 $\varphi(x) \neq \varphi(y)$，即 $\varphi: H \to K$ 是单射.

第三章 线性算子

3.1 基本概念

本章涉及的基本概念：算子、连续算子、线性算子、线性有界算子、投影算子、算子乘积、可逆算子、开映射、次线性泛函、闭线性算子；零空间、线性有界算子空间、对偶空间或共轭空间、自反空间；代数、赋范代数、Banach 代数、稀疏集、第一纲集、第二纲集、一致有界、弱收敛、弱有界、弱 * 收敛、一致收敛、强收敛.

定义 3.1.1 算子(Operator)

设 X 和 Y 是线性赋范空间，若 T 是 X 的某个子集 D 到 Y 中的一个映射，则称 T 为子集 D 到 Y 中的**算子**. 称 D 为算子 T 的定义域，记为 $D(T)$；并称 Y 的子集 $R(T)=\{y\,|\,y=T(x),\ x\in D\}$ 为算子 T 的值域. 对于 $x\in D$，通常记 x 的像为 $T(x)$ 或 Tx.

定义 3.1.2 连续算子(Continuous Operator)

设 X 和 Y 是线性赋范空间，$x_0\in D\subset X$，T 为 D 到 Y 中的算子，如果 $\forall\varepsilon>0$，$\exists\delta>0$，对于任意的 $x\in D$，当 $\|x-x_0\|<\delta$ 时，有 $\|Tx-Tx_0\|<\varepsilon$，则称算子 T 在点 x_0 处连续. 若算子 T 在 D 中每一点都连续，则称 T 为 D 上的**连续算子**.

定义 3.1.3 线性算子(Linear Operator)

设 X 和 Y 是线性赋范空间，$D\subset X$，T 为 D 到 Y 中的算子，如果 $\forall x,\ y\in D$，$\forall\alpha,\ \beta\in\mathbb{F}$，有 $T(\alpha x+\beta y)=\alpha T(x)+\beta T(y)$，则称 T 为 D 上的**线性算子**.

定义 3.1.4 线性有界算子(Bounded Linear Operator)

设 X 和 Y 是线性赋范空间，$D\subset X$，T：$D\to Y$ 为线性算子，如果存在 $M>0$，$\forall x\in D$，有 $\|Tx\|\leqslant M\|x\|$，则称 T 为 D 上的**线性有界算子**，或称 T 有界.

定义 3.2.1 零空间(Null-space)

设 X 和 Y 是线性赋范空间，称集合 $\ker(T)=\{x\,|\,Tx=0,\ x\in X\}$ 为算子 T：$X\to Y$ 的零空间或者算子 T 的核(Kernel).

定义 3.3.1 线性有界算子空间(Space of Bounded Linear Operator)

设 $T\in B(X\to Y)$，T 的范数定义为 $\|T\|\triangleq\sup\limits_{x\neq 0}\left\{\dfrac{\|Tx\|}{\|x\|}\right\}$，线性赋范空间 $B(X\to Y)$ 简称为**线性有界算子空间**. 特别记 $B(X)=B(X\to X)$.

定义 3.3.2 投影算子(Projection Operator)

设 M 是 Hilbert 空间 H 上的闭子空间，映射 $P:H\to M$ 定义为：

$$\forall x\in H,\ P(x)=x_0,\ x-Px=x-x_0\in M^{\perp},$$

其中 x_0 是 x 在 M 上的正交投影，则称 P 为 M 上的**投影算子**或**正交投影算子**(Orthographic Projection Operator)，记为 P_M.

定义 3.4.1　对偶空间(Dual Space)

设 X 为一线性赋范空间，X 上的**全体线性有界泛函**组成的集合 $B(X\to\mathbb{F})$ 记为 X^*，即

$$X^*=\{f\mid f:X\to\mathbb{F},\ f\text{ 为线性有界泛函}\},$$

称线性赋范空间 X^* 为 X 的**对偶空间**或**共轭空间**(Conjugate Space).

定义 3.5.1　算子乘积(Operator Product)

设 X，Y，Z 是同一数域上的线性赋范空间，$T_1\in B(X\to Y)$，$T_2\in B(Y\to Z)$，$\forall x\in X$，定义 $(T_2T_1)x\triangleq T_2(T_1x)$，则称 T_2T_1 为 T_1 右乘以 T_2，或者 T_2 左乘以 T_1.

定义 3.5.2　可交换代数(Commutative Algebra)与赋范代数(Normed Algebra)

设 X 是数域 F 上的一个线性空间，若对任意的元素 x，y，$z\in X$ 及 $\lambda\in F$，存在的“乘法”满足 $xy\in X$，$x(yz)=(xy)z$，$x(y+z)=xy+xz$，$(x+y)z=xz+yz$，$\lambda(xy)=(\lambda x)y=x(\lambda y)$，则称 X 为一个**代数**(Algebra). 若存在一个非零元素 $e\in X$，$\forall x\in X$ 有 $ex=xe=x$，则称 e 为代数 X 的**单位元**(Identity Element). 若 $\forall x$，$y\in X$，有 $xy=yx$，则称 X 为可交换代数. 如果在线性赋范空间 X 的元素之间通过定义乘法使其成为一个代数，且 $\forall x$，$y\in X$ 有 $\|xy\|\leqslant\|x\|\|y\|$，则称 X 为**赋范代数**. 完备的赋范代数称为 **Banach 代数**(**Banach Algebra**).

定义 3.5.3　可逆算子(Invertible Operator)与逆算子(Inverse Operator)

设 X，Y 是同一数域上的线性赋范空间，且 $T\in B(X\to Y)$，如果存在 $S\in B(Y\to X)$，使得 $ST=I_X$，$TS=I_Y$，则称 T 是可逆算子且 S 与 T 互为逆算子，记为 $T^{-1}=S$. 其中 I_X、I_Y 分别是 X、Y 上的恒等算子.

定义 3.6.1　稀疏集(Sparse Set)、第一纲集(First Category)及第二纲集(Second Category)

设 X 是度量空间，$A\subseteq X$，如果 A 的闭包的内部是空集，即 $(\overline{A})^\circ=\phi$，则称 A 为**稀疏集**或疏朗集或无处稠密集(Nowhere Dense). 如果 A 可以表示成至多可数个稀疏集的并，即 $A=\bigcup\limits_{n=1}^{\infty}A_n$，$A_n$ 是稀疏集，则称 A 为**第一纲集**，不是第一纲集的集合，称之为**第二纲集**.

设 X 为度量空间，$x_0\in X$，如果存在邻域 $O(x_0,\delta)$，使得 $O(x_0,\delta)\cap X=\{x_0\}$，则称 x_0 是度量空间 X 的**孤立点**(**Isolated Point**).

定义 3.7.1　开映射(Open Map)

设 X，Y 是线性赋范空间，若算子 $T:X\to Y$ 把 X 中的任何一个开集映射成 Y 中的开集，则称算子 T 为开映射.

定义 3.8.1　次线性泛函(Sublinear Functional)

设 X 是数域 $\mathbb{F}$ 上的线性空间，如果实值泛函 $p:X\to\mathbb{R}$，$\forall x$，$y\in X$ 及 $\alpha\geqslant 0$，满足：

(1) $p(x+y)\leqslant p(x)+p(y)$；

(2) $p(\alpha x)=\alpha p(x)$，

则称 p 是 X 上的次线性泛函.

定义 3.8.2 自反空间(Reflexive Space)

设 X 为线性赋范空间，如果在线性等距同构意义下 $X=X^{**}$，则称 X 是自反空间.

定义 3.9.1 闭线性算子(Closed Linear Operator)

设 X 和 Y 是同一数域$\mathbb{F}$上的线性赋范空间，若 T 的**图像(Graph)**

$$G(T)=\{(x, y)\,|\,y=Tx,\ x\in D(T)\}$$

是乘积空间 $X\times Y$ 的闭子集，则称 T 为闭线性算子，简称**闭算子(Closed Operator)**.

定义 3.10.1 一致有界(Uniform Boundedness)

设 X 和 Y 是同一数域$\mathbb{F}$上的线性赋范空间，$F\subset B(X\to Y)$，如果$\{\|T\|\,|\,T\in F\}$是有界集，则称算子族 F 为**一致有界**.

定义 3.11.1 弱收敛(Weak Convergence)

设 X 是线性赋范空间，点列$\{x_n\}\subset X$. 若存在 $x\in X$ 使得 $\forall f\in X^*$，有$\lim\limits_{n\to\infty}f(x_n)=f(x)$成立，则称点列$\{x_n\}$弱收敛到 x，记为 $w-\lim\limits_{n\to\infty}x_n=x$ 或者 $x_n\xrightarrow{w}x$.

定义 3.11.2 弱有界(Weak Boundedness)

设 X 是线性赋范空间，集合 $E\subset X$，若对于每个 $f\in X^*$，存在常数 $M_f>0$，使得 $\forall x\in E$ 有$|f(x)|\leqslant M_f$ 成立，则称 E 是 X 的**弱有界集**(或者 w-有界集).

定义 3.12.1 弱 * 收敛(Weak* Convergence)

设 X 是线性赋范空间，X^*是其共轭空间，$\{f_n\}\subset X^*$. 若存在 $f\in X^*$，使得 $\forall x\in X$ 有$\lim\limits_{n\to\infty}|f_n(x)-f(x)|=0$，则称泛函列$\{f_n\}$弱 * 收敛于 f，记为 $w^*-\lim\limits_{n\to\infty}f_n=f$ 或者 $f_n\xrightarrow{w^*}f$.

定义 3.12.2 一致收敛(Uniform convergence)，强收敛(Strong convergence)与弱收敛(Weak convergence)

设 X 和 Y 是同一数域$\mathbb{F}$上的线性赋范空间：$T_n\subset B(X\to Y)$.

(1) 若存在 $T\in B(X\to Y)$，使得$\lim\limits_{n\to\infty}\|T_n-T\|=0$，则称算子列$\{T_n\}$一致收敛于 T，记为 $T_n\to T$.

(2) 若存在 $T\in B(X\to Y)$，使得 $\forall x\in X$ 有$\lim\limits_{n\to\infty}\|T_n(x)-T(x)\|=0$，则称算子列$\{T_n\}$强收敛于 T，记为 $T_n\xrightarrow{s}T$ 或者 $s-\lim\limits_{n\to\infty}T_n=T$.

(3) 若存在 $T\in B(X\to Y)$，使得 $\forall x\in X$，$\forall f\in Y^*$，有$\lim\limits_{n\to\infty}|f(T_n(x))-f(T(x))|=0$，则称算子列$\{T_n\}$弱习敛于 T，记为 $w-\lim\limits_{n\to\infty}T_n=T$ 或者$T_n\xrightarrow{w}T$.

3.2 主要结论

定理 3.1.1 设 X 和 Y 是线性赋范空间，$D\subset X$，$T:D\to Y$ 为线性算子，则 T 在 D 上连续当且仅当算子 T 在某点 $x_0\in D$ 处连续.

定理 3.1.2 设 X 和 Y 是线性赋范空间，$D\subset X$，$T:D\to Y$ 为线性算子，则 T 在 D 上

线性有界当且仅当算子 T 把 D 中的任何有界集映射成 Y 中的有界集.

定理 3.1.3 设 X 和 Y 是线性赋范空间，$D\subset X$，$T:D\to Y$ 为线性算子，则 T 在 D 上连续当且仅当 T 在 D 上线性有界.

定理 3.1.4 设 X 是有限维线性赋范空间，Y 是任意的线性赋范空间，T：$X\to Y$ 为线性算子，则 T 线性有界.

性质 3.2.1 设 T 是线性赋范空间 X 上的线性有界算子，则零空间 $\ker(T)$是 X 的闭线性子空间.

定理 3.2.1 设 X 是数域上$\mathbb{F}$的线性赋范空间，f：$X\to\mathbb{F}$为线性泛函，则映射 G：$X/\ker(f)\to\mathbb{F}$为线性连续泛函，其中 $G([x])=G(x+\ker(f))=f(x)$，同时 G 是从商空间 $X/\ker(f)$到 f 的值域 $R(f)\subset\mathbb{F}$上的线性同构映射.

定理 3.2.2 设 X 是数域$\mathbb{F}$上的线性赋范空间，f：$X\to\mathbb{F}$为线性泛函，则 f 为线性连续泛函当且仅当零空间 $\ker(f)$是闭集.

定理 3.2.3 设 X 是数域上$\mathbb{F}$的线性赋范空间，f：$X\to\mathbb{F}$为非零线性泛函，则 f 为连续泛函当且仅当零空间 $\ker(f)$在 X 中非稠密.

性质 3.3.1 设 X 和 Y 是线性赋范空间，则

(1) $T\in B(X\to Y)$当且仅当$\sup\limits_{x\neq 0}\left\{\dfrac{\|Tx\|}{\|x\|}\right\}$是有限值.

(2) 通过$\|T\|=\sup\limits_{x\neq 0}\left\{\dfrac{\|Tx\|}{\|x\|}\right\}$定义的范数满足“范数”三条公理.

性质 3.3.2 设 X 和 Y 是线性赋范空间，$\forall\, T\in B(X\to Y)$，

(1) $\forall\, x\in X$ 时，有$\|T(x)\|\leqslant\|T\|\cdot\|x\|$.

(2) $\|T\|=\sup\limits_{x\neq 0}\left\{\dfrac{\|Tx\|}{\|x\|}\right\}=\sup\limits_{\|x\|=1}\{\|Tx\|\}=\sup\limits_{\|x\|\leqslant 1}\{\|Tx\|\}$.

定理 3.3.1 设 X 是有限维线性赋范空间，Y 是任意的线性赋范空间，则

$$L(X\to Y)=B(X\to Y).$$

定理 3.3.2 设 X 是线性赋范空间，Y 是 Banach 空间，那么 $B(X\to Y)$是 Banach 空间.

定理 3.3.3 设 M 是 Hilbert 空间 H 上的非零闭子空间，P 为 M 上的投影算子，则

(1) P 的零空间 $\ker(P)=M^{\perp}$，值域 $R(P)=M$；

(2) P 为 H 上的线性算子；

(3) $\|P\|=1$.

推论 3.3.1 设 M 是 Hilbert 空间 H 上的非零闭子空间，P 为 M 上的投影算子，则

$$H=\ker(P)\oplus R(P).$$

定理 3.3.4 设 M 是 Hilbert 空间 H 上的非零闭子空间，P 为 M 上的投影算子，则 $P=P^2$，即 P 为幂等算子.

推论 3.3.2 设 H 是 Hilbert 空间，$P\in B(H)$，$\ker(P)\perp R(P)$以及 $P=P^2$，则 P 为投影算子.

定理 3.4.1 设 X 为 n 维线性赋范空间以及$\{e_1, e_2, \cdots, e_n\}$是 X 的基，则存在其对偶空间 X^* 的基$\{f_1, f_2, \cdots, f_n\}$使得 $f_i(e_j)=\delta_{ij}(1\leqslant i, j\leqslant n)$.

定理 3.4.2 设 X 为线性赋范空间，则其对偶空间 X^* 是 Banach 空间.

定理 3.4.3 Riesz 表示定理(Riesz Representation Theorem)

设 H 为 Hilbert 空间，f 是 H 上的线性连续泛函,则存在唯一的 $z\in H$，$\forall x\in H$，有

$$f(x)=(x, z), \|f\|=\|z\|.$$

性质 3.5.1 设 X，Y，Z 是同一数域上的线性赋范空间，若 $T_1\in B(X\to Y)$及 $T_2\in B(Y\to Z)$，则

$$T_2T_1\in B(X\to Z), \|T_2T_1\|\leqslant\|T_2\|\|T_1\|.$$

推论 3.5.1 设 X 是线性赋范空间，若 T，$S\in B(X\to X)$，则 $ST\in B(X\to X)$且 $\|ST\|\leqslant\|S\|\|T\|$.

定理 3.5.1 设 X，Y，Z 是线性赋范空间，$T\in B(X\to Y)$，$S\in B(Y\to Z)$，如果 T、S 均是可逆算子，那么(1) $(T^{-1})^{-1}=T$；(2) $(ST)^{-1}=T^{-1}S^{-1}$.

定理 3.5.2 设 X 是 Banach 空间，若 $T\in B(X)$，$\|T\|<1$，那么$(I-T)$、$(T-I)$可逆，且

$$(I-T)^{-1}=\sum_{i=0}^{\infty}T^i, (T-I)^{-1}=-\sum_{i=0}^{\infty}T^i.$$

推论 3.5.2 如果 X 是线性赋范空间，Y 是 Banach 空间，那么 $B(X\to Y)$中的所有可逆算子组成的它的一个开集.

定理 3.6.1 设 X，Y 是线性赋范空间以及 $T\in L(X\to Y)$，那么 $T\in B(X\to Y)$当且仅当$\{x\in X \mid \|Tx\|\leqslant 1\}$的内部为非空集.

性质 3.6.1 设 X 是度量空间，$A\subseteq X$，那么以下三个命题等价：

(1) A 为稀疏集. (2) $\overline{A}$ 不包含任何点的邻域. (3) $\overline{A}$ 的补集$(\overline{A})^C$ 在 X 中稠密.

性质 3.6.2 设 X 是度量空间，那么

(1) 稀疏集的子集和闭包均是稀疏集.

(2) 有限个稀疏集的并集是稀疏集.

(3) 若度量空间 X 不含有孤立点，则每一个有限集是稀疏集.

定理 3.6.2 设 X 是度量空间，$A\subseteq X$，那么 A 是稀疏集充要条件是对于任意开球 $O(x, \delta)$，存在 $O(y, r)\subset O(x, \delta)$，使得 $A\cap O(y, r)=\phi$.

定理 3.6.3 Baire 纲定理(Baire Category Theorem)

完备的度量空间(X, d)是第二纲集.

性质 3.7.1 设 X 是线性赋范空间，A，$B\subseteq X$. 若 $x\in A^{\circ}$及 $y\in B^{\circ}$，则 $x+y\in(A+B)^{\circ}$.

引理 3.7.1 设 X，Y 是 Banach 空间，算子 $T\in B(X\to Y)$，若 $R(T)$是第二纲集，则 $\forall\delta>0$，$\exists\lambda>0$，使得 $O_Y(0, \lambda)\subseteq\overline{T(O_X(0, \delta))}$.

引理 3.7.2 设 X，Y 是 Banach 空间，算子 $T\in B(X\to Y)$，若 $R(T)$是第二纲集，则 $\forall\delta>0$，$\exists\lambda>0$，使得 $O_Y(0, \lambda)\subseteq T(O_X(0, \delta))$.

定理 3.7.1 开映射定理(Open Mapping Theorem)

设 X，Y 是 Banach 空间，算子 $T\in B(X\to Y)$，$R(T)=Y$，则 T 为开映射.

性质 3.7.2 若 $T\in L(X\to Y)$且可逆，则 T^{-1}是线性算子.

定理 3.7.2 逆算子定理(Inverse Operator Theorem)

设 X，Y 是 Banach 空间，算子 $T\in B(X\to Y)$，若算子 T 是双射(既单射又满射)，则 $T^{-1}\in B(Y\to X)$.

推论 3.7.1 设线性赋范空间 X 上有两个范数 $\|\cdot\|_1$ 和 $\|\cdot\|_2$，如果 $(X, \|\cdot\|_1)$ 和 $(X, \|\cdot\|_2)$ 均是 Banach 空间，而且 $\|\cdot\|_2$ 比 $\|\cdot\|_1$ 强，那么范数 $\|\cdot\|_1$ 和 $\|\cdot\|_2$ 等价.

定理 3.7.3 设 X，Y 是线性赋范空间，T 是从 X 到 Y 上的线性算子.

(1) 存在常数 $M>0$，使得 $\forall x\in D(T)$ 有 $\|Tx\|\geqslant M\|x\|$，则 T 可逆，$T^{-1}\in B(R(T)\to D(T))$，且 $\forall y\in R(T)$ 有

$$\|T^{-1}y\|\leqslant\frac{1}{M}\|y\|.$$

(2) 如果 T^{-1} 存在且 $T^{-1}\in B(R(T)\to D(T))$，则存在常数 $M>0$，使得 $\forall x\in D(T)$ 有

$$\|Tx\|\geqslant M\|x\|.$$

定理 3.8.1 设 $X=\mathrm{span}\{M, x_0\}$ 为实线性赋范空间，其中 M 为 X 的非空子空间，$x_0\notin M$，若 $f\in M^*$，则存在的线性泛函 $F\in X^*$ 满足

(1) $F|_M=f$.

(2) $\|F\|=\|f\|$.

定理 3.8.2 (实线性空间上的 Hahn-Banach 定理) 设 M 为实线性空间 X 的子空间，$g: X\to\mathbb{R}$ 为次线性泛函，以及 $\forall x\in M$ 线性泛函 $f: M\to\mathbb{R}$，满足 $f(x)\leqslant g(x)$，则存在的线性泛函 $F: X\to\mathbb{R}$，使得

$$\forall x\in M \text{ 有 } F(x)=f(x)；\ \forall x\in X \text{ 有 } F(x)\leqslant g(x).$$

引理 3.8.1 设 X 为复数域 $\mathbb{C}$ 上的线性赋范空间，

(1) 若 $g: X\to\mathbb{R}$ 是实值线性泛函，且 $\forall x\in X$，$f(x)=g(x)-\mathrm{i}g(\mathrm{i}x)$，则 $f: X\to\mathbb{C}$ 是复线性泛函.

(2) 若 $f: X\to\mathbb{C}$ 是复线性泛函，则存在唯一的实值线性泛函 $g: X\to\mathbb{R}$，使得 $\forall x\in X$ 有 $f(x)=g(x)-\mathrm{i}g(\mathrm{i}x)$.

(3) 若 $f(x)=g(x)-\mathrm{i}g(\mathrm{i}x)$，$f$，$g$ 为线性泛函，则 $f: X\to\mathbb{C}$ 是复线性有界泛函当且仅当 $g: X\to\mathbb{R}$ 是实线性有界泛函，且 $\|g\|=\|f\|$.

定理 3.8.3 (线性赋范空间上的 Hahn-Banach 定理) 设 X 为数域 $\mathbb{F}$ 上的线性赋范空间，M 是 X 的线性子空间，常数 $\alpha\geqslant 0$，$\forall x\in M$ 线性泛函 $f: M\to\mathbb{F}$，满足 $|f(x)|\leqslant\alpha\|x\|$，则存在线性连续泛函 $F: X\to\mathbb{F}$，使得

$$\forall x\in M \text{ 有 } F(x)=f(x)；\ \forall x\in X \text{ 有 } |F(x)|\leqslant\alpha\|x\|.$$

定理 3.8.4 Hahn-Banach 延拓定理(Hahn-Banach Extension Theorem)

设 M 为线性赋范空间 X 的子空间，$f\in M^*$，则存在 $F\in X^*$ 使得 $F|_M=f$ 及 $\|F\|=\|f\|$.

推论 3.8.1 设 X 为一线性赋范空间，对任何 $x_0\in X$，$x_0\neq 0$，则必存在 X 上的线性连续泛函 f，满足 $f(x_0)=\|x_0\|$ 以及 $\|f\|=1$.

推论 3.8.2 设 M 是线性赋范空间 X 的子空间，$x_0\in X$，$d(x_0, M)=d>0$，则必存在 X 上的线性有界泛函 f，满足 $\forall x\in M$，$f(x)=0$；$f(x_0)=d$ 以及 $\|f\|=1$.

推论 3.8.3 设 M 是线性赋范空间 X 的子空间，$x_0\in X$，那么 $x_0\in\overline{M}$ 的充要条件是：$\forall f\in X^*$，若 $\forall x\in M$，有 $f(x)=0$，则必有 $f(x_0)=0$.

定理 3.8.5 设 X 为线性赋范空间，则 X 与它的二次共轭空间 X^{**} 的某个子空间 $\widetilde{X}$ 线性等距同构.

定理 3.8.6 任何线性赋范空间必有完备化空间.

引理 3.9.1 设 X 和 Y 是同一数域 $\mathbb{F}$ 上的线性赋范空间，$T: D(T)(\subset X)\to Y$ 是线性算子，那么 T 为闭线性算子的充要条件是：$\forall\{x_n\}\subset D(T)$，当 $x_n\to x\in X$，$Tx_n\to y\in Y$ 时，必有 $x\in D(T)$ 且 $Tx=y$.

定理 3.9.1 设 $T: D(T)(\subset X)\to Y$ 是线性有界算子，如果 $D(T)$ 是 X 的闭线性子空间，那么 T 为闭线性算子.

定理 3.9.2 闭图像定理(Closed Graph Theorem)

设 X 和 Y 都是 Banach 空间，$T: D(T)(\subset X)\to Y$ 是闭线性算子，$D(T)$ 是 X 的闭线性子空间，那么 T 为线性有界算子.

推论 3.9.1 设 X 和 Y 都是 Banach 空间，$T\in L(X\to Y)$，那么 T 为线性有界算子当且仅当 T 为闭算子.

定理 3.10.1 一致有界定理(Uniform Boundedness Theorem)

设 X 是 Banach 空间，Y 是线性赋范空间，算子族 $F\subset B(X\to Y)$，那么算子族 F 一致有界当且仅当 $\forall x\in X$，$\{\|Tx\| \mid T\in F\}$ 为有界集.

性质 3.11.1 若线性赋范空间 X 中的点列 $\{x_n\}$ 强收敛(或者弱收敛)，则极限点唯一.

性质 3.11.2 设 X 是数域 $\mathbb{F}$ 上的线性赋范空间，$\{x_n\}$，$\{y_n\}\subset X$，x，$y\in X$，α_n，β_n，α，$\beta\in\mathbb{F}$ 且 $\alpha_n\to\alpha$，$\beta_n\to\beta(n\to\infty)$.

(1) 若 $s-\lim\limits_{n\to\infty}x_n=x$ 和 $s-\lim\limits_{n\to\infty}y_n=y$，则 $s-\lim\limits_{n\to\infty}(\alpha_n x_n+\beta_n y_n)=\alpha x+\beta y$；

(2) 若 $w-\lim\limits_{n\to\infty}x_n=x$ 和 $w-\lim\limits_{n\to\infty}y_n=y$，则 $w-\lim\limits_{n\to\infty}(\alpha_n x_n+\beta_n y_n)=\alpha x+\beta y$.

性质 3.11.3 若线性赋范空间 X 中的点列 $\{x_n\}$ 强收敛到 x，则必弱收敛到 x.

性质 3.11.4 若线性赋范空间 X 中的点列 $\{x_n\}$ 弱收敛到 x，则数列 $\{\|x_n\|\}$ 有界.

定理 3.11.1 设 X 为有限维线性赋范空间，点列 $\{x_n\}\subset X$ 及点 $x\in X$，则 $s-\lim\limits_{n\to\infty}x_n=x$ 当且仅当 $w-\lim\limits_{n\to\infty}x_n=x$.

定理 3.11.2 设 X 为线性赋范空间，点列 $\{x_n\}\subset X$ 及点 $x_0\in X$，则 $w-\lim\limits_{n\to\infty}x_n=x_0$ 当且仅当以下两条同时成立：

(1) 数列 $\{\|x_n\|\}$ 有界；

(2) 存在 X^* 的一个稠密子集 M^*，使得 $\forall f\in M^*$，有 $\lim\limits_{n\to\infty}f(x_n)=f(x_0)$.

推论 3.11.1 设 H 为 Hilbert 空间，$\{e_n\}$ 是 H 的完全标准正交系，则 H 中的点列弱收敛 $w-\lim\limits_{n\to\infty}x_n=x_0$ 当且仅当以下两条同时成立：

(1) 数列 $\{\|x_n\|\}$ 有界；

(2) $\lim\limits_{n\to\infty}(x_n, e_i)=(x_0, e_i)$，其中 $i=1, 2, \cdots$.

定理 3.11.3 设 X 为内积空间，点列 $\{x_n\}\subset X$ 及点 $x\in X$，则 $s-\lim\limits_{n\to\infty}x_n=x_0$ 当且仅当

$$w-\lim_{n\to\infty}x_n=x_0,\quad \lim_{n\to\infty}\|x_n\|=\|x_0\|.$$

定理 3.11.4 设 X，Y 为线性赋范空间，$T\in L(X\to Y)$，则下列命题成立：

(1) 若 $T\in B(X\to Y)$，则 $\forall\{x_n\}\subset X$，当 $w-\lim\limits_{n\to\infty}x_n=x_0$ 时有 $w-\lim\limits_{n\to\infty}Tx_n=Tx_0$.

(2) 当 X，Y 为 Banach 空间时，$T\in B(X\to Y)$ 当且仅当 $\forall\{x_n\}\subset X$，当 $w-\lim\limits_{n\to\infty}x_n=x_0$ 时有 $w-\lim\limits_{n\to\infty}Tx_n=Tx_0$.

定理 3.11.5 设 X 为线性赋范空间，E 是 X 的弱有界集当且仅当 E 是 X 的有界集.

性质 3.12.1　设 X 为线性赋范空间，$\{f_n\}\subset X^*$，则下列命题成立：

(1) 若 $w-\lim\limits_{n\to\infty}f_n=f$，则 $w^*-\lim\limits_{n\to\infty}f_n=f$；

(2) 若 X 为自反空间，则 $w^*-\lim\limits_{n\to\infty}f_n=f$ 当且仅当 $w-\lim\limits_{n\to\infty}f_n=f$.

定理 3.12.1　设 X 为 Banach 空间，$\{f_n\}\subset X^*$ 及 $f\in X^*$，则 $w^*-\lim\limits_{n\to\infty}f_n=f$ 当且仅当以下两条同时成立：

(1) 数列 $\{\|f_n\|\}$ 有界；

(2) 存在 X 的一个稠密子集 Y，使得 $\forall x\in Y$，有 $\lim\limits_{n\to\infty}f_n(x)=f(x)$.

性质 3.12.2　设 X 和 Y 是同一数域 $\mathbb{F}$ 上的线性赋范空间，$T_n\subset B(X\to Y)$.

(1) 若算子列 $\{T_n\}$ 一致收敛于 T，则 $T\in B(X\to Y)$；

(2) 若算子列 $\{T_n\}$ 强收敛于 T 且 Y 是 Banach 空间，则 $T\in B(X\to Y)$.

定理 3.12.2　设 X 为 Banach 空间，Y 是线性赋范空间，$T_n\subset B(X\to Y)$，若算子列 $\{T_n\}$ 强收敛于 T，则数列 $\{\|T_n\|\}$ 有界.

定理 3.12.3　有界线性算子序列收敛定理

设 X，Y 为线性赋范空间，$\{T_n\}\subset B(X\to Y)$，则 $\lim\limits_{n\to\infty}T_n=T$ 当且仅当 $\{T_n\}$ 在 X 中的任意有界集上都一致收敛，即对于任意的有界集 $A\subset X$，$\forall\varepsilon>0$，$\exists N\in\mathbb{N}$，当 $n>N$ 时，$\forall x\in A$ 有 $\|T_nx-Tx\|<\varepsilon$.

引理 3.12.1　设 X 为线性赋范空间且 $X\neq\{\theta\}$，则 $\forall x\in X$，有

$$\|x\|=\sup\{|f(x)|\,|\,f\in X^*,\ \|f\|=1\}.$$

定理 3.12.4　设 X，Y 为线性赋范空间且 X 完备，$\{T_n\}\subset B(X\to Y)$，$w-\lim\limits_{n\to\infty}T_n=T$，则

$$\|T\|\leqslant\sup\{\|T_n\|\,|\,n=1,2,\cdots\}<\infty.$$

3.3　答疑解惑

1. 算子、泛函和函数的区别是什么？

答　简单地说，算子是从拓扑空间(例如内积空间、线性赋范空间)到拓扑空间上的映射；泛函是从拓扑空间到数域上的映射；函数是从数域到数域上的映射；所谓映射就是集合之间的一种对应关系. 由于实数域 $\mathbb{R}$ 或复数域 $\mathbb{C}$ 是拓扑空间，所以泛函、函数是一种特殊的算子. 通常称从有限维空间 $\mathbb{R}^n$ 到 $\mathbb{R}^m$ 上的算子矩阵 $A_{m\times n}$ 为线性变换.

2. 线性算子的零空间与线性算子的连续有什么关系？

答　设线性算子 T：$X\to Y$，X 和 Y 是线性赋范空间，易验证 T 的零空间 $\ker(T)$ 是 X 的子空间. ① 依据性质 3.2.1，线性有界算子 T 的零空间 $\ker(T)$ 是 X 的闭线性子空间. ② 依据定理 3.2.2，对于线性泛函而言，零空间 $\ker(T)$ 闭与泛函连续等价. ③ 依据定理 3.2.3，对于非零线性泛函，零空间 $\ker(T)$ 不稠密与泛函连续等价.

3. 设 X 和 Y 是线性赋范空间，算子 $T\in B(X\to Y)$ 的范数 $\|T\|=\sup\limits_{\|x\|=1}\{\|Tx\|\}$，那么一定存在 $x\in X$，$\|x\|=1$，使得 $\|T\|=\|Tx\|$ 吗？

答　这样的 x 不一定存在. 设线性赋范空间 X 为

$$X=\{x=(x_1,x_2,\cdots,x_n,0,0,\cdots)\,|\,x\in l^\infty\},$$

算子 $T: X \to l^1$ 为：

$$\forall x=(x_1, x_2, \cdots, x_n, 0, \cdots)\in X,\ Tx=\left(\frac{x_1}{2}, \frac{x_2}{2^2}, \cdots, \frac{x_n}{2^n}, 0, \cdots\right)\in l^1.$$

由 T 的定义易验证 T 是线性算子，$\forall x\in X$，因为

$$\|Tx\|_1=\left\|\left(\frac{x_1}{2}, \frac{x_2}{2^2}, \cdots, \frac{x_n}{2^n}, 0, \cdots\right)\right\|_1\leqslant\left(\sum_{k=1}^{n}\frac{1}{2^k}\right)\sup_{1\leqslant k\leqslant n}\{|x_k|\}\leqslant\sup_{1\leqslant k\leqslant n}\{|x_k|\}=\|x\|_\infty,$$

所以$\|T\|\leqslant 1$，可见 T 是线性有界算子. 取 $x_0=(1, 1, \cdots, 1, 0, \cdots)$，显然 $x_0\in X$，$\|x_0\|_\infty=1$，所以

$$\|T\|\geqslant\|Tx_0\|_1=\left\|\left(\frac{1}{2}, \frac{1}{2^2}, \cdots, \frac{1}{2^n}, 0, \cdots\right)\right\|_1=\sum_{k=1}^{n}\frac{1}{2^k}\to 1\quad(n\to\infty),$$

因此$\|T\|=1$.

设 $x\in X$，$\|x\|_\infty=1$，由 X 的定义知，存在 $n>N$，使得

$$x=(x_1, x_2, \cdots, x_n, 0, 0, \cdots),\ \sup_{1\leqslant k\leqslant n}\{|x_k|\}=1,$$

于是

$$\|Tx\|_1=\left\|\left(\frac{x_1}{2}, \frac{x_2}{2^2}, \cdots, \frac{x_n}{2^n}, 0, \cdots\right)\right\|_1\leqslant\left(\sum_{k=1}^{n}\frac{1}{2^k}\right)\sup_{1\leqslant k\leqslant n}\{|x_k|\}<\left(\sum_{k=1}^{\infty}\frac{1}{2^k}\right)=1,$$

因此$\|T\|\neq\|Tx\|_1$.

4. 设线性赋范空间 $X\neq\{\theta\}$，由定理 3.3.2 知，当 Y 是 Banach 空间时，线性有界算子空间 $B(X\to Y)$是 Banach 空间. 反之，当 $B(X\to Y)$是 Banach 空间时，Y 是 Banach 空间吗？

答 令 $x_0\in X$ 且$\|x_0\|=1$，根据 Hahn-Banach 定理，存在 $f\in X^*$，使得

$$\|f\|=1,\ f(x_0)=\|x_0\|=1.$$

设$\{y_n\}\subset Y$ 是 Cauchy 列，对于算子列 $T_n x=f(x)y_n$，则

$$\|T_n x\|=\|f(x)y_n\|\leqslant\|f\|\|y_n\|\|x\|,$$

$$\sup_{\|x'\|\neq 0}\frac{\|T_m x'-T_n x'\|}{\|x'\|}=\sup_{\|x'\|\neq 0}\frac{|f(x')|}{\|x'\|}\|y_m-y_n\|,$$

于是有

$$T_n\in B(X\to Y),\ \|T_m-T_n\|=\|y_m-y_n\|,$$

所以$\{T_n\}$是 $B(X\to Y)$ 中的Cauchy列. 由 $B(X\to Y)$ 是Banach空间知，存在 $T\in B(X\to Y)$，使得$\lim\limits_{n\to\infty}T_n=T$. 因为$\|T_n x_0-Tx_0\|\leqslant\|T_n-T\|\|x_0\|=\|T_n-T\|$，所以$\lim\limits_{n\to\infty}T_n x_0=Tx_0$，由 $T_n x=f(x)y_n$ 知$\lim\limits_{n\to\infty}f(x_0)y_n=Tx_0$，加之 $f(x_0)=1$，因此$\lim\limits_{n\to\infty}y_n=Tx_0$，即 Y 是 Banach 空间.

5. 设 X 为线性赋范空间，由定理 3.4.2 知其对偶空间 X^* 是Banach空间. 对于一般的线性赋范空间，若 $X=X^*$，称 X 为自共轭空间；若 $X=X^{**}$，称 X 为自反空间，可见自共轭空间、自反空间均为完备空间. 是否存在线性赋范空间 X 不是自共轭空间、不是自反空间，但 X^* 是自共轭空间、是自反空间？

答 设实线性赋范空间 X 为

$$X=\{x=(x_1, x_2, \cdots, x_n, 0, 0, \cdots)\mid x\in l^2\},$$

易验证点列$\left\{x^{(n)}=\left(1, \frac{1}{2}, \cdots, \frac{1}{2^{n-1}}, 0, 0, \cdots\right)\right\}$是 X 的 Cauchy 列，而不是收敛列，所以 X 不是 Banach 空间，自然 X 不是自共轭空间、不是自反空间.

显然 X 是 Hilbert 空间 l^2 的子空间，且易验证 X 是 l^2 的稠密子集. $\forall f \in X^*$，根据 Hahn-Banach 延拓定理，存在 $F \in (l^2)^*$，使得 F 在 X 上的限制是 f，即 $F|_X = f$. 由于 X 是 l^2 的稠密子集，于是 F 由 f 唯一确定，所以 X^* 与 $(l^2)^*$ 线性等距同构，而 Hilbert 空间 l^2 是自共轭空间、是自反空间.

因此 X 不是自共轭空间、不是自反空间，但 X^* 是自共轭空间、是自反空间.

6. 设 T 是 Hilbert 空间 H 上的线性算子，$T \in L(H)$，且 $\forall x, y \in H$，有
$$(Tx, y) = (x, Ty),$$
那么 T 是线性连续算子吗?

答 根据闭图像定理(定理 3.9.2)，只需证明 T 为闭算子. 设 Hilbert 空间 H 中的点列
$$x_n \to x,\ Tx_n \to y\ (n \to \infty),$$
则 $\forall z \in H$，有
$$(z, y) = \lim_{n\to\infty}(z, Tx_n) = \lim_{n\to\infty}(Tz, x_n) = (Tz, x) = (z, Tx),$$
于是$(z, Tx - y) = 0$，由 z 的任意性可知 $y = Tx$，所以 T 为闭算子.

7. 设 M 为线性赋范空间 X 的子空间，$f \in M^*$，根据 Hahn-Banach 延拓定理 3.8.4，存在 $F \in X^*$ 使得$F|_M = f$ 及 $\|F\| = \|f\|$. 可否举例说明存在线性赋范空间某子空间上的线性泛函延拓不唯一?

答 设 $X = \mathbb{R}^2$，$x = (x_1, x_2) \in X$ 的范数为$\|x\|_1 = |x_1| + |x_2|$，令
$$M = \{(x_1, 0) \mid x_1 \in \mathbb{R}\},$$
显然 M 是 Banach 空间 X 的子空间. 定义 $f \in M^*$ 为
$$\forall (x_1, 0) \in M,\ f(x_1, 0) = x_1,$$
易验证 $\|f\| = 1$. 令 $-1 \leqslant \alpha \leqslant 1$，定义 $F \in X^*$ 为
$$\forall (x_1, x_2) \in X,\ F(x_1, x_2) = x_1 + \alpha x_2,$$
显然 F 是 f 在空间 X 上的延拓，所以 $\|F\| \geqslant \|f\| = 1$. 又因为
$$|F(x)| = |F(x_1, x_2)| = |x_1 + \alpha x_2| \leqslant |x_1| + |\alpha||x_2| \leqslant |x_1| + |x_2| = \|x\|,$$
所以 $\|F\| = 1$. 因此$F|_M = f$ 及 $\|F\| = \|f\|$，显然这样的延拓 F 不唯一.

8. 设 X，Y 是线性赋范空间，线性算子 $T: X \to Y$ 的逆算子 $T^{-1}: Y \to X$ 存在，那么 T^{-1} 为连续算子时，T 为开映射吗?

答 T^{-1} 为连续算子时，T 一定为开映射. 根据定理 1.3.3，由 T^{-1} 为连续算子知，X 中任一开集 G 的原像$(T^{-1})^{-1}(G)$ 为开集，即 T 将 X 中的任何一个开集 G 映射成 Y 中的开集 $T(G)$，所以算子 T 为开映射.

9. 设 X，Y 是线性赋范空间，算子 $T: X \to Y$ 为闭线性算子，那么 T 的零空间 $\ker(T)$ 为闭集吗?

答 设$\{x_n\} \subset \ker(T)$，且$\lim\limits_{n\to\infty} x_n = x_0$，则 $Tx_n = 0$，因为 T 为闭线性算子，所以 $Tx_0 = 0$. 于是 $x_0 \in \ker(T)$，因此 T 的零空间 $\ker(T)$ 为闭集.

10. 为什么称“一致有界定理(Uniform Boundedness Theorem)”为“共鸣定理

(Resonance Theorem)”?

答　同一结论从正反两个方面叙述：正面叙述是一致有界定理；反面叙述就是共鸣定理.

一致有界定理：设 X 是 Banach 空间，Y 是线性赋范空间，算子族 $F \subset B(X \to Y)$，那么算子族 F 一致有界当且仅当 $\forall x \in X$，$\{\|Tx\| \mid T \in F\}$ 为有界集.

共鸣定理：设 X 是 Banach 空间，Y 是线性赋范空间，算子族 $F \subset B(X \to Y)$，那么算子族 $\sup\limits_{T \in F}\{\|T\|\} = \infty$ 当且仅当 $\exists x \in X$(共鸣点)，使得 $\sup\limits_{T \in F}\{\|T(x)\|\} = \infty$.

11. 设 X，Y 是线性赋范空间，闭线性算子 $T: X \to Y$ 的逆算子 $T^{-1}: Y \to X$ 存在，那么 T^{-1} 为闭线性算子吗?

答　T^{-1} 为闭线性算子. 因为 T 是线性算子，依据性质 3.7.2，知 T^{-1} 是线性算子. 因为 $G(T) \subseteq X \times Y$ 是闭集，建立映射

$$\varphi: X \times Y \to Y \times X,\ \forall (x, y) \in X \times Y,\ \varphi(x, y) = (y, x),$$

显然 φ 是等距映射，

$$G(T^{-1}) = \{(Tx, x) \mid x \in D(T)\} \subseteq Y \times X$$

是闭集，因此 T^{-1} 为闭线性算子.

3.4　习 题 扩 编

◇知识点 3.1　线性算子的定义及基本性质

1. 设 X，Y 为线性赋范空间，$V \subset X$ 和 $W \subset Y$ 均是子空间，T：线性算子 $X \to Y$ 可逆，证明 $T(V)$ 和 $T^{-1}(W)$ 分别是 Y 和 X 的子空间.

2. 设 X，Y 是线性赋范空间，对于任意的线性算子 $T: X \to Y$，必有 T 是线性连续算子. 证明 X 是有限维线性赋范空间.

3. 设 $x \in \mathbb{C}^n$，$y \in \mathbb{C}^m$，这里 $x = (x_1, x_2, \cdots, x_n)^{\mathrm{T}}$，$y = (y_1, y_2, \cdots, y_m)^{\mathrm{T}}$，$A$ 是 $m \times n$ 矩阵，算子 $T: \mathbb{C}^n \to \mathbb{C}^m$ 定义为 $y = Tx = Ax$，证明 T 为线性连续算子.

4. 设函数 $f(x)$ 在 $(-\infty, +\infty)$ 上有定义，且对任何 x_1，x_2 有 $f(x_1 + x_2) = f(x_1) + f(x_2)$. 证明：若 $f(x)$ 在 $x = 0$ 连续，则

(1) $f(x)$ 在 $(-\infty, +\infty)$ 上连续.

(2) $f(x): \mathbb{R} \to \mathbb{R}$ 为线性连续算子.

(3) $\forall x \in \mathbb{R}$，有 $|f(x)| \leqslant M|x|$，其中 $M \geqslant |f(1)|$.

◇知识点 3.2　线性算子的零空间

5. 设 f，g 为线性赋范空间 X 上的两个非零线性泛函，证明若 $\ker(f) = \ker(g)$，则存在常数 $k \in \mathbb{F}$，使得 $f = kg$.

6. 设 H 为数域 $\mathbb{F}$ 上的 Hilbert 空间，M 为 H 的闭子空间，证明 M 是 H 上某线性连续泛函的零空间当且仅当 $M^{\perp}$ 为一维子空间.

◇ 知识点 3.3　线性有界算子空间

7. 设 X，Y 是线性赋范空间，$T \in L(X \to Y)$，$\forall x \in X$ 定义 $\|x\|_1 = \|x\| + \|Tx\|$，证明 $\|\cdot\|_1$ 是 X 上的范数.

8. 证明 $C[-1, 1]$ 上线性泛函 $f(x) = \int_{-1}^{0} x(t)\mathrm{d}t - \int_{0}^{1} x(t)\mathrm{d}t$ 的范数为 2，其中

$$\|x(t)\| = \max_{-1 \leqslant t \leqslant 1} |x(t)|.$$

9. 在 $C[0, 1]$ 上定义线性泛函 $f(x) = \int_{0}^{\frac{1}{2}} x(t)\mathrm{d}t - \int_{\frac{1}{2}}^{1} x(t)\mathrm{d}t$，证明 $\|f\| = 1$，其中

$$\|x(t)\| = \max_{0 \leqslant t \leqslant 1} |x(t)|.$$

10. 设线性赋范空间上的算子 $T: l^{\infty} \to l^{1}$ 为：$\forall x = (x_1, x_2, \cdots, x_n, \cdots) \in l^{\infty}$，

$$Tx = \left(\frac{x_1}{2}, \frac{x_2}{2^2}, \cdots, \frac{x_n}{2^n}, \cdots\right) \in l^1.$$

证明算子 T 是线性有界算子且 $\|T\| = 1$.

11. 设线性赋范空间上的算子 $T: l^{1} \to l^{\infty}$ 为：$\forall x = (x_1, x_2, \cdots, x_n, \cdots) \in l^{1}$，

$$Tx = \left(\frac{x_1}{2}, \frac{x_2}{2^2}, \cdots, \frac{x_n}{2^n}, \cdots\right) \in l^{\infty}.$$

证明算子 T 是线性有界算子且 $\|T\| = \frac{1}{2}$.

12. 对于任意的 $x = (x_1, x_2, \cdots, x_n, \cdots) \in l^{\infty}$，定义映射 $T(x) = \left(x_1, \frac{x_2}{2}, \cdots, \frac{x_n}{n}, \cdots\right)$，证明 $T: l^{\infty} \to l^{\infty}$ 是线性有界算子且 $\|T\| = 1$.

13. 设 X 是由定义在实数 $\mathbb{R}$ 上的有界连续函数集构成的线性赋范空间，其中范数为 $\|x\| = \sup_{t \in \mathbb{R}} |x(t)|$，$c > 0$ 为常数，定义映射 $T: X \to X$ 为 $Tx(t) = x(t-c)$，证明 T 是线性有界算子且 $\|T\| = 1$.

14. 设 $X = C[a, b]$，其范数为 $\|x\| = \max_{t \in [a, b]} |x(t)|$，定义映射 $T: X \to X$ 为

$$T[x(t)] = tx(t),$$

证明 T 是线性有界算子且 $\|T\| = \max\{|a|, |b|\}$.

15. 设 $x \in C[a, b]$，范数为 $\|x\| = \max_{t \in [a, b]} |x(t)|$，定义 $C[a, b]$ 上的线性算子

$$T: f \in C[a, b], (Tf)(t) = x(t)f(t), t \in [a, b].$$

证明 T 是线性有界算子且 $\|T\| = 1$.

16. 设 $x \in C[a, b]$，范数为 $\|x\|_1 = \int_a^b |x(t)|\mathrm{d}t$，定义 $C[a, b]$ 上的线性算子

$$T: C[a, b] \to C[a, b], \forall f \in C[a, b], (Tf)(t) = \int_a^t f(s)\mathrm{d}s,$$

证明 T 的范数 $\|T\| = b - a$.

17. 设 z 是内积空间 X 的任一固定元素，证明 $f(x) = (x, z)$ 在 X 上定义了一个有界线性泛函，其范数为 $\|z\|$.

18. $\forall x = \{x_n\} \in l^2$，设 $T_n x = (x_1, x_2, \cdots, x_n, 0, 0, \cdots)$，证明 $T_n \in B(l^2 \to l^2)$，求 $\|T_n\|$.

19. 计算线性赋范空间 $L^2[0, 1]$ 上的泛函 $f(x)=\int_0^1 \sqrt{t}\, x(t^2)\mathrm{d}t$ 的范数.

20. 设 H_1 和 H_2 是数域$\mathbb{F}$上的两个 Hilbert 空间，其标准正交基分别为

$$\{e_1, e_2, \cdots, e_n\} \subseteq H_1, \{\xi_1, \xi_2, \cdots, \xi_n\} \subseteq H_2,$$

$\{\lambda_1, \lambda_2, \cdots, \lambda_n\} \subseteq \mathbb{F}$，算子 $T: H_1 \to H_2$ 定义为：$\forall x \in H_1$，$T(x)=\sum_{k=1}^{n}\lambda_k \xi_k (x, e_k)$，求 $\|T\|$.

21. 设 X 是有限维线性赋范空间，$x_0 \in X$. 若对 X 上的任意线性泛函 f 都有 $f(x_0)=0$，则 $x_0=\theta$.

22. 设 V 是满足 $\sum_{n=1}^{\infty}|x_n|$ 收敛的数列 $x=(x_1, x_2, \cdots, x_n, \cdots)$ 全体组成的空间，x 的范数定义为 $\|x\|=\sup_{n\geqslant 1}\{|x_n|\}$，算子 $T: V \to V$ 为

$$Tx=\left(x_1, \frac{1}{2}x_2, \cdots, \frac{1}{n}x_n, \cdots\right).$$

证明 $T \in B(V)$，$\|T\|=1$，值域 $R(T)$ 不是闭集.

23. 设 X 是 Banach 空间，$f \in X^*$，$\forall \varepsilon > 0$，证明存在 $x_0 \in X$，使得 $f(x_0)=\|f\|$，而且 $\|x_0\| \leqslant 1+\varepsilon$.

24. 设 P 为 Hilbert 空间 H 上的线性算子，证明 P 为投影算子的充要条件是：(1) $P=P^2$；(2) $\forall x, y \in H$，有 $(Px, y)=(x, Py)$.

◇知识点 3.4 对偶空间与 Riesz 表示定理

25. 设 X 为线性赋范空间，$M \subset X$，证明 $F=\{f \in X^* \mid \forall x \in M, f(x)=0\}$ 是 X^* 的闭子空间.

26. 设 X 为无限维线性赋范空间，证明对偶空间 X^* 也是无限维空间.

27. 设 f 是线性赋范空间 X 上的非零线性泛函，证明

$$\|f\|=\frac{1}{\inf\{\|x\| \mid f(x)=1\}}.$$

28. 证明 l^1 的对偶空间为 l^∞：$(l^1)^*=l^\infty$.

29. 证明 $l^p (1 < p < \infty)$ 的对偶空间为 l^q：$(l^p)^*=l^q$，其中$\frac{1}{p}+\frac{1}{q}=1$.

30. 设 f 为 Hilbert 空间 H 上的实值线性有界泛函，令

$$F(x)=\|x\|^2-2f(x) \ (\forall x \in H).$$

证明存在 $z \in H$，使得 $\forall x \in H$.

31. 设 $f_1, f_2, \cdots, f_n$ 为 Hilbert 空间 H 上的一组线性有界泛函，记

$$M=\bigcap_{i=1}^{n}\ker(f_i),$$

$\forall x \in H$，x_0 是 x 在 M 上的正交投影，证明存在

$$x_1, x_2, \cdots, x_n \in H, \alpha_1, \alpha_2, \cdots, \alpha_n \in \mathbb{F},$$

使得

$$x=x_0+\sum_{i=1}^{n}x_i\alpha_i.$$

32. 设 H 是实 Hilbert 空间，$f: H \to \mathbb{R}$ 是 H 上的线性连续泛函，证明由 $\varphi(x) = \|x\|^2 - f(x)$ 定义的泛函 $\varphi: H \to \mathbb{R}$ 在任意非空闭凸集上取得最小值.

◇知识点 3.5　算子乘法与逆算子

33. 设 X，Y 为 n 维实线性赋范空间，$T: X \to Y$ 是线性算子，证明 $R(T) = Y$ 当且仅当 T^{-1} 存在，其中 $D(T)$ 表示算子 T 的定义域，$R(T)$ 表示算子 T 的值域.

34. 设 X 为线性赋范空间，线性有界算子 T_n，T，S_n，$S \in B(X \to X)$，$n = 1, 2, \cdots$，证明若 $\lim\limits_{n\to\infty} T_n = T$，$\lim\limits_{n\to\infty} S_n = S$，则 $\lim\limits_{n\to\infty} T_n S_n = TS$.

35. 设 X，Y 为数域 $\mathbb{F}$ 上的两个线性赋范空间，$T: X \to Y$ 为线性算子，证明 $T^{-1}: R(T) \to D(T)$ 存在的充要条件是：若 $Tx = \theta$，则 $x = \theta$.

36. 设 X 是具有单位元 e 的 Banach 代数，$\forall x \in X$，证明若 $\|e - x\| < 1$，则 x 可逆.

37. 设 X 是 Banach 代数，$x \in X$ 且 $\|x\| < 1$，证明存在 $y \in X$，使得 $xy = x + y$.

38. 设 X，Y 为数域 $\mathbb{F}$ 上的两个线性赋范空间，$T: X \to Y$ 为线性有界算子，$R(T) = Y$，存在常数 $b > 0$，使得 $\forall x \in X$，有 $\|Tx\| \geqslant b\|x\|$，证明 T^{-1} 存在且有界.

◇知识点 3.6　Baire 纲定理

39. 设欧氏空间 $\mathbb{R}$ 的非空、可列集 M 为闭集，证明 M 中存在孤立点.

40. 设 X 为 Banach 空间，Y 为线性赋范空间，算子列 $\{T_n\} \subset B(X \to Y)$，以及

$$M = \{x \in X \mid \lim_{n\to\infty} \|T_n x\| < \infty\},$$

证明 $M = X$，或者 M 为第一纲集.

41. 设 X 是 Banach 空间，且 $X = \bigcup\limits_{n=1}^{\infty} M_n$，其中 $\{M_n\}_{n=1}^{\infty}$ 为 X 的子空间列，证明存在 $n \in \mathbb{N}$，使得 $\overline{M_n} = X$.

◇知识点 3.7　开映射定理与逆算子定理

42. 设映射 $T: \mathbb{R}^2 \to \mathbb{R}$ 为 $T(x_1, x_2) = x_1$，映射 $S: \mathbb{R}^2 \to \mathbb{R}^2$ 为 $S(x_1, x_2) = (x_1, 0)$，证明 T 为开映射，S 不是开映射.

43. 设 X，Y 为 Banach 空间，单射 $T: X \to Y$ 是线性有界算子，证明 $T^{-1}: R(T) \to X$ 线性有界当且仅当 $R(T)$ 在 Y 中闭.

44. 设 X，Y 为 Banach 空间，线性有界算子 $T: X \to Y$ 是双射，证明存在正实数 a，b，使得 $\forall x \in X$ 有 $a\|x\| \leqslant \|Tx\| \leqslant b\|x\|$.

◇知识点 3.8　线性泛函的延拓定理

45. 设线性赋范空间 X 的对偶空间 X^* 可分，证明 X 可分.

46. 设 M 是线性赋范空间 X 的子空间，$x_0 \in X$，那么 $x_0 \in \overline{M}$ 的充要条件是：$\forall f \in X^*$，若 $\forall x \in M$，有 $f(x) = 0$，则必有 $f(x_0) = 0$.［推论 3.8.3］

47. 设 $1 < p < \infty$，$A = \{x = (x_1, x_2, \cdots) \in l^p \mid \sum\limits_{n=1}^{\infty} x_n = 0\}$，证明 A 是线性赋范空间

l^p 的稠密子空间.

48. 设 X 是线性赋范空间，$M \subset X$ 是子空间，证明

$$\overline{M} = \bigcap \{\ker(f) \mid f \in X^*, M \subseteq \ker(f)\}.$$

49. 设 X 为线性赋范空间，$x, y \in X$，$\forall f \in X^*$ 恒有 $f(x) = f(y)$，证明 $x = y$.

50. 设 Y 为线性赋范空间 X 的闭线性子空间，$\forall f \in X^*$，当 f 在 Y 上限制 $f|_Y = 0$ 必有 $f = 0$，证明 $X = Y$.

51. 设 M 为线性赋范空间 X 的任一子集，x_0 为 X 中的非零元素，证明 $x_0 \in \overline{\mathrm{span} M}$ 的充要条件是：$\forall f \in X^*$，若 $\forall x \in M$ 有 $f(x) = 0$，则 $f(x_0) = 0$.

52. 证明任何线性赋范空间必有完备化空间.

◇ 知识点 3.9　闭图像定理

53. 设 X 为线性赋范空间，线性算子 $A: X \to X$，$B: X^* \to X^*$，$D(A) = X$，$D(B) = X^*$，如果 $\forall x \in X$，$\forall f \in X^*$ 有 $(Bf)(x) = f(Ax)$，那么 A 与 B 均是线性有界算子. [知识点：闭图像定理、延拓定理]

54. 自反空间的闭子空间是自反空间.

55. 设 X_1, X_2 为 Banach 空间 X 的两个闭子空间，且 $\forall x \in X$ 有唯一的分解 $x = x_1 + x_2$，其中 $x_1 \in X_1$，$x_2 \in X_2$. 证明存在常数 c，对于一切 $x \in X$，它的分解 $x = x_1 + x_2$ 式中的元素 x_1, x_2，$\|x_1\| \leqslant c\|x\|$，$\|x_2\| \leqslant c\|x\|$ 成立.

56. 设 $(X, \|\cdot\|_1)$ 与 $(Y, \|\cdot\|_2)$ 均是线性赋范空间，$T_1: X \to Y$ 是闭算子，$T_2: X \to Y$ 是线性有界算子，证明 $T_1 + T_2$ 是闭算子.

◇ 知识点 3.10　一致有界定理

57. 设 X 和 Y 为 Banach 空间，$T \in L(X \to Y)$，证明若 $\forall f \in Y^*$，$f \circ T \in X^*$，则 $T \in B(X \to Y)$.

58. 设 X 为 Banach 空间，$\{x_n\} \subset X$ 且 $\forall f \in X^*$，$\sum_{n=1}^{\infty} |f(x_n)| < \infty$，数列 $\{a_n\} \subset \mathbb{C}$，$\lim_{n \to \infty} a_n = 0$，证明级数 $\sum_{n=1}^{\infty} a_n x_n$ 收敛.

59. 设 X 为 Banach 空间，$\{x_n\} \subset X$，证明若 $\forall f \in X^*$，$\sum_{n=1}^{\infty} |f(x_n)| < \infty$，则存在 $M > 0$，$\forall f \in X^*$，有 $\sum_{n=1}^{\infty} |f(x_n)| \leqslant M\|f\|$.

60. 已知 $(l^1)^* = l^\infty$，即可和数列空间 l^1 的对偶空间为有界数列空间 l^∞，证明若对于任给的 $x = (x_1, x_2, \cdots, x_n, \cdots) \in l^1$，级数 $\sum_{n=1}^{\infty} a_n x_n$ 均收敛，则 $a = (a_1, a_2, \cdots, a_n, \cdots) \in l^\infty$.

61. 设 X 和 Y 是 Banach 空间，$\{T_n\}_{n=1}^{\infty} \subset B(X \to Y)$，以及 $\forall x \in X$，$\exists y \in Y$，使得 $\lim_{n \to \infty} \|T_n x - y\| = 0$，证明存在 $T \in B(X \to Y)$，使得 $\forall x \in X$ 有 $\lim_{n \to \infty} \|T_n x - Tx\| = 0$，以及 $\sup\{\|T_n\|\} < \infty$.

◇ 知识点 3.11　点列的弱极限

62. 设 H 为 Hilbert 空间，$\{e_n\}$ 是 H 的完全标准正交系，则 H 中的点列弱收敛 $w-\lim\limits_{n\to\infty}x_n=x_0$ 当且仅当以下两条同时成立：

(1) 数列 $\{\|x_n\|\}$ 有界.

(2) $\lim\limits_{n\to\infty}(x_n, e_i)=(x_0, e_i)$，其中 $i=1, 2, \cdots$. [推论 3.11.1]

63. 设 X，Y 为线性赋范空间，$T\in B(X\to Y)$，则 $\forall\{x_n\}\subset X$，当 $w-\lim\limits_{n\to\infty}x_n=x_0$ 时有 $w-\lim\limits_{n\to\infty}Tx_n=Tx_0$. [定理 3.11.4(1)]

64. 设 X，Y 为 Banach 空间，$T\in L(X\to Y)$，则 $T\in B(X\to Y)$ 当且仅当 $\forall\{x_n\}\subset X$，当 $w-\lim\limits_{n\to\infty}x_n=x_0$ 时有 $w-\lim\limits_{n\to\infty}Tx_n=Tx_0$. [定理 3.11.4(2)]

65. 设 X 为线性赋范空间，$\{x_n\}\subset X$. 证明若 $w-\lim\limits_{n\to\infty}x_n=x_0$，则 $x_0\in\overline{\text{span}\{x_n\}}$.

66. 设 X 为数域 $\mathbb{F}$ 上的线性赋范空间，$\{x_n\}\subset X$，若 $\forall f\in X^*$，$\{f(x_n)\}$ 为数域 $\mathbb{F}$($\mathbb{C}$ 或 $\mathbb{R}$) 中的 Cauchy 列，则称 $\{x_n\}$ 为 X 中的弱 Cauchy 列. 证明线性赋范空间中的弱 Cauchy 列有界.

67. 设 H 为 Hilbert 空间，$\{x_n\}\subset H$，$x_0\in H$，证明 $w-\lim\limits_{n\to\infty}x_n=x_0$ 当且仅当 $\forall y\in H$，有 $\lim\limits_{n\to\infty}(x_n, y)=(x_0, y)$.

68. 设 X 为实数域 $\mathbb{R}$ 上线性赋范空间，$\{x_n\}\subset X$，$\lim\limits_{n\to\infty}x_n=x_0$，

$$\{f_n\}_{n=1}^{\infty}\subset X^*=B(X\to\mathbb{R}),\ \sup\{\|f_n\| n=1, 2, \cdots\}\leqslant c,$$

其中 c 为常数，$\forall k\in\mathbb{N}$，当 $n\to\infty$ 时，$f_n(x_k)$ 收敛，证明 $f_n(x_0)$ 也收敛.

◇ 知识点 3.12　算子列的极限

69. 设 X 为线性赋范空间且 $X\neq\{0\}$，证明 $\forall x\in X$，有

$$\|x\|=\sup\{|f(x)|\,|\,f\in X^*, \|f\|=1\}.\ [\text{引理 } 3.12.1]$$

70. 设 X 为线性赋范空间，$\{f_n\}\subset X^*$，证明下列命题成立：

(1) 若 $w-\lim\limits_{n\to\infty}f_n=f$，则 $w^*-\lim\limits_{n\to\infty}f_n=f$.

(2) 若 X 为自反空间，则 $w^*-\lim\limits_{n\to\infty}f_n=f$ 当且仅当 $w-\lim\limits_{n\to\infty}f_n=f$.

71. 设 X 为可分的线性赋范空间，$M\subset X^*$ 是有界集，证明 M 中的每个点列含有弱 * 收敛子列.

72. 设 X，Y 为线性赋范空间，$\{T_n\}\subset B(X\to Y)$，证明 $\lim\limits_{n\to\infty}T_n=T$ 当且仅当 $\forall\varepsilon>0$，$\exists N\in\mathbb{N}$，当 $n>N$ 时，$\forall x\in\{x\in X\,|\,\|x\|=1\}$ 有 $\|T_nx-Tx\|<\varepsilon$，即算子列 $\{T_n\}$ 按范数收敛的充要条件是它在单位球面上一致收敛于 T.

73. 设 $\{T_n\}\subset B(l^2, l^2)$，$\forall x=(x_1, x_2, \cdots)\in l^2$，$T_nx=T_n(x_1, x_2, \cdots)=x_1e_n$，其中 e_n 是 l^2 中第 n 个分量为 1，其余分量为 0 的元素. 证明算子列 $\{T_n\}$ 弱收敛于 0，却并不强收敛于 0.

74. 设 $\{T_n\}\subset B(l^2, l^2)$，$\forall x=(x_1, x_2, \cdots)\in l^2$，定义 $T_n=(T_{\text{left}})^n$，即 $T_nx=(0, \cdots, 0, x_1, x_2, \cdots)$，其中 T_{left} 为右移位算子. 证明算子列 $\{T_n\}$ 弱收敛于 0，但不强

收敛.

75. 设 X 和 Y 是Banach空间，$\{T_n\}\subseteq B(X\to Y)$，证明算子列$\{T_n\}$强收敛的充要条件是：① $\{\|T_n\|\}_{n=1}^{\infty}$ 有界；② 对于 X 中的稠密子集 M 中的每个 x，$\{T_nx\}$ 收敛.

76. 设线性赋范空间 $C[a,b]$ 中的点列$\{x_n(t)\}_{n=1}^{\infty}$弱收敛到 $x_0(t)$，证明 $\forall t_0\in[a,b]$，数列$\{x_n(t_0)\}$ 收敛到 $x_0(t_0)$.

3.5 习题解答

1. **证明**　因为 $\forall y_1, y_2\in T(V)$，$\exists x_1, x_2\in V$ 使得

$$y_1=Tx_1,\ y_2=Tx_2.$$

又因为 $\forall\alpha,\beta\in\mathbb{F}$，$\alpha x_1+\beta x_2\in V$，所以

$$\alpha y_1+\beta y_2=\alpha Tx_1+\beta Tx_2=T(\alpha x_1+\beta x_2)\in T(V),$$

即 $T(V)$ 是 Y 的子空间.

$\forall\alpha,\beta\in\mathbb{F}$，$\forall x_1,x_2\in T^{-1}(W)$，有 $Tx_1, Tx_2\in W$，于是

$$T(\alpha x_1+\beta x_2)=\alpha Tx_1+\beta Tx_2\in W,$$

即 $\alpha x_1+\beta x_2\in T^{-1}(W)$，所以 $T^{-1}(W)$ 是 X 的子空间.

2. **证明**　假设 X 是无限维线性赋范空间，则由 Zorn 引理可证一定存在 X 的一个 Hamel 基 $E=\{e_n\}_{n=1}^{\infty}$，定义 $T(e_n)=n\|e_n\|\xi$，$\xi\in Y$ 且 $\|\xi\|=1$，当 $x\in X$ 时，存在 $\{e_{n_k}\}_{k=1}^{m_x}\subset E$，使得

$$x=\sum_{k=1}^{m_x}\alpha_k e_{n_k},\ Tx=\Big(\sum_{k=1}^{m_x}\alpha_k Te_{n_k}\Big)\xi=\Big(\sum_{k=1}^{m_x}\alpha_k n_k\|e_{n_k}\|\Big)\xi,$$

易验证 T 是 X 上的线性算子. 由 $T(e_n)=n\|e_n\|\xi$ 知

$$\|T\|=\sup_{x\in X,\ \|x\|\neq 0}\left\{\frac{\|Tx\|}{\|x\|}\right\}\geqslant\frac{\|T(e_n)\|}{\|e_n\|}=\frac{\|n\|e_n\|\xi\|}{\|e_n\|}=\frac{n\|e_n\|\|\xi\|}{\|e_n\|}=n\to+\infty,$$

可见所定义的线性算子 $T: X\to Y$ 不是连续算子，产生矛盾，故 X 是有限维线性赋范空间.

3. **证明**　设 $A=(a_{ij})_{m\times n}$，由矩阵的性质易知 T 为线性算子. $\forall x\in\mathbb{C}^n$，由柯西-许瓦兹不等式得，

$$\|Tx\|=\|Ax\|=\Big(\sum_{i=1}^{m}\Big|\sum_{j=1}^{n}a_{ij}x_j\Big|\Big)^{\frac{1}{2}}\leqslant\Big(\sum_{i=1}^{m}\Big(\sum_{j=1}^{n}|a_{ij}|^2\Big)\|x\|^2\Big)^{\frac{1}{2}}$$

$$=\Big(\sum_{i=1}^{m}\sum_{j=1}^{n}|a_{ij}|^2\Big)^{\frac{1}{2}}\|x\|,$$

所以 T 为线性连续算子.

4. **证明**　(1) $\forall x_0\in(-\infty,+\infty)$，显然有 $f(x_0+0)=f(x_0)+f(0)$，即 $f(0)=0$. 由于

$$\lim_{x\to x_0}f(x)-f(x_0)=\lim_{x\to x_0}[f(x)-f(x_0)]=\lim_{x\to x_0}f(x-x_0)$$

$$=\lim_{x-x_0\to 0}f(x-x_0)=f(0)=0,$$

所以 $f(x)$在$(-\infty,+\infty)$上连续.

(2) 由于 $f(x)$在$(-\infty,+\infty)$上连续以及 $\forall x_1, x_2$ 有 $f(x_1+x_2)=f(x_1)+f(x_2)$，

仿照定理 2.6.2 充分性的后半部分证明，可得 $\forall \alpha \in \mathbb{F}$有 $f(\alpha x)=\alpha f(x)$，即 $f(x)$是线性算子.

(3) 因为 $0=f_{(1-1)}=f_{(1)}+f_{(-1)}$，所以 $f(1)=f(-1)$. 令 $M\geqslant |f(1)|=|f(-1)|$，$\forall x\in \mathbb{R}$，

$$M\geqslant \left|f\left(\frac{x}{|x|}\right)\right|=\left|\frac{1}{|x|}f(x)\right|=\frac{1}{|x|}|f(x)|,$$

即 $|f(x)|\leqslant M|x|$.

5. **证明** 若 $X-\ker(f)=\phi$，则可取 $k=1$，否则任取 $x_0\in X-\ker(f)$，则由教材中例 3.2.2 知，$\forall x\in X$，有唯一的表达式

$$x=\frac{f(x)}{f(x_0)}x_0+y,$$

其中 $y\in \ker(f)=\ker(g)$. 于是有

$$g(x)=\frac{f(x)}{f(x_0)}g(x_0)+g(y)=\frac{f(x)}{f(x_0)}g(x_0),$$

即 $f(x)=kg(x)$，其中 $k=\dfrac{f(x_0)}{g(x_0)}$.

6. **证明** 必要性：若 $M=\ker(f)$，不妨设 $f(x)=(x,z)$，则由

$$M=\ker(f)=\mathrm{span}\,\{z\}^{\perp}$$

得

$$M^{\perp}=\ker\,(f)^{\perp}=\mathrm{span}\,\{z\}^{\perp\perp}=\mathrm{span}\{z\},$$

所以 $M^{\perp}$为一维子空间.

充分性：设 $M^{\perp}$为一维子空间，取 $z\in M^{\perp}$，且$\|z\|\neq 0$. 于是 $H=M\oplus \mathrm{span}\{z\}$，则 $\forall x\in H$，存在 $m\in M$，$t\in \mathbb{F}$，使得 $x=m+tz$，这种分解唯一. 定义 H 上泛函为

$$f(x)=f(m+tz)=t\|z\|,$$

易验证 f 为 H 上的线性泛函，$M=\ker(f)$，而且

$$|f(x)|=|f(m+tz)|=|t|\,\|z\|=\|tz\|\leqslant\|x\|,$$

可见 f 为 H 上的线性连续泛函，且$\|f\|\leqslant 1$.

7. **证明** 设 $x,y\in X$，$\alpha\in \mathbb{F}$，于是有

(1) $\|x\|_1=\|x\|+\|Tx\|\geqslant 0$. 若$\|x\|_1=\|x\|+\|Tx\|=0$，则$\|x\|=\|Tx\|=0$，即得 $x=\theta$. 若 $x=\theta$，易得$\|x\|_1=\|x\|+\|Tx\|=0$.

(2)
$$\begin{aligned}\|\alpha x\|_1&=\|\alpha x\|+\|\alpha Tx\|=|\alpha|\,\|x\|+|\alpha|\,\|Tx\|\\&=|\alpha|(\|x\|+\|Tx\|)=|\alpha|\,\|x\|_1.\end{aligned}$$

(3)
$$\begin{aligned}\|x+y\|_1&=\|x+y\|+\|T(x+y)\|=\|x+y\|+\|T(x)+T(y)\|\\&\leqslant\|x\|+\|y\|+\|T(x)\|+\|T(y)\|\\&=(\|x\|+\|T(x)\|)+(\|y\|+\|T(y)\|)\\&=\|x\|_1+\|y\|_1.\end{aligned}$$

因此$\|\cdot\|_1$ 是 X 上的范数.

当 X 为有限维线性赋范空间时，就有范数$\|\cdot\|$与$\|\cdot\|_1$ 等价，即存在常数 $a>0$，使得 $\forall x\in X$ 有$\|x\|_1=a\|x\|$，所以知$\|Tx\|\leqslant\|x\|_1=a\|x\|$，因此 $T\in B(X\to Y)$，即 T 线性有界.

8. **证明** 一方面，由于

$$|f(x)|=\left|\int_{-1}^{0}x(t)\mathrm{d}t-\int_{0}^{1}x(t)\mathrm{d}t\right|\leqslant\int_{-1}^{0}|x(t)|\mathrm{d}t+\int_{0}^{1}|x(t)|\mathrm{d}t$$

$$\leqslant\max_{-1\leqslant t\leqslant 1}|x(t)|\int_{-1}^{1}\mathrm{d}t=2\|x(t)\|,$$

所以$\|f\|=\sup\limits_{\|x\|=1}\{\|f(x)\|\}\leqslant 2$.

另一方面，记$a_n=\dfrac{1}{n}$，令

$$x_n(t)=\begin{cases}1, & t\in[-1,-a_n),\\ -nt, & t\in[-a_n,a_n],\\ -1, & t\in(a_n,1],\end{cases}$$

显然$\|x_n(t)\|=1$，于是

$$f(x_n(t))=\int_{-1}^{0}x_n(t)\mathrm{d}t-\int_{0}^{1}x_n(t)\mathrm{d}t$$

$$=\int_{-1}^{-\frac{1}{n}}\mathrm{d}t+\int_{-\frac{1}{n}}^{0}(-nt)\mathrm{d}t-\int_{0}^{\frac{1}{n}}(-nt)\mathrm{d}t-\int_{\frac{1}{n}}^{1}(-1)\mathrm{d}t$$

$$=2-\frac{1}{n}\to 2(n\to\infty),$$

即$\|f\|\geqslant 2$，故 f 是$C[-1,1]$上的范数为 2 的线性有界泛函.

9. **证明**　一方面，由于

$$|f(x)|=\left|\int_{0}^{\frac{1}{2}}x(t)\mathrm{d}t-\int_{\frac{1}{2}}^{1}x(t)\mathrm{d}t\right|\leqslant\int_{0}^{\frac{1}{2}}|x(t)|\mathrm{d}t+\int_{\frac{1}{2}}^{1}|x(t)|\mathrm{d}t$$

$$=\int_{0}^{1}|x(t)|\mathrm{d}t\leqslant\int_{0}^{1}\|x(t)\|\mathrm{d}t=\|x(t)\|,$$

所以$\|f\|=\sup\limits_{\|x\|=1}\{|f(x)|\}\leqslant 1$.

另一方面，记$a_n=\dfrac{1}{2}-\dfrac{1}{4n}$，$b_n=\dfrac{1}{2}+\dfrac{1}{4n}$，其中$n\geqslant 1$，令

$$x_n(t)=\begin{cases}1, & t\in[0,a_n),\\ 2n(1-2t), & t\in[a_n,b_n],\\ -1, & t\in(b_n,1],\end{cases}$$

显然$\|x_n(t)\|=1$，于是

$$\|f\|\geqslant|f(x_n(t))|=\left|\left(\int_{0}^{a_n}\mathrm{d}t+\int_{a_n}^{\frac{1}{2}}2n(1-2t)\mathrm{d}t\right)-\left(\int_{\frac{1}{2}}^{b_n}2n(1-2t)\mathrm{d}t-\int_{b_n}^{1}\mathrm{d}t\right)\right|$$

$$=\left|\left(a_n+\frac{1}{8n}\right)-\left(-\frac{1}{8n}-(1-b_n)\right)\right|=\left|(a_n-b_n)+\frac{1}{4n}+1\right|$$

$$=\left|1-\frac{1}{4n}\right|\to 1(n\to\infty),$$

即$\|f\|\geqslant 1$，故$\|f\|=1$.

10. **证明**　由 T 的定义易验证 T 是线性算子，$\forall x\in l^{\infty}$，因为

$$\|Tx\|_1=\left\|\left(\frac{x_1}{2},\frac{x_2}{2^2},\cdots,\frac{x_n}{2^n},\cdots\right)\right\|_1=\sum_{n=1}^{\infty}\frac{|x_n|}{2^n}$$

$$\leqslant \left(\sum_{n=1}^{\infty} \frac{1}{2^n}\right) \sup_{n\geqslant 1}\{|x_n|\} = \sup_{n\geqslant 1}\{|x_n|\} = \|x\|_\infty,$$

所以$\|T\| = \sup\limits_{\|x\|_\infty\neq 0}\left\{\dfrac{\|Tx\|_1}{\|x\|_\infty}\right\}\leqslant 1$，可见 T 是线性有界算子. 取 $x_0=(1, 1, \cdots, 1, \cdots)$，显然 $x_0\in l^\infty$，$\|x_0\|_\infty=1$，所以

$$\|T\| \geqslant \|Tx_0\|_1 = \left\|\left(\frac{1}{2}, \frac{1}{2^2}, \cdots, \frac{1}{2^n}, \cdots\right)\right\|_1 = \sum_{n=1}^{\infty} \frac{1}{2^n} = 1,$$

因此 $\|T\|=1$.

11. **证明**　由 T 的定义易验证 T 是线性算子，$\forall x\in l^1$，因为

$$\|Tx\|_\infty = \left\|\left(\frac{x_1}{2}, \frac{x_2}{2^2}, \cdots, \frac{x_n}{2^n}, \cdots\right)\right\|_\infty = \sup_{n\geqslant 1}\left\{\frac{|x_n|}{2^n}\right\} \leqslant \frac{1}{2}\sup_{n\geqslant 1}\{|x_n|\}$$
$$\leqslant \frac{1}{2}\sum_{n=1}^{\infty}|x_n| = \frac{1}{2}\|x\|_1,$$

所以$\|T\| = \sup\limits_{\|x\|_1\neq 0}\left\{\dfrac{\|Tx\|_\infty}{\|x\|_1}\right\}\leqslant \dfrac{1}{2}$，可见 T 是线性有界算子. 取 $x_0=(1, 0, \cdots, 0, \cdots)$，显然 $x_0\in l^1$，$\|x_0\|_1=1$，所以

$$\|T\|\geqslant\|Tx_0\|_\infty = \left\|\left(\frac{1}{2}, 0, \cdots, 0, \cdots\right)\right\|_\infty = \frac{1}{2},$$

因此$\|T\|=\dfrac{1}{2}$.

12. **证明**　设 $x=(x_1, x_2, \cdots, x_n, \cdots)$，$y=(y_1, y_2, \cdots, y_n, \cdots)\in l^\infty$，以及 α，$\beta\in\mathbb{F}$，于是

$$\begin{aligned} T(\alpha x+\beta y) &= T(\alpha x_1+\beta y_1, \alpha x_2+\beta y_2, \cdots, \alpha x_n+\beta y_n, \cdots) \\ &= \left(\alpha x_1+\beta y_1, \frac{\alpha x_2+\beta y_2}{2}, \cdots, \frac{\alpha x_n+\beta y_n}{n}, \cdots\right) \\ &= \left(\alpha x_1, \frac{\alpha x_2}{2}, \cdots, \frac{\alpha x_n}{n}, \cdots\right) + \left(\beta y_1, \frac{\beta y_2}{2}, \cdots, \frac{\beta y_n}{n}, \cdots\right) \\ &= \alpha T(x)+\beta T(y), \end{aligned}$$

可见 T 是线性算子.

因为

$$\|T(x)\| = \left\|\left(x_1, \frac{x_2}{2}, \cdots, \frac{x_n}{n}, \cdots\right)\right\| = \sup_{n=1,2,\cdots}\left\{\left|\frac{x_n}{n}\right|\right\} \leqslant \sup_{n=1,2,\cdots}\{|x_n|\} = \|x\|,$$

所以$\|T\|\leqslant 1$. 取 $x_0=(1, 0, \cdots, 0, \cdots)$，那么

$$\|x_0\|=1, \ \|T(x_0)\| = \|(1, 0, \cdots, 0, \cdots)\| = 1,$$

可见$\|T\|\geqslant 1$. 故 T 是线性有界算子且$\|T\|=1$.

13. **证明**　$\forall x$，$y\in X$ 以及 $\forall\alpha$，$\beta\in\mathbb{F}$，有

$$T(\alpha x(t)+\beta y(t)) = \alpha x(t-c)+\beta y(t-c) = \alpha T(x)+\beta T(y),$$

于是 T 为线性算子. $\forall x\in X$，由于$\|Tx\| = \sup\limits_{t\in\mathbf{R}}\{|x(t-c)|\} = \sup\limits_{t\in\mathbf{R}}\{|x(t)|\} = \|x\|$，所以 T 是线性有界算子且$\|T\|=1$.

14. **证明**　$\forall x(t)$，$y(t)\in X$ 以及 $\forall\alpha$，$\beta\in\mathbb{F}$，有

$$T(\alpha x(t)+\beta y(t))=t(\alpha x(t)+\beta y(t))=\alpha t x(t)+\beta t y(t)$$
$$=\alpha T(x(t))+\beta T(y(t)).$$

于是 T 是线性算子. 因为

$$\|T(x(t))\|=\|t(x(t))\|=|t|\,\|x(t)\|\leqslant\max\{|a|,|b|\}\|x(t)\|,$$

因此 T 是线性有界算子且$\|T\|\leqslant\max\{|a|,|b|\}$.

$$\|T\|=\sup_{x(t)\neq 0}\left\{\frac{\|Tx(t)\|}{\|x(t)\|}\right\}=\sup_{t\in[a,b]}\{|t|\}=\max\{|a|,|b|\}.$$

15. **证明** 对于任意的 $f\in C[a,b]$，有

$$\|Tf\|=\max_{t\in[a,b]}|f(t)x(t)|\leqslant\max_{t\in[a,b]}|f(t)|\max_{t\in[a,b]}|x(t)|=\|f\|\|x\|,$$

即$\|T\|\leqslant\|x\|$. 令 $f(t)\equiv 1$，则

$$\|Tf\|=\max_{t\in[a,b]}|x(t)|=\|x\|,$$

所以$\|T\|\geqslant\|x\|$. 因此$\|T\|=1$.

16. **证明** 对于任意的 $f\in C[a,b]$，有

$$\|Tf\|_1=\int_a^b\left|\int_a^t f(s)\mathrm{d}s\right|\mathrm{d}t\leqslant\int_a^b\int_a^t|f(s)|\mathrm{d}s\mathrm{d}t\leqslant\int_a^b|f(s)|\mathrm{d}s\cdot\int_a^b 1\mathrm{d}t=(b-a)\|f\|_1,$$

于是知$\|T\|\leqslant b-a$.对于正整数 n,作函数 $f_n(t)$如下

$$f_n(t)=\begin{cases}2an^2+2n-2n^2t, & a\leqslant t\leqslant a+\dfrac{1}{n},\\[2mm] 0, & a+\dfrac{1}{n}<t\leqslant b,\end{cases}$$

于是

$$\|f_n(t)\|_1=\int_a^{a+\frac{1}{n}}(2an^2+2n-2n^2t)\mathrm{d}t=\left[2an^2s+2ns-n^2t^2\right]_a^{a+\frac{1}{n}}=1.$$

因为

$$\begin{aligned}\|Tf_n\|_1&=\int_a^b\left|\int_a^t f_n(s)\mathrm{d}s\right|\mathrm{d}t=\int_a^{a+\frac{1}{n}}\left|\int_a^t f_n(s)\mathrm{d}s\right|\mathrm{d}t+\int_{a+\frac{1}{n}}^b\left|\int_a^t f_n(s)\mathrm{d}s\right|\mathrm{d}t\\&=\int_a^{a+\frac{1}{n}}\left|\int_a^t(2an^2+2n-2n^2s)\mathrm{d}s\right|\mathrm{d}t+\left(b-a-\frac{1}{n}\right)\\&=\int_a^{a+\frac{1}{n}}\left[1-\frac{1}{2}\left(a+\frac{1}{n}-t\right)(2an^2+2n-2n^2t)\right]\mathrm{d}t+\left(b-a-\frac{1}{n}\right)\\&=\frac{2}{3n}+\left(b-a-\frac{1}{n}\right)=b-a-\frac{1}{3n},\end{aligned}$$

所以$\|T\|\geqslant\sup\limits_n\|Tf_n\|_1=b-a$. 因此$\|T\|=b-a$.

17. **证明** $\forall\ \alpha,\beta\in K$，$\forall\, x,y\in X$，有

$$f(\alpha x+\beta y)=(\alpha x+\beta y,z)=(\alpha x,z)+(\beta y,z)=\alpha(x,z)+\beta(y,z)$$
$$=\alpha f(x)+\beta f(y),$$

所以 f 是一个线性泛函. 由于$\forall\, x\in X$，有$|f(x)|=|(x,z)|\leqslant\|x\|\|z\|$，所以 f 是一个线性有界泛函以及$\|f\|\leqslant\|z\|$. 又由于

$$\|z\|^2=(z,z)=|f(z)|\leqslant\|f\|\|z\|,$$

于是$\|z\|\leqslant\|f\|$，综上可得$\|f\|=\|z\|$.

18. **证明** 设 $\forall x=(x_1, x_2, \cdots)\in l^2$，$y=(y_1, y_2, \cdots)\in l^2$ 以及 $\forall \alpha, \beta\in K$，则

$$\begin{aligned}T_n(\alpha x+\beta y)&=(\alpha x_1+\beta y_1, \alpha x_2+\beta y_2, \cdots, \alpha x_n+\beta y_n, 0, 0, \cdots)\\&=(\alpha x_1, \alpha x_2, \cdots, \alpha x_n, 0, 0\cdots)+(\beta y_1, \beta y_2, \cdots, \beta y_n, 0, 0, \cdots)\\&=\alpha(x_1, x_2, \cdots, x_n, 0, 0, \cdots)+\beta(y_1, y_2, \cdots, y_n, 0, 0, \cdots)\\&=\alpha T_n(x)+\beta T_n(y),\end{aligned}$$

因为 $T_nx=(x_1, x_2, \cdots, x_n, 0, 0, \cdots)$，所以 $\|T_nx\|\leqslant\|x\|$，可见 T_n 为 $l^2\to l^2$ 的线性有界算子而且 $\|T_n\|\leqslant 1$. 取 $x=(x_1, x_2, \cdots, x_n, 0, \cdots)\in l^2$，显然有 $\|T_nx\|=\|x\|$，于是知 $\|T_n\|\geqslant 1$，故 $\|T_n\|=1$.

19. **解** 因为 $\forall x(t)\in L^2[0, 1]$，有

$$\begin{aligned}|f(x)|&=\left|\int_0^1\sqrt{t}\,x(t^2)\mathrm{d}t\right|=\left|\lim_{\varepsilon\to 0}\int_\varepsilon^1\frac{x(s)}{2\sqrt[4]{s}}\mathrm{d}s\right|\\&\leqslant\frac{1}{2}\left(\lim_{\varepsilon\to 0}\int_\varepsilon^1\frac{1}{\sqrt{s}}\mathrm{d}s\right)^{\frac{1}{2}}\left(\int_0^1|x(s)|^2\mathrm{d}s\right)^{\frac{1}{2}}=\frac{\sqrt{2}}{2}\|x\|,\end{aligned}$$

所以 $\|f\|\leqslant\frac{\sqrt{2}}{2}$. 令 $x(t)=\frac{1}{\sqrt{2}\sqrt[4]{t}}$，则

$$\|x\|=\left(\int_0^1|x(t)|^2\mathrm{d}t\right)^{\frac{1}{2}}=\left(\int_0^1\frac{1}{2\sqrt{t}}\mathrm{d}t\right)^{\frac{1}{2}}=1,$$

$$|f(x)|=\left|\int_0^1\sqrt{t}\,x(t^2)\mathrm{d}t\right|=\left|\int_0^1\frac{1}{\sqrt{2}}\mathrm{d}t\right|=\frac{\sqrt{2}}{2},$$

因此 $\|f\|=\frac{\sqrt{2}}{2}$.

20. **解** 设 $m=\max\{|\lambda_1|, |\lambda_2|, \cdots, |\lambda_n|\}$，依据 Bessel 不等式，有

$$\begin{aligned}\|T(x)\|^2&=\sum_{k=1}^n|\lambda_k|^2\|\xi_k\|^2|(x, e_k)|^2=\sum_{k=1}^n|\lambda_k|^2|(x, e_k)|^2\\&\leqslant m^2\sum_{k=1}^n|(x, e_k)|^2\leqslant m^2\|x\|^2,\end{aligned}$$

所以 $\|T\|\leqslant m$.

由于 $\forall e_i\in\{e_1, e_2, \cdots, e_n\}$，有 $\|T(e_i)\|\leqslant\|T\|\|e_i\|$ 以及 $T(e_i)=\lambda_i\xi_i$，所以 $|\lambda_i|\leqslant\|T\|$，于是得 $m=\max\limits_{i=1, 2, \cdots, n}|\lambda_i|\leqslant\|T\|$. 因此 $\|T\|=\max\limits_{i=1, 2, \cdots, n}|\lambda_i|$.

21. **证明** 设 $\{e_1, e_2, \cdots, e_n\}$ 是 X 的线性基，且 $x_0=\sum\limits_{i=1}^n x_i^{(0)}e_i$，则由 $f(x)=f\left(\sum\limits_{i=1}^n x_ie_i\right)=\sum\limits_{i=1}^\infty x_if(e_i)$ 知，$f(x_0)=\sum\limits_{i=1}^n x_i^{(0)}f(e_i)=0$.

由假设知，对 X 上的任意线性泛函 f，都有 $f(x_0)=0$，所以对于任意的 $\alpha_1, \alpha_2, \cdots, \alpha_n$ 有 $\sum\limits_{i=1}^n x_i^{(0)}\alpha_i=0$，故 $x_i^{(0)}=0(i=1, 2, \cdots, n)$，因此 $x_0=\theta$.

22. **证明** 显然 T 是线性算子，对于 $x=(x_1, x_2, \cdots, x_n, \cdots)\in V$，因为

$$\|Tx\|=\sup_{n\geqslant 1}\left\{\left|\frac{1}{n}x_n\right|\right\}=\frac{1}{n}\sup_{n\geqslant 1}\{|x_n|\}\leqslant\|x\|,$$

所以$\|T\|\leqslant 1$. 令 $x_0=(1, 0, \cdots, 0, \cdots)$，显然$\|x_0\|=1$以及 $Tx_0=x_0$，于是

$$\|T\|=\sup_{\|x\|=1,\ x\in V}\{\|Tx\|\}\geqslant\|Tx_0\|=\|x_0\|=1,$$

因此 $T\in B(V)$，$\|T\|=1$.

令 $x^{(n)}$表示前 n 个坐标为 1，其余为 0 的数列 $x^{(n)}=(1, 1, \cdots, 1, 0, 0, \cdots)$，于是

$$Tx^{(n)}=\left(1, \frac{1}{2}, \cdots, \frac{1}{n}, 0, 0, \cdots\right),$$

所以$\lim\limits_{n\to\infty}Tx^{(n)}=\left(1, \frac{1}{2}, \cdots, \frac{1}{n}, \cdots\right)\notin V$，因此值域 $R(T)$不是闭集.

23. **证明** 因为$\|f\|=\sup\limits_{x\neq\theta}\left\{\frac{|f(x)|}{\|x\|}\right\}$，所以$\forall\,\eta>0$，存在 $x_1\in X$，使得

$$\frac{|f(x_1)|}{\|x_1\|}\geqslant\|f\|-\eta,$$

于是有

$$\left\|\frac{x_1}{f(x_1)}\right\|\|f\|\leqslant\frac{\|f\|}{\|f\|-\eta}=1+\frac{\eta}{\|f\|-\eta}.$$

令 $\eta=\frac{\varepsilon}{1+\varepsilon}\|f\|$，有

$$\left\|\frac{x_1}{f(x_1)}\|f\|\right\|\leqslant 1+\varepsilon,$$

取 $x_0=\frac{x_1}{f(x_1)}\|f\|$，则有 $f(x_0)=\|f\|$，而且$\|x_0\|\leqslant 1+\varepsilon$.

24. **证明** 必要性证法 1：依据定理 3.3.4 知 $P=P^2$；$\forall\,x, y\in H$，由推论 3.3.1 知，存在 $x_1, y_1\in\ker(P)$，$x_2, y_2\in R(P)$，使得 $x=x_1+x_2$，$y=y_1+y_2$，有

$$(Px, y)=(x_2, y_1+y_2)=(x_2, y_2)=(x_2, Py)+(x_1, y_2)=(x, Py).$$

充分性证法 1：因为$\forall\,x\in\ker(P)$，$\forall\,y\in R(P)$，记 $Pz=y$，有

$$(x, y)=(x, Pz)=(x, P^2z)=(Px, Pz)=(\theta, y)=0.$$

依据推论 3.3.2 可得结论成立.

必要性证法 2：由推论 3.3.1 知，$H=\ker(P)\oplus R(P)$，所以$\forall\,x, y\in H$，存在

$$x_1, y_1\in\ker(P), x_2, y_2\in R(P),$$

使得 $x=x_1+x_2$，$y=y_1+y_2$，于是

$$P^2x=P(Px)=Px_2=x_2=Px,$$

$$(Px, y)=(x_2, y_1+y_2)=(x_2, y_2)=(x_2, Py)+(x_1, y_2)=(x, Py).$$

充分性证法 2：一方面$\forall\,y\in R(P)=M$，存在 $x\in H$，使得 $y=Px$，于是

$$(I-P)y=(I-P)Px=Px-P^2x=0,$$

即 $y\in\ker(I-P)$，所以

$$R(P)\subset\ker(I-P).$$

另一方面$\forall\,y\in\ker(I-P)$，有$(I-P)y=0$，即 $y=Py\in R(P)$，所以

$$\ker(I-P)\subset R(P),$$

故 $\ker(I-P)=R(P)$.

由算子 $I-P$ 线性有界知 $\ker(I-P)$为 H 的闭子空间，于是 $M=R(P)$为 H 的闭子空

间. $\forall x\in H$，有 $x=Px+(I-P)x$，于是 $\forall y\in H$ 有

$$((I-P)x,\ Py)=(P(I-P)x,\ Py)=(0,\ y)=0,$$

所以 $(I-P)x\in R(P)^{\perp}$，而 $Px\in R(P)$，于是 $Px=P_Mx$，即 $P=P_M$.

25. **证明** 设 $f_n\in F$ 且 $f_n\to f_0$，则 $\forall x\in M$ 且 $\|x\|\neq 0$，那么

$$0\leqslant \frac{1}{\|x\|}|f_0(x)|=\frac{1}{\|x\|}|f_n(x)-f_0(x)|=\left|(f_n-f_0)\left(\frac{x}{\|x\|}\right)\right|$$
$$\leqslant \|f_n-f\|\to 0(n\to\infty),$$

可见 $\forall x\in M$，$f_0(x)=0$，即 $f_0\in F$. 易验证 F 是 X^* 的线性子空间，因此 F 是 X^* 的闭子空间.

26. **证明** (1) 设 $\dim X=n$，下证 $\dim X^*=n$.

根据定理 3.4.1 知，若 $\{e_1, e_2, \cdots, e_n\}$ 是 X 的基，则 $\{f_1, f_2, \cdots, f_n\}$ 是其对偶空间 X^* 的基，其中 $f_i(e_j)=\delta_{ij}$，因此 $\dim X^*=n$.

(2) 若 $\dim X=\infty$，则任取 X 的子空间 X_n，$\dim X_n=n$，有 $\dim X_n^*=n$，其中 X_n^* 就是 X^* 在 X_n 上的限制. 可见 $\forall n\in\mathbb{N}^+$，存在 $\dim X^*\geqslant n$，因此 X^* 是无限维空间.

27. **证明** 由于 f 是非零线性泛函，所以 $X\backslash\ker(f)\neq\phi$，$\|f\|>0$. 易验证

$$\frac{1}{\inf\{\|x\|\,|\,f(x)=1\}}=\sup\left\{\frac{1}{\|x\|}\,\middle|\,f(x)=1\right\}.$$

一方面，当 $f(x)=1$ 时，$1=|f(x)|\leqslant\|f\|\|x\|$，所以 $\|f\|\geqslant\frac{1}{\|x\|}$，即

$$\|f\|\geqslant\sup\left\{\frac{1}{\|x\|}\,\middle|\,f(x)=1\right\}.$$

另一方面，$\forall\varepsilon>0$，由于 $\|f\|=\sup\left\{\frac{|f(x)|}{\|x\|}\,\middle|\,x\in X\right\}$，存在 $x\in X$，使得 $\frac{|f(x)|}{\|x\|}>\|f\|-\varepsilon$，令 $x'=\frac{x}{f(x)}$，则 $f(x')=1$，所以 $\frac{1}{\|x'\|}>\|f\|-\varepsilon$，因此 $\|f\|=\sup\left\{\frac{1}{\|x\|}\,\middle|\,f(x)=1\right\}$.

28. **证明** 设 $e^{(n)}=(e_1^{(n)}, e_2^{(n)}, \cdots, e_n^{(n)}, \cdots)$，其中除 $e_n^{(n)}=1$ 外，其他分量均为 0，显然 $e^{(n)}\in l^1$，$\|e^{(n)}\|_1=1$. $\forall x=(x_1, x_1, \cdots, x_n, \cdots)\in l^1$，有 $x=\lim\limits_{n\to\infty}\sum\limits_{k=1}^{n}x_ke^{(k)}$，可建立映射 φ：$(l^1)^*\to l^\infty$，使得 $\forall f\in(l^1)^*$，$\varphi(f)=(f(e^{(1)}), f(e^{(2)}), \cdots, f(e^{(n)}), \cdots)$. 下面证明 φ 是线性等距同构映射.

① 设 $f\in(l^1)^*$，$y_n=f(e^{(n)})$，$n=1, 2, \cdots$，即 $y=(y_1, y_1, \cdots, y_n, \cdots)$. 由于 f 是线性连续泛函，$\forall x=(x_1, x_1, \cdots, x_n, \cdots)\in l^1$，有

$$f(x)=\lim_{n\to\infty}\sum_{k=1}^{n}x_kf(e^{(k)})=\lim_{n\to\infty}\sum_{k=1}^{n}x_ky_k=\sum_{k=1}^{\infty}x_ky_k.$$

因为 $\|e^{(n)}\|_1=1$，所以对任意的正整数 n，有

$$|y_n|=|f(e^{(n)})|\leqslant\|f\|\,\|e^{(n)}\|_1=\|f\|,$$

于是得 $\sup\limits_{n=1,2,\cdots}|y_n|\leqslant\|f\|$，可见 $\varphi(f)=y=(y_1, y_1, \cdots, y_n, \cdots)\in l^\infty$，易验证 φ 是线性映射和单射.

② $\forall y=(y_1, y_1, \cdots, y_n, \cdots)\in l^\infty$，定义 l^1 上的有界泛函

$$f(x)=\sum_{k=1}^{\infty}x_k y_k，其中\ x=(x_1, x_1, \cdots, x_n, \cdots)\in l^1,$$

易知 f 是线性泛函，且 $f(e^{(n)})=y_n$，依据 Hölder 不等式，有

$$|f(x)|=\left|\sum_{k=1}^{\infty}x_k y_k\right|\leqslant\sum_{k=1}^{\infty}|x_k y_k|\leqslant\sup_{k=1,2,\cdots}|y_k|(\sum_{k=1}^{\infty}|x_k|=\|x\|_1\|y\|_\infty,$$

所以 f 是线性有界泛函，可见 $\varphi(f)=y$，即 φ 是满射，而且可得

$$\|f\|\leqslant\|y\|_\infty=\|\varphi(f)\|.$$

③ 综上所述，$\varphi:(l^1)^*\to l^\infty$ 是线性等距同构映射，即$(l^1)^*=l^\infty$.

29. **证明**　设 $e^{(n)}=(e_1^{(n)}, e_2^{(n)}, \cdots, e_n^{(n)}, \cdots)$，其中除 $e_n^{(n)}=1$ 外，其他分量均为0，显然 $e^{(n)}\in l^p$，$\|e^{(n)}\|_p=1$. $\forall x=(x_1, x_1, \cdots, x_n, \cdots)\in l^p$，有

$$x=\lim_{n\to\infty}\sum_{k=1}^{n}x_k e^{(k)},$$

可建立映射 $\varphi:(l^p)^*\to l^q$，使得

$$\forall f\in(l^p)^*, \varphi(f)=(f(e^{(1)}), f(e^{(2)}), \cdots, f(e^{(n)}), \cdots).$$

下面证明 φ 是线性等距同构映射.

① 设 $f\in(l^p)^*$，$y_n=f(e^{(n)})$，$n=1, 2, \cdots$，即 $y=(y_1, y_1, \cdots, y_n, \cdots)$. 由于 f 是线性连续泛函，$\forall x=(x_1, x_1, \cdots, x_n, \cdots)\in l^p$，有

$$f(x)=\lim_{n\to\infty}\sum_{k=1}^{n}x_k f(e^{(k)})=\lim_{n\to\infty}\sum_{k=1}^{n}x_k y_k=\sum_{k=1}^{\infty}x_k y_k.$$

当 $f=0$ 时，$y=\theta$，所以$(\sum_{k=1}^{\infty}|y_k|^q)^{\frac{1}{q}}\leqslant\|f\|$ 自然成立. 当 f 不是零泛函时，则 y_n 不全为零，此时对于任意正整数 n，令 $x^{(n)}=(x_1^{(n)}, x_2^{(n)}, \cdots, x_n^{(n)}, \cdots)$，其中

$$x_k^{(n)}=\begin{cases}\dfrac{|y_k|^q}{y_k}, & k\leqslant n, y_k\neq 0,\\ 0, & 其他情形,\end{cases}$$

显然 $x^{(n)}\in l^q$，因为 $f(x^{(n)})=\sum_{k=1}^{\infty}x_k^n y_k=\sum_{k=1}^{n}|y_k|^q$，以及

$$f(x^{(n)})\leqslant\|f\|\|x^{(n)}\|_p=\|f\|\left(\sum_{k=1}^{n}|x_k^n|^p\right)^{\frac{1}{p}}=\|f\|\left(\sum_{k=1}^{n}|y_k|^{(q-1)p}\right)^{\frac{1}{p}}$$

$$=\|f\|\left(\sum_{k=1}^{n}|y_k|^q\right)^{\frac{1}{p}},$$

由于 y_n 不全为零，当取 n 足够大时，可使$(\sum_{k=1}^{n}|y_k|^q)^{\frac{1}{p}}\neq 0$，上式两边同除以$(\sum_{k=1}^{n}|x_k^n|^p)^{\frac{1}{p}}$ 得

$$\left(\sum_{k=1}^{n}|y_k|^q\right)^{1-\frac{1}{p}}=\frac{f(x^{(n)})}{\left(\sum_{k=1}^{n}|y_k|^q\right)^{\frac{1}{p}}}\leqslant\|f\|,$$

令 $n\to\infty$，以及$\dfrac{1}{p}+\dfrac{1}{q}=1$，可得

$$\left(\sum_{k=1}^{\infty}|y_k|^q\right)^{\frac{1}{q}}\leqslant\|f\|,$$

因此 $\varphi(f)=y\in l^q$，易验证 φ 是线性映射和单射.

② $\forall y=(y_1, y_1, \cdots, y_n, \cdots)\in l^q$，定义 l^p 上的有界泛函

$$f(x)=\sum_{k=1}^{\infty}x_k y_k\text{，其中 }x=(x_1, x_1, \cdots, x_n, \cdots)\in l^p,$$

易知 f 是线性泛函，且 $f(e^{(n)})=y_n$，依据 Hölder 不等式，有

$$|f(x)|=\left|\sum_{k=1}^{\infty}x_k y_k\right|\leqslant\sum_{k=1}^{\infty}|x_k y_k|\leqslant\left(\sum_{k=1}^{\infty}|x_k|^p\right)^{\frac{1}{p}}\left(\sum_{k=1}^{\infty}|y_k|^q\right)^{\frac{1}{q}}=\|x\|_p\,\|y\|_q,$$

所以 f 是线性有界泛函，可见 $\varphi(f)=y$，即 φ 是满射，而且可得

$$\|f\|\leqslant\|y\|_q=\|\varphi(f)\|.$$

③ 综上所述，$\varphi:(l^p)^*\to l^q$ 是线性等距同构映射，即$(l^p)^*=l^q$.

30. **证明**　根据 Riesz 表示定理知，存在 $z\in H$，使得 $\forall x\in H$ 有 $f(y)=(y, z)$. 因为

$$\|x-z\|^2=(x-z, x-z)=\|x\|^2+\|z\|^2-2(x, z),$$

所以 $\forall x\in H$ 有

$$\begin{aligned}F(x)&=\|x\|^2-2f(x)=\|x\|^2-2(x, z)\\&=\|x\|^2-2(x, z)+\|z\|^2-\|z\|^2\\&=\|x-z\|^2-\|z\|^2.\end{aligned}$$

31. **证明**　由性质 3.2.1 知 M 是 H 的闭子空间，由性质 2.7.3 知 $M=(M^{\perp})^{\perp}$. 根据 Riesz 表示定理知，存在 $x_1, x_2, \cdots, x_n\in H$，使得 $\forall y\in H$ 有

$$f_1(y)=(y, x_1),\ f_2(y)=(y, x_2),\ \cdots,\ f_n(y)=(y, x_n),$$

当 $y\in M$ 时，$f_1(y)=f_2(y)=\cdots=f_n(y)=0$，所以 $x_i\in M^{\perp}$ $(1\leqslant i\leqslant n)$，即

$$\text{span}\{x_1, x_2, \cdots, x_n\}\subseteq M^{\perp}.$$

所以 $M=(M^{\perp})^{\perp}\subseteq(\text{span}\{x_1, x_2, \cdots, x_n\})^{\perp}$. 下面证明$(\text{span}\{x_1, x_2, \cdots, x_n\})^{\perp}\subseteq M$.

设 $y\in(\text{span}\{x_1, x_2, \cdots, x_n\})^{\perp}$，则 $\forall\alpha_1, \alpha_2, \cdots, \alpha_n\in\mathbb{F}$，有$(y, \sum_{i=1}^{n}\alpha_i x_i)=0$. 任取 $1\leqslant i\leqslant n$，令 $\alpha_i=1$，$\alpha_j=0$，$i\neq j$，其中 $1\leqslant i, j\leqslant n$，于是 $f_i(y)=(y, x_i)=0$，即 $y\in\ker(f_i)$，由 i 的任意性知 $y\in\bigcap_{i=1}^{n}\ker(f_i)=M$，因此

$$M=(\text{span}\{x_1, x_2, \cdots, x_n\})^{\perp}\text{，即 }M^{\perp}=\text{span}\{x_1, x_2, \cdots, x_n\}.$$

由于 M 是 H 的闭子空间，依投影定理 2.7.3 知 $H=M\oplus M^{\perp}$，即

$$H=M\oplus\text{span}\{x_1, x_2, \cdots, x_n\}.$$

于是 $\forall x\in H$，记 x_0 是 x 在 M 上的正交投影，则存在 $\alpha_1, \alpha_2, \cdots, \alpha_n\in\mathbb{F}$，使得

$$x=x_0+\sum_{i=1}^{n}x_i\alpha_i.$$

32. **证明**　由 Riesz 表示定理 3.4.3 知，存在唯一的 $z\in H$，使得 $\forall x\in X$，$f(x)=(x, z)$. 于是

$$\varphi(x)=\|x\|^2-f(x)=(x, x)-(x, z)=(x, x-z).$$

根据极化恒等式(定理 2.6.1)，有

$$\varphi(x)=(x,\ x-z)=\frac{1}{4}(\|2x-z\|^2-\|z\|^2)=\left\|x-\frac{z}{2}\right\|^2-\left\|\frac{z}{2}\right\|^2,$$

所以由引理 2.7.1 得

$$\inf_{x\in A}\varphi(x)=\inf_{x\in A}\left\{\left\|x-\frac{z}{2}\right\|^2-\left\|\frac{z}{2}\right\|^2\right\}=\left[d\left(\frac{z}{2},\ A\right)\right]^2-\left\|\frac{z}{2}\right\|^2,$$

其中 A 是 H 的非空闭凸集. 记$\frac{z}{2}$在 A 上的正交投影向量为 $P_A\left(\frac{z}{2}\right)$，利用投影定理得

$$\inf_{x\in A}\varphi(x)=\left\|P_A\left(\frac{z}{2}\right)-\frac{z}{2}\right\|^2-\left\|\frac{z}{2}\right\|^2=\varphi\left(P_A\left(\frac{z}{2}\right)\right).$$

33. **证明**　必要性：设 $y_1,\ y_2,\ \cdots,\ y_n$ 是 n 维实线性赋范空间 Y 的一组基，由 $R(T)=Y$ 知存在相应的点 $x_1,\ x_2,\ \cdots,\ x_n\in X$，使得 $T(x_i)=y_i$. 因为对于任意一组实数 $k_1,\ k_2,\ \cdots,\ k_n$ 有

$$\begin{aligned}T(k_1x_1+k_2x_2+\cdots+k_nx_n)&=k_1T(x_1)+k_2T(x_2)+\cdots+k_nT(x_n)\\&=k_1y_1+k_2y_2+\cdots+k_ny_n,\end{aligned}$$

所以 $x_1,\ x_2,\ \cdots,\ x_n$ 也是 n 维实线性赋范空间 X 的一组基. $\forall x_\alpha,\ x_\beta\in X,\ x_\alpha\neq x_\beta$，其中

$$x_\alpha=\alpha_1x_1+\alpha_2x_2+\cdots+\alpha_nx_n,\ \text{以及}\ x_\beta=\beta_1x_1+\beta_2x_2+\cdots+\beta_nx_n,$$

那么

$$Tx_\alpha=\alpha_1y_1+\alpha_2y_2+\cdots+\alpha_ny_n;\ Tx_\beta=\beta_1y_1+\beta_2y_2+\cdots+\beta_ny_n,$$

于是知 $Tx_\alpha\neq Tx_\beta$，即 T 是单射，又由条件知 T 是满射，所以 T^{-1}存在.

充分性：设 T^{-1}存在，$\forall y\in Y$，令 $x=T^{-1}y$，于是 $Tx=T(T^{-1}y)=(TT^{-1})y=y$，即 $y\in R(T)$，因此 $R(T)=Y$.

34. **证明**　由$\lim\limits_{n\to\infty}T_n=T$ 知，存在 $M>0$ 使得$\|T_n\|<M$. 因为

$$\begin{aligned}\|T_nS_n-TS\|&=\|T_nS_n-T_nS+T_nS-TS\|\\&\leqslant\|T_nS_n-T_nS\|+\|T_nS-TS\|\\&\leqslant\|T_n\|\|S_n-S\|+\|T_n-T\|\|S\|\\&\leqslant M\|S_n-S\|+\|T_n-T\|\|S\|,\end{aligned}$$

加之条件$\lim\limits_{n\to\infty}T_n=T$，$\lim\limits_{n\to\infty}S_n=S$，故$\lim\limits_{n\to\infty}T_nS_n=TS$.

35. **证明**　充分性：设 $Tx=Ty$，则由 $T:X\to Y$ 为线性算子知，

$$T(x-y)=Tx-Ty=\theta,$$

于是 $x-y=\theta$，即 $x=y$. 可见 T 是从其定义域 $D(T)$到值域 $R(T)$上的一一映射，故 T^{-1}存在.

必要性：若 T^{-1}存在，则由 $Tx=Ty$ 可知 $x=y$，取 $y=\theta$，便得若 $Tx=\theta$，则 $x=\theta$.

36. **证明**　令 $y=e-x$，则 $\|y\|=r<1$. 因为 $\|y^n\|\leqslant\|y\|^n=r^n$，所以级数 $\sum\limits_{n=0}^{\infty}\|y^n\|$ 收敛，利用空间 X 的完备性知级数 $\sum\limits_{n=0}^{\infty}y^n$，不妨设 $z=\sum\limits_{n=0}^{\infty}y^n$. 令 $z_n=\sum\limits_{k=0}^{n}y^k$，则

$$z_n(e-y)=(e+y+y^2+\cdots+y^n)-(y+y^2+\cdots+y^{n+1})=e-y^{n+1}.$$

由于$\|y^{n+1}\|\leqslant r^{n+1}$，所以$\lim\limits_{n\to\infty}y^{n+1}=\theta$，因此 $z(e-y)=\lim\limits_{n\to\infty}z_n(e-y)=e$. 同理可证$(e-y)z=e$，因此 $x=e-y$ 可逆，且 $x^{-1}=z=\sum\limits_{n=0}^{\infty}y^n$.

37. **证明**　因为 $\|x\|<1$ 以及 $\|x^n\|\leqslant\|x\|^n(n=1,2,\cdots)$，所以数项级数

$$\sum_{n=1}^{\infty}\|-x^n\|=\sum_{n=1}^{\infty}\|x^n\|\leqslant\sum_{n=1}^{\infty}\|x\|^n$$

收敛，由定理 2.1.1 知级数 $\sum\limits_{n=1}^{\infty}-x^n$ 收敛，记 $y=\sum\limits_{n=1}^{\infty}-x^n$. 因此

$$xy=x\left(\sum_{n=1}^{\infty}-x^n\right)=-x^2-x^3-x^4-\cdots=x+y.$$

38. **证明**　若 $Tx=\theta$，则 $0=\|Tx\|\geqslant b\|x\|$，即得 $x=\theta$，于是由习题 35 的结论知 T^{-1} 存在. 由 $R(T)=Y$ 知，$\forall y\in Y$，$\exists x\in X$，使得 $Tx=y$，即 $T^{-1}y=x$，于是

$$\|T^{-1}y\|=\|x\|\leqslant\frac{1}{b}\|Tx\|=\frac{1}{b}\|y\|.$$

故 T^{-1} 存在且有界.

39. **证明**　由于 M 为完备空间 $\mathbb{R}$ 的闭子集，所以 M 为完备子空间，根据 Baire 纲定理知 M 是第二纲集.

假设 M 中没有孤立点，则 $\forall x\in M$，$\forall\varepsilon>0$，使得 $O(x,\varepsilon)\cap M\neq\{x\}$，于是

$$\{x\}=\overline{\{x\}},\quad \overline{\{x\}}^{\circ}=\phi,$$

即 $\{x\}$ 是稀疏集. 因此 $M=\bigcup\limits_{x\in M}\{x\}$ 是第一纲集，产生矛盾，故 M 中存在孤立点.

40. **证明**　令 $M_k=\{x\in X\mid\sup\limits_{n}\{\|T_nx\|\leqslant k\}$，则 $M=\bigcup\limits_{k=1}^{\infty}M_k$，当 $x_m\to x_0$ 以及 $\{x_m\}\subset M_k$ 时，有

$$\begin{aligned}\|T_nx_0\|&=\|T_nx_0-T_nx_m+T_nx_m\|\leqslant\|T_nx_0-T_nx_m\|+\|T_nx_m\|\\&\leqslant\|T_n\|\|x_0-x_m\|+\|T_nx_m\|\leqslant k(m\to\infty),\end{aligned}$$

于是 M_k 为闭集. 假设 M 为第二纲集，则必存在 $k\in\mathbb{N}$，使得 $\overline{M_k}$ 内部非空，即 $\exists x_0\in X$ 以及 $\varepsilon>0$，使得 $O(x_0,\varepsilon)\subset\overline{M_k}=M_k$. 下证 $\forall x\in X$，$x\neq\theta$ 有 $x\in M$. 由于

$$y=x_0+\frac{\varepsilon x}{2\|x\|}\in M_k,$$

于是

$$\left\|T_n\left(\frac{\varepsilon x}{2\|x\|}\right)\right\|\leqslant\|T_nx_0\|+\left\|T_n\left(x_0+\frac{\varepsilon x}{2\|x\|}\right)\right\|\leqslant 2k,$$

即 $\|T_nx\|\leqslant\dfrac{4k}{\varepsilon}\|x\|$，可见 $x\in M$，得 $M=X$.

因此当 M 为第二纲集时，$M=X$，否则 M 为第一纲集.

41. **证明**　① 设子空间 M 含有球 $O(x,\delta)$，证明 $X=M$.

设 $x\in M$，当 $y\in O(\theta,\delta)$ 时，则 $x+y\in O(x,\delta)\subseteq M$，因为 M 是子空间，所以 $y\in M$，即 $O(\theta,\delta)\subseteq O(x,\delta)$. $\forall z\in X$，$\|z\|\neq 0$，有

$$\frac{\delta z}{2\|z\|}\in O(\theta,\delta)\subseteq M,\text{ 即}\frac{\delta z}{2\|z\|}\in M,$$

因为 M 是子空间，所以 $z\in M$，因此 $X=M$.

② 假设所有的子空间 M_n 是闭子空间，根据 Baire 纲定理，$X=\bigcup\limits_{n=1}^{\infty}M_n$ 是第二纲集，所

以存在 $n\in\mathbb{N}$，使得 $(\overline{M_n})^\circ\neq\phi$，即 $(M_n)^\circ\neq\phi$. 于是知 M_n 含有球 $O(x,\delta)$，所以 $X=M_n$.

③ 当子空间 M 不全是闭子空间时，因为

$$X=\bigcup_{n=1}^{\infty}M_n\subseteq\bigcup_{n=1}^{\infty}\overline{M_n}=X,$$

所以 $X=\bigcup\limits_{n=1}^{\infty}\overline{M_n}$，同上述证明可得存在 $n\in\mathbb{N}$，使得 $X=\overline{M_n}$.

42. **证明** 设 $G\subset\mathbb{R}^2$ 是开集，记 $T(G)=\{x_1\mid(x_1,x_2)\in G\}$. 当 $x_1\in T(G)$ 时，存在 $x_2\in\mathbb{R}$，使得点 $x=(x_1,x_2)\in G$，于是存在邻域 $O(x,\delta)\subset G$，易得 $O(x_1,\delta)\subset T(G)$，所以 $T(G)$ 为开区间，即 T 为开映射.

显然映射 S 将开球 $O(\theta,1)=\{(x_1,x_2)\mid x_1^2+x_2^2<1\}$ 映射为开区间 $(-1,1)$，而开区间 $(-1,1)$ 不是 $\mathbb{R}^2$ 中的开集，所以 S 不是开映射.

43. **证明** 充分性：由于 Y 为 Banach 空间，当 $R(T)$ 在 Y 中闭时，则知 $R(T)$ 是完备的子空间，根据定理 3.7.2 逆算子定理，得 $T^{-1}: R(T)\to X$ 线性有界.

必要性：$\forall y\in\overline{R(T)}\subset Y$，$\exists\{y_n\}\subset R(T)$，使得 $y_n\to y$ 且有 $x_n=T^{-1}y_n$，因为 T^{-1} 连续，所以存在 $x\in X$，使得 $x_n=T^{-1}y_n\to x$. 于是由 T 线性有界得 $Tx_n=y_n\to Tx$，所以 $y=Tx$，即 $y\in R(T)$，因此 $R(T)$ 在 Y 中闭.

44. **证明** 由于 X，Y 为 Banach 空间，算子 $T: X\to Y$ 是双射，根据逆算子定理知 $T^{-1}: Y\to X$ 是线性有界算子. 因为

$$1=\|TT^{-1}\|\leqslant\|T\|\|T^{-1}\|,$$

所以可令

$$a=\frac{1}{\|T^{-1}\|},\ b=\|T\|,$$

于是

$$a\|x\|=\frac{\|x\|}{\|T^{-1}\|}=\frac{\|T^{-1}Tx\|}{\|T^{-1}\|}\leqslant\|Tx\|\leqslant\|T\|\|x\|=b\|x\|.$$

45. **证明** 由 X^* 可分知，单位球面

$$S^*=\{f\mid\|f\|=1\}\subset X^*,$$

包含可列稠密子集 $\{f_n\}_{n=1}^{\infty}$，其中 $\|f_n\|=\sup\{f_n(x)\mid\|x\|=1\}$，于是存在 $x_n\in X$，满足

$$|f_n(x_n)|\geqslant\frac{1}{2}.$$

令 $M=\overline{\mathrm{span}\{x_n\}_{n=1}^{\infty}}$，显然 M 是可分的子空间，下面证明 $X=M$.

假设存在 $x_0\in X\backslash M$，则由推论 3.8.2 知，存在 X 上的线性有界泛函 F，即 $F\in X^*$，满足 $\forall x\in M$ 有 $F(x)=0$，以及 $\|F\|=1$. 显然由 $x_n\in M$ 可知 $F(x_n)=0$，于是

$$\begin{aligned}\frac{1}{2}&\leqslant|f_n(x_n)|=|f_n(x_n)-F(x_n)|=|(f_n-F)(x_n)|\\&\leqslant\|f_n-F\|\|x_n\|=\|f_n-F\|.\end{aligned}$$

这与 $F\in S^*$，$\{f_n\}_{n=1}^{\infty}$ 在 S^* 中稠密相矛盾，故 $X=M$.

46. **证明** 设 $x_0\in\overline{M}$ 时，即存在 $\{x_n\}\subset M$，使得 $\lim\limits_{n\to\infty}x_n=x_0$. 对于 $f\in X^*$，当 $x\in M$ 有 $f(x)=0$ 成立时，便可得

$$f(x_0)=\lim_{n\to\infty}f(x_n)=0.$$

若 $x_0 \notin \overline{M}$，则 $d(x_0, \overline{M})=d>0$，根据推论 3.8.2 知，存在 $f \in X^*$，满足 $\forall x \in M$，有 $f(x)=0$，且 $f(x_0)=d>0$，产生矛盾，故 $x_0 \in \overline{M}$.

47. **证明** 根据推论 3.8.3，只需证明：若 $f \in (l^p)^*$，$\forall x \in A$ 有 $f(x)=0$，则 $f=0$. 因为 $f \in (l^p)^*=l^q$，由 $(l^p)^*=l^q$ 的证明(习题 29)知，存在 $\xi=(\xi_1, \xi_2, \cdots) \in l^q$，使得

$$f(x)=\sum_{n=1}^{\infty} \xi_n x_n,\ x=(x_1, x_2, \cdots) \in l^p,\ \|f\|=\|\xi\|_q.$$

令 $x^{(n)}=(-1, 0, \cdots, 0, 1, 0, \cdots)$，即第一个分量为 -1，第 $n \geqslant 2$ 个分量为 1，显然 $x^{(n)} \in A$. 因为 $f(x^{(n)})=-\xi_1+\xi_n=0$，所以 $\forall n \geqslant 2$，有 $\xi_n=\xi_1$，于是

$$\|\xi\|_q=\left(\sum_{n=1}^{\infty} |\xi_1|^q\right)^{\frac{1}{q}}<\infty,$$

得 $\xi_n=\xi_1=0$，因此 $f(x)=0$.

48. **证明** 设 $N=\bigcap\{\ker(f) \mid f \in X^*, M \subseteq \ker(f)\}$. 如果 $f \in X^*$ 以及 $M \subseteq \ker(f)$，由 f 的连续性知 $\ker(f)$ 是闭集(定理 3.2.1)，所以 $\overline{M} \subseteq \ker(f)$，因此 $\overline{M} \subseteq N$.

如果 $x_0 \in X$ 而 $x_0 \notin \overline{M}$，则 $d(x_0, M)>0$，由推论 3.8.2 知，存在线性有界泛函 f，使得 $f(x_0)=d(x_0, M)$，$\forall x \in M$，$f(x)=0$，显然 $x_0 \notin N$，因此 $N \subseteq \overline{M}$.

因此 $N=\overline{M}$，即 $\overline{M}=\bigcap\{\ker(f) \mid f \in X^*, M \subseteq \ker(f)\}$.

49. **证明** 若 $x \neq y$，即 $x-y \neq \theta$，根据哈恩-巴拿赫延拓定理知，存在 $f \in X^*$，使得 $f(x-y)=\|x-y\|$，$\|f\|=1$，这与 $f(x-y)=f(x)-f(y)=0$ 相矛盾. 故得 $x=y$.

50. **证明** 假设存在 $x_0 \in X-Y$，由于 Y 为线性赋范空间 X 的闭线性子空间，所以

$$d(x_0, Y)=\inf_{y \in Y}\{\|x_0-y\|\}=d>0,$$

根据哈恩-巴拿赫延拓定理的推论知：必存在 X 上的线性有界泛函 f，满足

(1) $\forall x \in Y$，$f(x)=0$；(2) $f(x_0)=d$；(3) $\|f\|=1$.

这与 $f=0$ 相矛盾，因此 $X=Y$.

51. **证明** 设 $x_0 \in \overline{\operatorname{span} M}$ 时，即存在 $\{x_n\} \subset \operatorname{span} M$，使得 $\lim\limits_{n \to \infty} x_n=x_0$. 对于 $f \in X^*$，当 $x \in M$ 有 $f(x)=0$ 成立时，便可得 $f(x_n)=0$，于是

$$f(x_0)=f(\lim_{n \to \infty} x_n)=\lim_{n \to \infty} f(x_n)=0.$$

若 $x_0 \notin \overline{\operatorname{span} M}$，则 $d(x_0, \overline{\operatorname{span} M})=d>0$，根据哈恩-巴拿赫延拓定理的推论知，存在 $f \in X^*$，满足 $\forall x \in \operatorname{span} M$，有 $f(x)=0$，且 $f(x_0)=d>0$，这与条件：$\forall f \in X^*$，若 $\forall x \in M$ 有 $f(x)=0$，显然 $\forall x \in \operatorname{span} M$ 有 $f(x)=0$，则 $f(x_0)=0$ 产生矛盾，故 $x_0 \in \overline{\operatorname{span} M}$.

52. **证明** 任给线性赋范空间 X，由定理 3.4.2 知 X^{**} 为 Banach 空间. 设映射 φ 是从 X 到 X^{**} 上的自然映射或嵌入映射，记 $Y=\overline{R(X)}$，则由定理 2.2.1 知 Y 为 Banach 空间. 由定理 3.8.5 的证明知，φ 是从 X 到 $R(X)$ 上的线性等距同构映射，即 X 与 Y 的稠密子空间 $R(X)$ 线性等距同构，因此 Y 是 X 的完备化空间.

53. **证明** (1) 由于 X^* 为 Banach 空间，利用闭图像定理证明 B 是线性有界算子. 设 $\{f_n\} \subset X^*$、$f_n \to f_0$ 以及 $Bf_n \to g_0$，下面说明 $Bf_0=g_0$. $\forall x \in X$ 有

$$(Bf_n)(x)=f_n(Ax) \to f_0(Ax)=(Bf_0)(x);\ (Bf_n)(x) \to g_0(x).$$

所以 $Bf_0=g_0$，于是知 B 是线性闭算子，由闭图像定理知 B 是线性有界算子.

(2) $\forall x \in X$，由哈恩-巴拿赫延拓定理知，存在 $f \in X^*$、$\|f\|=1$，使得

$$f(Ax)=\|Ax\|,$$

于是

$$\|Ax\|=f(Ax)=(Bf)(x)\leqslant\|Bf\|\|x\|\leqslant\|B\|\|f\|\|x\|=\|B\|\|x\|,$$

所以 A 是线性有界算子.

54. **证明**　设 Y 是自反空间 $X\cong\widetilde{X}=X^{**}$ 的闭子空间且

$$\varphi: X\to X^{**}、\phi: Y\to Y^{**}$$

均为自然嵌入映射，则 $\varphi(x)=\widetilde{x}$ 为满射，下面证明 $\phi(y)=\widetilde{y}$ 也是满射.

令 $y^{**}\in Y^{**}$，若 $F\in X^*$，则存在 $f=F|_Y\in Y^*$. 定义 $x^{**}: X^*\to\mathbb{F}$为

$$x^{**}(F)=y^{**}(F|_Y)=y^{**}(f),$$

于是

$$|x^{**}(F)|=|y^{**}(F|_Y)|=|y^{**}(f)|\leqslant\|y^{**}\|\|f\|\leqslant\|y^{**}\|\|F\|,$$

所以 $x^{**}\in X^{**}$. 由于 $\varphi(x)=\widetilde{x}$ 为满射，所以存在 $x_1\in X$，使得 $\varphi(x_1)=\widetilde{x}_1=x^{**}$.

假设 $x_1\notin Y$，所以存在 $x_1^*\in X^*$，使得 $x_1^*(Y)=0$，$x_1^*(x_1)=\|x_1\|$，$\|x_1^*\|=1$，于是 $x_1^*|_Y=y_1^*=0$，因此 $x^{**}(x_1^*)=y^{**}(x_1^*|_Y)=0$，但

$$x^{**}(x_1^*)=\varphi(x_1)(x_1^*)=x_1^*(x_1)\neq 0,$$

产生矛盾，故 $x_1\in Y$.

给定 $y^*\in Y$，选取 y^* 在 X 上的线性延拓泛函 x^*，则有

$$y^{**}(y^*)=x^{**}(x^*)=\varphi(x_1)(x^*)=x^*(x_1)=y^*(x_1),$$

所以 $\phi(x_1)=\widetilde{x}_1=y^{**}$.

55. **证明**　定义算子 $T: X\to X_1$，$T(x)=x_1$，其中 $x=x_1+x_2$，根据分解的唯一性知 T 是确定的算子，易验证 T 是线性算子.

因为 X_1，X_2 为 Banach 空间 X 的闭子空间，所以 X_1，X_2 均为 Banach 子空间. 设

$$\{x^n\}\subset X、x^n\to x，Tx^n=x_1^n\to x_1\in X_1,$$

其中 $x^n=x_1^n+x_2^n$. 于是由 $x^n-x_1^n=x_2^n\in X_2$ 知 $x^n-x_1^n\to x-x_1\in X_2$，于是 $Tx=x_1$，即 T 是线性闭算子. 故由闭图像定理知 T 是线性有界算子. 从而

$$\|x_1\|=\|Tx\|\leqslant\|T\|\|x\|;\ \|x_2\|=\|x-x_1\|=\|x\|+\|x_1\|\leqslant(1+\|T\|)\|x\|.$$

令 $c=\|T\|+1$，便有$\|x_1\|\leqslant c\|x\|$，$\|x_2\|\leqslant c\|x\|$成立.

56. **证明**　任取点列$\{x_n\}\subset X$，设 $x_n\to x$ 以及$(T_1+T_2)x_n\to y(n\to\infty)$.

由于 T_2 为线性有界算子，则必存 $M>0$，使得

$$\|T_2x_n-T_2x\|_2\leqslant M\|x_n-x\|_1\to 0(n\to\infty).$$

于是知 $T_2x_n\to T_2x$，进一步可由$(T_1+T_2)x_n\to y$ 得 $T_1x_n\to y-T_2x$.

因为 T_1 是闭算子，所以 $y-T_2x=T_1x$，即 $y=(T_1+T_2)x$，故 T_1+T_2 是闭算子.

57. **证明**　设 $x\in X$，$\|x\|\leqslant 1$，有 $Tx\in Y$. 应用类似定理 3.8.5 中的自然嵌入映射 $\varphi: Y\to Y^{**}$，有 $\varphi(Tx)\in Y^{**}$，所以 $\forall f\in Y^*$，有

$$\varphi(Tx)f=f(Tx)=(f\circ T)x,$$

于是可将 $A=\{x\,|\,x\in X,\|x\|\leqslant 1\}$看成指标集，泛函族

$$\{\varphi(Tx)\,|\,x\in A\}\subset Y^{**}$$

在 Y^* 的每一点 f 上是点点有界的. 由于 Y^* 完备，由一致有界定理知

$$\{\varphi(Tx)\mid x\in A\}$$

一致有界，故存在常数 M，使得$\|\varphi(Tx)\|\leqslant M$. 因为自然嵌入映射 φ：$Y\to Y^{**}$ 是等距映射，所以

$$\|Tx\|=\|\varphi(Tx)\|\leqslant M,$$

这里对于$\|x\|\leqslant 1$ 的任意 x 此式均成立，故$\|T\|\leqslant M$，即有 $T\in B(X\to Y)$.

58. **证明**　记 $\Lambda=\{\lambda\mid\lambda\in\mathbb{C},\ |\lambda|\leqslant 1\}$，则 $\forall f\in X^*$，$\forall m,\ p\in\mathbb{N}$，记 $N=m+p$，以及 $\forall\{\lambda_n\}\subset\Lambda$，有

$$\left|f\left(\sum_{n=m}^{N}\lambda_n x_n\right)\right|\leqslant\sum_{n=m}^{N}|f(\lambda_n x_n)|\leqslant\sum_{n=m}^{N}|f(x_n)|\leqslant\sum_{n=1}^{\infty}|f(x_n)|<\infty,$$

依据共鸣定理，存在 $M>0$，当$\{\lambda_n\}\subset\Lambda$ 以及 $\forall m,\ p\in\mathbb{N}$ 时有$\left\|\sum_{n=m}^{m+p}\lambda_n x_n\right\|\leqslant M$.

记 $\lambda_{mN}=\max\{|a_n|\mid m\leqslant n\leqslant N=m+p\}$，由$\lim\limits_{n\to\infty}a_n=0$ 知，当 $m\to\infty$时，$\lambda_{mN}\to 0$，以及

$$\left\|\sum_{n=m}^{m+p}a_n x_n\right\|=\left\|\lambda_{mN}\sum_{n=m}^{m+p}\frac{a_n}{\lambda_{mN}}x_n\right\|\leqslant\lambda_{mN}\left\|\sum_{n=n}^{m+p}\frac{a_n}{\lambda_{mN}}x_n\right\|\leqslant\lambda_{mN}M\to 0\ (N\to\infty),$$

所以$\{s_N\}$是 Cauchy 列，其中 $s_N=\sum_{n=1}^{N}a_n x_n$，因此级数$\sum_{n=1}^{\infty}a_n x_n$ 收敛.

59. **证明**　$\forall n\in\mathbb{N}$以及$\forall\theta_n\in\mathbb{R}$，有 $e^{i\theta_n}x_n\in X$，于是$(e^{i\theta_n}x_n)^{**}\in X^{**}$. $\forall N\in\mathbb{N}$及$\forall f\in X^*$，有

$$\left|\left(\sum_{n=1}^{N}e^{i\theta_n}x_n\right)^{**}(f)\right|=\left|f\left(\sum_{n=1}^{N}e^{i\theta_n}x_n\right)\right|\leqslant\sum_{n=1}^{N}|f(e^{i\theta_n}x_n)|=\sum_{n=1}^{N}|f(x_n)|<\infty,$$

依据共鸣定理，存在$M>0$，使得$\left|\sum_{n=1}^{N}e^{i\theta_n}x_n\right|<M$. 取$\theta_n\in\mathbb{R}$，使得 $f(x_n)=|f(x_n)|e^{i\theta_n}$，则

$$|f(x_n)|=f(x_n)e^{-i\theta_n},\quad\sum_{n=1}^{N}|f(x_n)|=\sum_{n=1}^{N}f(x_n)e^{-i\theta_n}\leqslant M\|f\|,$$

因此 $\forall f\in X^*$，有$\sum_{n=1}^{\infty}|f(x_n)|\leqslant M\|f\|$.

60. **证明**　令 $f_n(x)=\sum_{i=1}^{n}a_i x_i$，即 f_n 将$x=(x_1,x_2,\cdots,x_n,\cdots)$映射为$\sum_{i=1}^{n}a_i x_i$，可验证

$$f_n\in(l^1)^*=l^\infty,\ \|f_n\|=\max\{|a_1|,|a_2|,\cdots|a_n|\}.$$

由于 $\forall x\in l^1$，有$\sup\limits_n|f_n(x)|<\infty$，又可和数列空间 l^1 是 Banach 空间，所以依据共鸣定理，可得$\sup\limits_n\|f_n\|<\infty$，即$\sup\limits_n|a_n|<\infty$，因此 $a=(a_1,a_2,\cdots,a_n,\cdots)\in l^\infty$.

61. **证明**　对于$x\in X$，令 $Tx=\lim\limits_{n\to\infty}T_n x$，易验证 T 是线性算子. 下面证明 T 是线性有界算子.

由于$\forall x\in X$，$\exists y\in Y$，使得$\lim\limits_{n\to\infty}\|T_n x-y\|=0$，所以$\{\|T_n x\|\mid n=1,2,\cdots\}$是有界集，根据一致有界定理 3.10.1 知，存在 $M>0$，使得$\|T_n\|\leqslant M$，其中 $n=1,2,\cdots$. 令 $x\in X$，且$\|x\|=1$，那么对于任意的 $n\geqslant 1$ 有

$$\|Tx\|\leqslant\|Tx-T_nx\|+\|T_nx\|\leqslant\|Tx-T_nx\|+M\to M\ (n\to\infty).$$

因此$\|T\|\leqslant M$，即 $T\in B(X\to Y)$.［本题结论为 Banach-Steinhaus 定理］

62. **证明**　由于 Hilbert 空间 H 是自共轭空间，因此根据定理 3.11.2 知，只需证明由条件(2)$\lim\limits_{n\to\infty}(x_n, e_i)=(x_0, e_i)$可得 H 存在稠密子集 M，使得 $\forall z\in M$，有

$$\lim_{n\to\infty}(x_n, z)=(x_0, z).$$

由于$\{e_n\}$是 H 的完全标准正交系，因此 $\forall x\in H$，有 $x=\sum\limits_{k=1}^{\infty}(x, e_k)e_k$，即

$$M=\mathrm{span}\{e_1, e_2, \cdots\}$$

在 H 中稠密. $\forall z\in M$，有 $z=\sum\limits_{i=1}^{n_0}\alpha_ie_i$. 因此

$$\lim_{n\to\infty}(x_n, z)=\lim_{n\to\infty}\left(x_n, \sum_{i=1}^{n_0}\alpha_ie_i\right)=\lim_{n\to\infty}\sum_{i=1}^{n_0}\bar{\alpha}_i(x_n, e_i)$$

$$=\sum_{i=1}^{n_0}\bar{\alpha}_i(x_0, e_i)=\left(x_0, \sum_{i=1}^{n_0}\alpha_ie_i\right)=(x_0, z).$$

63. **证明**　任取 $g\in Y^*$，$\forall x\in X$ 定义　$f(x)=g(Tx)$，则验易证 f 是线性泛函，又因为

$$|f(x)|=|g(Tx)|\leqslant\|g\|\|Tx\|\leqslant\|g\|\|T\|\|x\|,$$

所以 $f\in X^*$. 若 $w-\lim\limits_{n\to\infty}x_n=x_0$，则$\lim\limits_{n\to\infty}f(x_n)=f(x_0)$，即

$$\lim_{n\to\infty}g(Tx_n)=g(Tx_0).$$

因此 $w-\lim\limits_{n\to\infty}Tx_n=Tx_0$.

64. **证明**　依据习题 63 的结论，只需证明充分性.

由闭图像定理 3.9.2 知，只需证明 T 是闭算子. 设 $x_n\to x$，$Tx_n\to y$，则由性质 3.11.3 知 $w-\lim\limits_{n\to\infty}x_n=x$ 以及 $w-\lim\limits_{n\to\infty}Tx_n=y$，由题设条件知

$$w-\lim_{n\to\infty}Tx_n=Tx.$$

根据性质 3.11.1 知弱收敛的极限点唯一，即 $Tx=y$，因此 T 是闭算子.

65. **证明**　假设 $x_0\notin\overline{\mathrm{span}\{x_n\}}$，由于 $M=\overline{\mathrm{span}\{x_n\}}$是闭集，根据延拓定理的推论 3.8.1，存在 $F\in X^*$，使得 $\forall x\in M$，$F(x)=0$，$\|F\|=1$ 以及

$$F(x_0)=d(x_0, M)>0,$$

所以$\{F(x_n)\}$不收敛于 $F(x_0)$，这与 $w-\lim\limits_{n\to\infty}x_n=x_0$ 矛盾，因此 $x_0\in\overline{\mathrm{span}\{x_n\}}$.

类似题目： 设 M 为线性赋范空间 X 的闭线性子空间，$\{x_n\}\subset M$ 且

$$w-\lim_{n\to\infty}x_n=x_0,$$

则 $x_0\in M$.

66. **证明**　任取 $f\in X^*$，定义 $g_n\in X^{**}$ 为 $g_n(f)=f(x_n)$. 由于$\{f(x_n)\}$为 Cauchy 列，所以它有界，即存在常数 c，使得 $\forall n\in\mathbb{N}$ 有

$$|f(x_n)|=|g_n(f)|\leqslant c.$$

显然$\{g_1, g_2, \cdots, g_n, \cdots\}$是完备空间 X^* 上一族连续泛函，且对任意的 f 作用后有界，根据一致有界原理定理 3.10.1 知$\{\|g_1\|, \|g_2\|, \cdots, \|g_n\|\cdots\}$是有界集. 由定理 3.8.5 的证明

知，$\|x_n\|=\|g_n\|$，因此$\{\|x_1\|,\|x_2\|,\cdots,\|x_n\|,\cdots\}$是有界集.

67. **证明** 根据 Riesz 表示定理，$\forall f\in H^*$，存在唯一的 $y\in H$，使得 $\forall x\in H$，有

$$f(x)=(x,y).$$

因为 $w-\lim\limits_{n\to\infty}x_n=x_0$ 等价于 $\forall f\in H^*$，$\lim\limits_{n\to\infty}f(x_n)=f(x_0)$，即等价于 $\forall y\in H$，

$$\lim_{n\to\infty}(x_n,y)=f(x_0,y).$$

68. **证明** 由$\lim\limits_{n\to\infty}x_n=x_0$ 知，$\forall\varepsilon>0$，存在 $x_j\in\{x_n\}$，使得$\|x_0-x_j\|<\varepsilon$，由 $f_n(x_j)$收敛($n\to\infty$)知，存在 $N\in\mathbb{N}$，当 k，$p>N$ 时有

$$\|f_k(x_j)-f_p(x_j)\|<\varepsilon.$$

于是

$$\begin{aligned}\|f_k(x_0)-f_p(x_0)\|&=\|f_k(x_0)-f_k(x_j)-[f_p(x_0)-f_p(x_j)]+f_k(x_j)-f_p(x_j)\|\\&\leqslant\|f_k(x_0)-f_k(x_j)\|+\|f_p(x_0)-f_p(x_j)\|+\|f_k(x_j)-f_p(x_j)\|\\&\leqslant\|f_k\|\|x_0-x_j\|+\|f_p\|\|x_0-x_j\|+\varepsilon\\&\leqslant 2c\varepsilon+\varepsilon.\end{aligned}$$

可见点列$\{f_n(x_0)\}_{n=1}^{\infty}$为数域$\mathbb{R}$中的 Cauchy 列，即为收敛列，故点列 $f_n(x_0)$收敛.

69. **证明** 当 $x=\theta$ 时结论显然成立，下面假设 $x\neq\theta$. 一方面 $\forall f\in X^*$ 且$\|f\|=1$，有$|f(x)|\leqslant\|f\|\|x\|=\|x\|$，所以$\|x\|\geqslant\sup\{|f(x)|\,|\,f\in X^*,\|f\|=1\}$.

另一方面 $\forall x\in X$ 且 $x\neq\theta$ 时，由 Hahn-Banach 延拓定理的推论知，存在 $f_0\in X^*$，使得

$$|f_0(x)=\|x\|,\ \|f_0\|=1,$$

$$\|x\|=|f_0(x)|\leqslant\sup\{|f(x)|\,|\,f\in X^*,\|f\|=1\},$$

故

$$\|x\|=\sup\{|f(x)|\,|\,f\in X^*,\|f\|=1\}.$$

70. **证明** (1) 设 $w-\lim\limits_{n\to\infty}f_n=f$，则 $\forall g\in X^{**}$，有$\lim\limits_{n\to\infty}g(f_n)=g(f)$成立. 由定理 3.8.5 的证明知，$\forall x\in X$，存在 $g_x\in X^{**}$，使得

$$f_n(x)=g_x(f_n),\ f(x)=g_x(f),$$

依据$\lim\limits_{n\to\infty}g_x(f_n)=g_x(f)$知$\lim\limits_{n\to\infty}f_n(x)=f(x)$，即 $w^*-\lim\limits_{n\to\infty}f_n=f$.

(2) 由(1) 知下面只需证明必要性.

设 $w^*-\lim\limits_{n\to\infty}f_n=f$，则 $\forall x\in X$ 有$\lim\limits_{n\to\infty}f_n(x)=f(x)$，因为 $X=X^{**}$，所以 $\forall g\in X^{**}$，存在 $x\in X$，使得 $\forall f\in X^*$，有 $f(x)=g(f)$. 从而有

$$\lim_{n\to\infty}g(f_n)=\lim_{n\to\infty}f_n(x)=f(x)=g(f),$$

因此 $w-\lim\limits_{n\to\infty}f_n=f$.

71. **证明** 设$\{f_n\}_{n=1}^{\infty}\subset M$，则由 M 有界知存在常数 c，使得 $\forall n\in\mathbb{N}$ 有$\|f_n\|\leqslant c$. 设$\{x_n\}$为 X 中的稠密点列，则对于 x_1 而言，点列$\{|f_n(x_1)|\}_{n=1}^{\infty}$有上界 $c\|x_1\|$，所以$\{f_n(x_1)\}_{k=1}^{\infty}$有收敛子列$\{f_{n_k^1}(x_1)\}_{k=1}^{\infty}$. 对于 x_2 而言，点列$\{|f_{n_k^1}(x_2)|\}_{k=1}^{\infty}$有上界 $c\|x_2\|$，所以$\{f_{n_k^1}(x_2)\}_{k=1}^{\infty}$同理存在收敛子列$\{f_{n_k^2}(x_2)\}_{k=1}^{\infty}$，显然$\{n_k^2\}$是$\{n_k^1\}$的子列. 以此类推，$\{f_{n_k^2}(x_3)\}_{k=1}^{\infty}$存在收敛子列$\{f_{n_k^3}(x_3)\}_{k=1}^{\infty}$，$\{f_{n_k^3}(x_4)\}_{k=1}^{\infty}$存在收敛子列$\{f_{n_k^4}(x_4)\}_{k=1}^{\infty}$，…，其中$\{n_k^i\}$是$\{n_k^{i-1}\}$的子列($i\geqslant 2$).

考察点列$\{f_{n_k^k}\}$，由上述的点列构造方法知 $\forall j\in\mathbb{N}$，点列$\{f_{n_k^k}(x_j)\}_{k=1}^{\infty}$从 $k=j$ 项开始

的无限项子列

$$f_{n_j^j}(x_j),\ f_{n_{j+1}^{j+1}}(x_j),\ f_{n_{j+2}^{j+2}}(x_j),\ f_{n_{j+3}^{j+3}}(x_j),\ \cdots,\ f_{n_k^k}(x_j),\cdots$$

是收敛列 $f_{n_1^j}(x_j)$, $f_{n_2^j}(x_j)$, $\cdots$, $f_{n_j^j}(x_j)$, $f_{n_{j+1}^j}(x_j)$, $\cdots$, $f_{n_k^j}(x_j)$, $\cdots$的子列，因此 $\{f_{n_k^k}(x_j)\}_{k=1}^{\infty}$收敛.

因为$\{x_n\}$在 X 中稠密、$\|f_{n_k^k}\|\leqslant c$ 以及$\{f_{n_k^k}(x_j)\}_{k=1}^{\infty}$收敛，所以$\forall x_0\in X$，由

$$|f_{n_k^k}(x_0)-f_{n_{k+p}^{k+p}}(x_0)|\leqslant|f_{n_k^k}(x_0)-f_{n_k^k}(x_j)|+|f_{n_k^k}(x_j)-f_{n_{k+p}^{k+p}}(x_j)|+|f_{n_{k+p}^{k+p}}(x_j)-f_{n_{k+p}^{k+p}}(x_0)|$$

知点列$\{f_{n_k^k}(x_0)\}_{k=1}^{\infty}$收敛，故子列$\{f_{n_k^k}\}_{k=1}^{\infty}$弱 * 收敛.

72. **证明** 必要性：当$\lim\limits_{n\to\infty}T_n=T$，$x\in\{x\in X\mid\|x\|=1\}$时，由于

$$\|T_nx-Tx\|\leqslant\|T_n-T\|\|x\|=\|T_n-T\|\to0\ (n\to\infty),$$

因此$\forall\varepsilon>0$，$\exists N\in\mathbb{N}$，当 $n>N$ 时，$\forall x\in\{x\in X\mid\|x\|=1\}$有$\|T_nx-Tx\|<\varepsilon$.

充分性：因为$\forall\varepsilon>0$，$\exists N\in\mathbb{N}$，当 $n>N$ 时，$\forall x\in\{x\in X\mid\|x\|=1\}$有

$$\|T_nx-Tx\|<\varepsilon,$$

所以

$$\|T_n-T\|=\sup_{\|x\|=1}\{\|(T_n-T)x\|\}=\sup_{\|x\|=1}\{\|T_nx-Tx\|\}\leqslant\varepsilon,$$

因此$\lim\limits_{n\to\infty}T_n=T$.

73. **证明** 因为当 $m\neq n$ 时有

$$\|T_me_1-T_ne_1\|=\|e_m-e_n\|=\sqrt{2},$$

所以算子列$\{T_n\}$并不强收敛于 0. 由于 l^2 是自共轭空间，即 $l^2=(l^2)^*$，根据 Riesz 表示定理知$\forall f\in(l^2)^*$，存在唯一的 $z=(z_1, z_2, \cdots)\in l^2$，使得 $x\in l^2$ 有

$$f(x)=(x, z)=\sum_{i=1}^{\infty}x_i\bar{z}_i,$$

于是

$$|f(T_nx)|=|f(x_1e_n)|=|(x_1e_n, z)|=|x_1\bar{z}_n|\leqslant|x_1||\bar{z}_m|\to0,$$

因此算子列$\{T_n\}$弱收敛于 0，即 $w-\lim\limits_{n\to\infty}T_n=0$.

74. **证明** 显然 T_n 是线性算子，$\forall x\in l^2$ 有$\|T_nx\|_2=\|x\|_2$，所以

$$\|T_n\|=1.$$

$\forall f\in(l^2)^*=l^2$，即存在 $y=(y_1, y_2, \cdots)\in l^2$，使得

$$f(T_nx)=(T_nx, y)=\sum_{k=1}^{\infty}x_k\bar{y}_{n+k},$$

由柯西许-瓦兹不等式得

$$|f(T_nx)|=|(T_nx, y)|\leqslant\left(\sum_{k=1}^{\infty}|x_k|^2\right)^{\frac{1}{2}}\left(\sum_{k=1}^{\infty}|y_{k+n}|^2\right)^{\frac{1}{2}}$$

$$=\|x\|_2\left(\sum_{k=n+1}^{\infty}|y_k|^2\right)^{\frac{1}{2}}\to0\ (n\to\infty),$$

所以$\{T_n\}$弱收敛于 0. 令 $e^{(n)}=(0, \cdots, 0, 1, 0, \cdots)\in l^2$ 为第 n 个分量为 1，其余分量为 0 的元素，当 $m\neq n$ 时有

$$\|T_me^{(1)}-T_ne^{(1)}\|_2=\|e^{(m+1)}-e^{(n+1)}\|_2=\sqrt{2}.$$

所以算子列$\{T_n\}$并不强收敛于 0.

75. **证明**　必要性：若算子列$\{T_n\}$强收敛，条件②显然成立，由定理 3.12.2 知条件①成立.

充分性：设 $\sup\{\|T_n\|\}_{n=1}^{\infty}\leqslant k$. 因为 M 在 X 中的一稠密，所以 $\forall x\in X$ 及 $\varepsilon>0$，存在 $z\in M$，使得$\|x-z\|<\dfrac{\varepsilon}{3k}$. 又因为$\{T_nz\}$收敛，故存在 $N\in\mathbb{N}$，当 $n>N$ 时，对于任意的正整数 p，有$\|T_{n+p}z-T_nz\|<\dfrac{\varepsilon}{3}$，于是

$$\begin{aligned}\|T_{n+p}x-T_nx\|&\leqslant\|T_{n+p}x-T_{n+p}z\|+\|T_{n+p}z-T_nz\|+\|T_nz-T_nx\|\\&\leqslant\|T_{n+p}\|\|x-z\|+\frac{\varepsilon}{3}+\|T_n\|\|x-z\|\\&\leqslant k\cdot\frac{\varepsilon}{3k}+\frac{\varepsilon}{3}+k\cdot\frac{\varepsilon}{3k}=\varepsilon.\end{aligned}$$

可见$\{T_nx\}$是柯西列，由于 Y 是 Banach 空间，可知$\{T_nx\}$收敛于 $y\in Y$，令 $Tx=y$，依据一致有界定理，知 T 有界，故$\lim\limits_{n\to\infty}T_nx=Tx$.

76. **证明**　由于点列$\{x_n(t)\}_{n=1}^{\infty}$弱收敛，依据定理 3.11.2 知$\{x_n(t)\}_{n=1}^{\infty}$有界. $\forall t_0\in[a,b]$，令

$$f_{t_0}(x)=x(t_0),\ \forall x\in C[a,b],$$

则易验证 $f_{t_0}\in C[a,b]^*$，因此

$$\lim_{n\to\infty}x_n(t_0)=\lim_{n\to\infty}f_{t_0}(x_n)=\lim_{n\to\infty}f_{t_0}(x_0)=x_0(t_0).$$

第四章　线性算子的谱分析

4.1　基本概念

本章涉及的基本概念：算子的特征值、算子的谱、算子的点谱、剩余谱、连续谱、近似点谱、谱半径、数值半径. 伴随算子、自伴算子、正规算子、酉算子、投影算子、紧算子、有限秩算子. 不变子空间、特征子空间.

定义 4.1.1　算子的特征值(Eigenvalue)与算子的点谱(Point Spectrum)

设 X 为复线性赋范空间，算子 $T \in B(X)$ 以及复数 $\lambda \in \mathbb{C}$，若存在非零元素 $x \in X$，使得

$$Tx = \lambda x，即 x \in \ker(T-\lambda I)，$$

则称 λ 是**算子 T 的特征值**，x 是 T 对应特征值 λ 的特征向量(Eigenvector). 称算子 T 的全体特征值为 T 的**点谱**，记作 $\sigma_p(T) = \{\lambda \in \mathbb{C} \mid \exists x \neq \theta，使得 Tx = \lambda x\}$.

定义 4.1.2　算子的预解集(Resolvent Set)与算子的谱(Spectrum of Operator)

设 X 是复线性赋范空间，$T \in B(X)$ 及 $\lambda \in \mathbb{C}$，则称

$$\rho(T) = \{\lambda \in \mathbb{C} \mid (T-\lambda I)^{-1} \in B(X), \overline{R(T-\lambda I)} = X\}$$

为**算子 T 的预解集**或正则集，称 λ 是 T 的正则点或正则值(Regular Value)，并称

$$R_\lambda(T) = (T-\lambda I)^{-1}$$

是 T 的预解算子(Resolvent Operator)或预解式；称正则集的补集

$$\sigma(T) = \{\lambda \in \mathbb{C} \mid \lambda \notin \rho(T)\}$$

为算子 T 的谱集(Spectral Set)或谱(Spectrum)，称不是正则点的复数 λ 为算子 T 的谱点(Spectral Point)或谱值(Spectral Value).

定义 4.2.1　谱结构(Spectral Structure)

设 X 是复线性赋范空间，$T \in B(X)$，$\sigma(T)$ 是 T 的谱集，那么

① 若 $T-\lambda I$ 不可逆，即 $\ker(T-\lambda I) \neq \{\theta\}$，则 λ 是算子 T 的特征值，全体特征值构成算子 T 的点谱(Point Spectrum)，记作 $\sigma_p(T)$.

② 若 $T-\lambda I$ 可逆，其值域在 X 中不稠密，则称这样的 λ 的全体是算子 T 的**剩余谱(Residual Spectrum)**，记作 $\sigma_r(T)$.

③ 若 $T-\lambda I$ 可逆，其值域在 X 中稠密，但逆算子 $(T-\lambda I)^{-1}$ 不连续，则称这样的 λ 的全体是算子 T 的**连续谱(Continuous Spectrum)**，记作 $\sigma_c(T)$.

定义 4.2.2　近似点谱(Approximate Point Spectrum)

设 X 是复线性赋范空间，$T \in B(X)$，$\lambda \in \mathbb{C}$，若存在点列 $\{x_n\}$，其中 $\|x_n\|=1$，使得

$$\lim_{n\to\infty}\|(T-\lambda I)x_n\|=0,$$

则称 λ 为 T 上的**近似点谱**，记 T 的全体近似点谱为 $\sigma_a(T)$.

定义 4.3.1　谱半径(Spectral Radius)

设 X 为复Banach空间，算子 $T\in B(X)$，则称 $r_\sigma(T)=\sup\{|\lambda|\,|\lambda\in\sigma(T)\}$ 为 T 的谱半径.

定义 4.4.1　内积空间上的伴随算子(Adjoint Operator)

设 H 和 K 是 Hilbert 空间，$T\in B(H\to K)$，若存在从 K 到 H 上的唯一映射 T^*，$\forall x\in H$ 和 $\forall y\in K$ 满足 $(Tx, y)=(x, T^*y)$，则称 T^* 是 T 的 H 伴随算子或**伴随算子**，或共轭算子(Conjugate operator)，或对偶算子(Dual operator).

定义 4.4.2　线性赋范空间上的伴随算子(Adjoint Operator)

设 X 和 Y 是数域 $\mathbb{F}$ 上的两个线性赋范空间，$T\in B(X\to Y)$，定义 $T^*(f)=f^*=f\circ T$，其中 $f\in Y^*$，$f^*\in X^*$，$T^*\in B(Y^*\to X^*)$，则称 T^* 是 T 的伴随算子或共轭算子或对偶算子.

定义 4.5.1　自伴算子(Self-adjoint Operator)

设 H 是Hilbert空间，$T\in B(H)$，如果 $T=T^*$，即 $\forall x, y\in H$ 有 $(Tx, y)=(x, Ty)$，则称 T 为 H 上的自伴算子或自共轭算子.

定义 4.5.2　数值半径(Numerical Radius)

设 H 是Hilbert空间，$T\in B(H)$，则称集合 $\omega(T)=\{|(Tx, x)|\,|\,\|x\|=1, x\in H\}$ 为算子 T 的数值域(Numerical Range)，称 $r_\omega(T)=\sup\omega(T)$ 为算子 T 的**数值半径**.

定义 4.6.1　正规算子(Normal Operator)与酉算子(Unitary Operator)

设 H 是 Hilbert 空间，$T\in B(H)$，若 $TT^*=T^*T$，则称 T 为 H 上的**正规算子**或**正常算子**；若 T 是单射且 $T^*=T^{-1}$，则称 T 为 H 上的**酉算子**.

定义 4.7.1　算子的不变子空间(Invariant Subspace)

设 X 为Banach空间，$T\in B(X)$，M 是 X 闭子空间，如果 $T(M)\subset M$，则 M 是 T 的**不变子空间**. 如果 X 是它的两个闭子空间 M 与 N 的直和，即 $X=M\oplus N$，且 M 与 N 均是 T 的不变子空间，则称 M、N 是 T 的**约化子空间**(Reduced Subspace)，称 X 有直和分解或拓扑直和分解.

定义 4.7.2　投影算子(Projection Operator)

设 X 为Banach空间，$P\in B(X)$，如果 $\forall x\in X$，有 $P^2x=Px$，即 $P^2=P$，则称线性有界算子 P 为 X 上的**投影算子**.

定义 4.8.1　紧算子(Compact Operator)

设 X，Y 为线性赋范空间，如果线性算子 T：$X\to Y$，将 X 中的任何有界集映射为 Y 中的列紧集，则称算子 T 为从 X 到 Y 上的**紧算子**或者**全连续算子**(Completely Continuous Operator)，所有这样的紧算子组成的集合记为 $K(X\to Y)$，特别地，记

$$K(X\to X)=K(X).$$

定义 4.8.2　有限秩算子(Finite Rank Operator)

设X,Y为线性赋范空间，如果线性有界算子$T\in B(X\to Y)$值域为Y中的有限维子空间，即$\dim R(T)<+\infty$，则称算子T为从X到Y上的有限秩算子.

定义 4.10.1　极大向量(Maximum Vector)

设X为内积空间，$T\in B(X)$，如果存在$e\in X$且$\|e\|=1$，使得$\|Te\|=\|T\|$，则称e是T的极大向量.

定义 4.10.2　特征子空间(Characteristic Subspace)

设X为内积空间，$T\in B(X)$，λ是T特征值，则称所有以λ为特征值的特征向量张成的子空间

$$E(\lambda)=\mathrm{span}\{x\mid Tx=\lambda x,\ x\neq\theta\}$$

为对应于λ的特征子空间.

4.2　主要结论

定理 4.1.1　设X是有限维复线性赋范空间，$T\in B(X)$以及$\lambda\in\mathbb{C}$，则$T-\lambda I$不可逆当且仅当λ是算子T的特征值，即$\lambda\in\sigma_p(T)$.

性质 4.1.1　设$\lambda_1,\lambda_2,\cdots,\lambda_n$是线性算子$T\in B(X)$的互不相同的特征值，则对应的特征向量$x_1,x_2,\cdots,x_n$线性无关.

性质 4.1.2　设X是复线性赋范空间，$T\in B(X)$，则$\sigma_p(T)\subset\sigma(T)$；当$X$是有限维空间时，$\sigma_p(T)=\sigma(T)$.

定理 4.2.1　设X是复 Banach 空间，$T\in B(X)$以及$\lambda\in\mathbb{C}$，则当$|\lambda|>\|T\|$时，有$\lambda\in\rho(T)$.

定理 4.2.2　设X是复 Banach 空间，$T\in B(X)$，则T的谱$\sigma(T)$为闭集.

性质 4.2.1　设X是复线性赋范空间，$T\in B(X)$，$\lambda,\mu\in\rho(T)$，则

$$R_\lambda(T)-R_\mu(T)=(\lambda-\mu)R_\lambda(T)R_\mu(T).$$

定理 4.2.3　设X是复 Banach 空间，$T\in B(X)$，则$\forall\lambda_0\in\rho(T)$，$R_\lambda(T)$在正则点$\lambda_0$处连续、可微.

定理 4.2.4　设X是含有非零元素的复 Banach 空间，则$\forall T\in B(X)$，$\sigma(T)$非空.

性质 4.2.2　设X是复线性赋范空间，$T\in B(X)$，则

(1) $\lambda\in\sigma_a(T)$当且仅当算子$T-\lambda I$不是下方有界的.

(2) $\sigma_a(T)\subset\sigma(T)$.

定理 4.2.5　设X是复线性赋范空间，$T\in B(X)$，则

(1) $\sigma_p(T)\cup\sigma_c(T)\subset\sigma_a(T)$.

(2) 当$\sigma_r(T)=\phi$时，$\sigma_a(T)=\sigma(T)$.

定理 4.2.6　设X是复线性赋范空间，$T\in B(X)$，则$\sigma_a(T)$是$\sigma(T)$中的非空闭子集.

定理 4.3.1　关于多项式的谱映射定理(Spectral Mapping Theorem)

设X为复 Banach 空间，$T\in B(X)$，$f(z)$是复系数多项式，则

$$\sigma(f(T))=f(\sigma(T)),$$

其中 $f(\sigma(T))=\{f(\lambda)\mid\lambda\in\sigma(T)\}$.

定理 4.3.2　设 X 为复 Banach 空间，$T\in B(X)$，则

$$\lambda\in\sigma(T)^{-1}=\{\lambda^{-1}\mid\lambda\in\sigma(T),\ \lambda\neq 0\}\text{ 当且仅当 }\lambda\in\sigma(T^{-1}),$$

即 $\sigma(T^{-1})=\sigma(T)^{-1}$.

性质 4.3.1　设 X 为复 Banach 空间，算子 $T\in B(X)$，则算子 T 的谱半径

$$r_\sigma(T)\leqslant\|T\|.$$

引理 4.3.1　设 X 为 Banach 空间，算子 $\{T_n\}\subset B(X)$，若 $\lim\limits_{n\to\infty}\|T_n\|^{\frac{1}{n}}<1$，则级数 $\sum\limits_{n=0}^{\infty}T_n$ 收敛.

定理 4.3.3　设 X 为 Banach 空间，算子 $T\in B(X)$，则 $\lim\limits_{n\to\infty}\|T^n\|^{\frac{1}{n}}$ 存在，且

$$\lim_{n\to\infty}\|T^n\|^{\frac{1}{n}}=\inf_n\{\|T^n\|^{\frac{1}{n}}\}.$$

定理 4.3.4　设 X 为 Banach 空间，算子 $T\in B(X)$，$|\lambda|>\lim\limits_{n\to\infty}\|T^n\|^{\frac{1}{n}}$，则级数 $\sum\limits_{n=0}^{\infty}\dfrac{T^n}{\lambda^{n+1}}$ 依范数收敛，且 $R_\lambda(T)=-\sum\limits_{n=0}^{\infty}\dfrac{T^n}{\lambda^{n+1}}$.

定理 4.3.5　**谱半径公式(Spectral Radius Formula)**

设 X 为复 Banach 空间，算子 $T\in B(X)$，则算子 T 的谱半径

$$r_\sigma(T)=\lim_{n\to\infty}\|T^n\|^{\frac{1}{n}}.$$

定理 4.4.1　设 H 和 K 是 Hilbert 空间，$T\in B(H\to K)$，则存在唯一的算子 $S\in B(K\to H)$，使得 $\forall x\in H$ 和 $\forall y\in K$，$(Tx,y)=(x,Sy)$ 成立，且 $\|T\|=\|S\|$.

性质 4.4.1　设 H 和 K 是 Hilbert 空间，$S,T\in B(H\to K)$，$\alpha,\beta\in\mathbb{C}$，则

(1) $T^{**}=T$.

(2) $(\alpha S+\beta T)^*=\bar{\alpha}S^*+\bar{\beta}T^*$.

(3) $\|T^*\|^2=\|T^*T\|=\|TT^*\|=\|T\|^2$.

(4) T 可逆当且仅当 T^* 可逆，且 $(T^{-1})^*=(T^*)^{-1}$.

性质 4.4.2　设 H 是 Hilbert 空间，$S,T\in B(H)$，$\alpha,\beta\in\mathbb{C}$，则

(1) $(ST)^*=T^*S^*$.

(2) $\overline{R(T)}=\ker(T^*)^{\perp}$，$\overline{R(T^*)}=\ker(T)^{\perp}$.

定理 4.4.2　设 H 为复 Hilbert 空间，$T\in B(H)$，则

(1) $\rho(T)=\rho(T^*)^*$，$\sigma(T^*)=\sigma(T)^*$.

(2) $\sigma(T^*)=\sigma_p(T^*)\cup\sigma_a(T)^*=\sigma_a(T^*)\cup\sigma_p(T)^*$.

(3) $\sigma(T)=\sigma_p(T)\cup\sigma_a(T^*)^*=\sigma_a(T)\cup\sigma_p(T^*)^*$.

推论 4.4.1　设 H 为复 Hilbert 空间，$T\in B(H)$，则 $r_\sigma(T)=r_\sigma(T^*)$.

性质 4.4.3　设 X 和 Y 是数域 $\mathbb{F}$ 上的两个线性赋范空间，$T\in B(X\to Y)$，$\forall f\in Y^*$，定义 $f^*(x)=f(T(x))$，则 $f^*\in X^*$.

性质 4.4.4　设 X 和 Y 是数域 $\mathbb{F}$ 上的两个线性赋范空间，$T,S\in B(X\to Y)$，$\alpha,\beta\in\mathbb{F}$，则 $(\alpha T+\beta S)^*=\alpha T^*+\beta S^*$.

性质 4.4.5 设 X,Y,Z 是数域 $\mathbb{F}$ 上的线性赋范空间，$T\in B(X\to Y)$，$S\in B(Y\to Z)$，则

(1) $\|T^*\|=\|T\|$.

(2) $(ST)^*=T^*S^*$.

(3) 当 $T^{-1}\in B(Y\to X)$ 时，有 $(T^*)^{-1}=(T^{-1})^*$.

性质 4.5.1 设 H 是复 Hilbert 空间，$T\in B(H)$，则 T 为自伴算子当且仅当 $\forall x\in H$ 有 $(Tx,x)\in\mathbb{R}$.

性质 4.5.2 设 T 是复 Hilbert 空间 H 上的线性有界算子，则 $\sigma(T)\subseteq\overline{\omega(T)}$.

性质 4.5.3 设 H 是复 Hilbert 空间，$T\in B(H)$ 为自伴算子，则 $\|T\|=r_\omega(T)$.

性质 4.5.4 设 H 是 Hilbert 空间，$T,S\in B(H)$ 为自伴算子，则

(1) $\ker(T)=R(T)^\perp$.

(2) $\forall x\in H,\lambda\in\mathbb{C}$，$\|(T-\lambda I)x\|=\|(T-\bar{\lambda}I)x\|$.

(3) TS 为自伴算子当且仅当 $TS=ST$.

性质 4.5.5 设 H 是 Hilbert 空间，$T\in B(H)$ 为自伴算子，则 $T=0$ 当且仅当 $\forall x\in H$ 有 $(Tx,x)=0$.

定理 4.5.1 设 H 是复 Hilbert 空间，$T\in B(H)$ 为自伴算子，则 $\sigma_a(T)=\sigma(T)\subset\mathbb{R}$.

定理 4.5.2 设 H 是复 Hilbert 空间，$T\in B(H)$ 为自伴算子，则 T 的剩余谱 $\sigma_r(T)$ 为空集.

定理 4.5.3 设 T 是复 Hilbert 空间 H 上的线性有界自伴算子，则 T 的谱半径

$$r_\sigma(T)=\|T\|.$$

定理 4.5.4 设 T 是复 Hilbert 空间 H 上的线性有界自伴算子，记

$$m=\inf\{(Tx,x)\mid\|x\|=1\},\ M=\sup\{(Tx,x)\mid\|x\|=1\},$$

则

(1) T 的谱集 $\sigma(T)\subset[m,M]$.

(2) $m,M\in\sigma(T)$.

定理 4.6.1 设 H 是 Hilbert 空间，$T\in B(H)$，则称 T 为 H 上的正规算子当且仅当 $\forall x\in H$，$\|Tx\|=\|T^*x\|$.

定理 4.6.2 设 T 是复 Hilbert 空间 H 上的正规算子，则 T 的谱半径 $r_\sigma(T)=\|T\|$.

推论 4.6.1 设 T 是复 Hilbert 空间 H 上的正规算子，则存在 $\lambda_0\in\sigma(T)$，使得

$$|\lambda_0|=\|T\|=r_\sigma(T).$$

定理 4.6.3 设 T 为 Hilbert 空间 H 上的正规算子，则

$$\|(T^*)^2\|=\|T^*\|^2=\|T^*T\|=\|TT^*\|=\|T\|^2=\|T^2\|.$$

定理 4.6.4 Hilbert 空间 H 上的全体正规算子组成的集合是 $B(H)$ 中的闭集.

性质 4.6.1 设 T 是复 Hilbert 空间 H 上的正规算子，$\lambda,\mu\in\mathbb{C}$ 且 $\lambda\neq\mu$，则

(1) $\ker(T-\lambda I)=\ker(T^*-\bar{\lambda}I)$.

(2) $\ker(T-\lambda I)\perp\ker(T-\mu I)$.

定理 4.6.5 设 T 是复 Hilbert 空间 H 上的正规算子，则 $\sigma_a(T)=\sigma(T)$.

推论 4.6.2 设 T 是复 Hilbert 空间 H 上的酉算子，则 $0\notin\sigma(T)$.

性质 4.6.2　设 H 是 Hilbert 空间，$T \in B(H)$，则

(1) T 为酉算子当且仅当 T 为满射且 $\forall x, y \in H$，$(Tx, Ty) = (x, y)$.

(2) T 为酉算子当且仅当 T 为满射且 $\forall x \in H$，$\|Tx\| = \|x\|$.

定理 4.6.6　设 T 是复 Hilbert 空间 H 上的酉算子，则

(1) $\omega(T) \subseteq \{\lambda \mid |\lambda| \leqslant 1\}$.

(2) $\sigma(T) \subseteq \{\lambda \mid |\lambda| = 1\}$.

定理 4.6.7　设 U 是复 Hilbert 空间 H 上的酉算子，$T \in B(H)$，则 $\omega(T) = \omega(UTU^{-1})$.

定理 4.7.1　设 H 为 Hilbert 空间，$P \in B(H)$，则

(1) 正交投影算子 P 为自伴算子.

(2) P 为正交投影算子当且仅当 $P = P^* P$.

性质 4.7.1　设 P 是 Banach 空间 X 上的线性有界算子，则 P 是投影算子的充要条件是：若 $x \in R(P)$，则 $Px = x$.

性质 4.7.2　设 P 是 Banach 空间 X 上的投影算子，则算子 $I-P$ 与 P 的零空间 $\ker(I-P)$、$\ker(P)$ 均是 X 的闭子空间，且 $X = M \oplus N$，其中 $M = \ker(I-P)$，$N = \ker(P)$.

推论 4.7.1　设 P 为 Banach 空间 X 上的非零投影算子，则 $\|P\| = 1$.

性质 4.7.3　设 X 是 Banach 空间，$T \in B(X)$，M 是 X 上的闭子空间. P 是从 X 到 M 上的投影算子，$N = \ker(P)$，那么

(1) M 是算子 T 的不变子空间当且仅当 $TP = PTP$.

(2) M、N 是 T 的约化子空间当且仅当 $TP = PT$.

定理 4.7.2　设非零算子 P 是复 Banach 空间 X 上的投影算子，则算子 P 的谱半径 $r_\sigma(P) = 1$.

定理 4.7.3　设非零算子 P 是复 Banach 空间 X 上的投影算子，且 $P \neq I$，则算子 P 的谱 $\sigma(P) = \{0, 1\}$.

定理 4.7.4　**谱分解定理(Spectral Decomposition Theorem)**

设 X 为复 Banach 空间，$T \in B(X)$，$\sigma(T) = \bigcup_{i=1}^{n} \sigma_i$，$n \geqslant 2$，$\sigma_i$ 为互不相交的非空闭集，则存在 X 的拓扑直和分解

$$X = X_1 \oplus X_2 \oplus \cdots \oplus X_n,$$

使得每个 X_i 是 T 的不变子空间，且 $\sigma(T|_{X_i}) = \sigma_i$.

定理 4.8.1　设 X, Y 为线性赋范空间，$T: X \to Y$ 为线性算子.

(1) 若 T 为紧算子，则 T 为线性有界算子.

(2) T 为紧算子当且仅当将任何有界点列 $\{x_n\} \subset X$ 映射为含有收敛子列的点列 $\{y_n\} \subset Y$.

(3) T 为紧算子当且仅当将 X 的闭单位球 $\overline{O}(\mathbf{0}, 1) = \{x \mid \|x\| \leqslant 1\}$ 映射为 Y 中的列紧集.

(4) 若算子 $T \in B(X \to Y)$ 的值域为 Y 中的有限维子空间，则 T 为紧算子.

推论 4.8.1　设 X 是无限维线性赋范空间，则恒等映射 $I: X \to X$ 不是紧算子.

定理 4.8.2　设 X, Y, Z 是线性赋范空间.

(1) 若 S，$T \in K(X \to Y)$ 及 α，$\beta \in \mathbb{C}$，则 $\alpha S + \beta T \in K(X \to Y)$. 从而 $K(X \to Y)$ 是 $B(X \to Y)$ 的线性子空间.

(2) 若 $S \in B(X \to Y)$ 及 $T \in B(Y \to Z)$，且 S 与 T 中至少一个算子是紧算子，则 $TS \in K(X \to Z)$.

推论 4.8.2　设 X 是无限维线性赋范空间，$T \in K(X)$. 若 T^{-1} 存在，则 $T^{-1} \notin B(X)$.

推论 4.8.3　设 X 是无限维 Banach 空间，$T \in K(X)$. 若 T 是单射，则 T 的值域 $R(T) \neq X$.

定理 4.8.3　设 X 是线性赋范空间，Y 是 Banach 空间，$\{T_n\} \in K(X \to Y)$ 且 $\lim\limits_{n\to\infty}\|T_n - T\| = 0$，则 $T \in K(X \to Y)$.

性质 4.8.1　设 H 是 Hilbert 空间，$T \in B(H)$，则

(1) T 为紧算子当且仅当 T^*T 为紧算子.

(2) T 为紧算子当且仅当 T^* 为紧算子.

定理 4.8.4　设 X 是有限维线性赋范空间，Y 是任意的线性赋范空间，$T: X \to Y$ 为线性算子，则 T 是紧算子.

引理 4.8.1　设 X，Y 是线性赋范空间，$T \in K(X \to Y)$，则 T 的值域 $R(T)$ 是可分子空间.

定理 4.8.5　设 X 是线性赋范空间，H 是 Hilbert 空间，$T \in K(X, H)$，则存在有限秩算子列 $\{T_n\} \subset B(X, H)$，使得 $\lim\limits_{n\to\infty} T_n = T$.

定理 4.8.6　设 H 是 Hilbert 空间，$T \in B(H)$，则 T 是紧算子当且仅当存在有限秩算子列 $\{T_n\} \subset B(H)$，使得 $\lim\limits_{n\to\infty} T_n = T$.

定理 4.9.1　设 X 是无限维线性赋范空间，$T \in K(X)$，则 $0 \in \sigma(T)$.

定理 4.9.2　设 X 是线性赋范空间，$T \in K(X)$，则 $\forall \alpha > 0$，$\{\lambda \mid \lambda \in \delta_p(T), |\lambda| > \alpha\}$ 是有限集.

推论 4.9.1　设 X 是线性赋范空间，$T \in K(X)$，则 $\sigma_p(T)$ 最多是无限可数集. 如果 $\{\lambda_n\}$ 是 T 的不同特征值组成的点列，则 $\lim\limits_{n\to\infty}\lambda_n = 0$.

定理 4.9.3　设 X 是线性赋范空间，$T \in K(X)$，$\lambda \neq 0$，则零空间 $\ker(T - \lambda I)$ 是有限维.

引理 4.9.1　设 X，Y 是线性赋范空间，对于线性算子 $T \in L(X \to Y)$，如果存在常数 $c > 0$，使得 $\forall x \in X$ 有 $\|Tx\| \geqslant c\|x\|$，则存在 T 的逆算子 $T^{-1} \in B(R(T) \to X)$.

定理 4.9.4　设 H 是 Hilbert 空间，$T \in K(H)$，$\lambda \neq 0$，则 $R(T - \lambda I)$ 是闭集.

定理 4.9.5　设 H 是 Hilbert 空间，$T \in K(H)$，$\lambda \neq 0$，以及 $\ker(T - \lambda I) = \{\mathbf{0}\}$，则 $R(T - \lambda I) = H$.

定理 4.9.6　设 H 是 Hilbert 空间，$T \in K(H)$，则

(1) $\sigma_c(T) - \{0\} = \phi$.

(2) $\sigma_r(T) - \{0\} = \phi$.

(3) $\sigma(T) - \{0\} = \sigma_p(T) - \{0\}$.

性质 4.10.1　设 H 为 Hilbert 空间，$T \in B(H)$ 为自伴算子，M 是 H 闭子空间，若 M

是 T 的不变子空间，则 $M^{\perp}$ 是 T 的不变子空间.

性质 4.10.2 设 H 为 Hilbert 空间，$T \in B(H)$ 为自伴算子，$e \in H$ 且 $\|e\|=1$，则

$$\|Te\|^2 \leqslant \|T^2 e\|,$$

其中的等号成立当且仅当 e 是 T^2 的特征向量.

性质 4.10.3 设 H 为 Hilbert 空间，$T \in B(H)$ 为自伴紧算子，则存在 $e \in H$ 是 T 的极大向量.

性质 4.10.4 设 H 为 Hilbert 空间，$T \in B(H)$ 为自伴算子，$e \in H$ 是 T 的极大向量，则 e 是 T^2 的特征向量，其特征值为 $\|T\|^2$.

定理 4.10.1 设 H 为 Hilbert 空间，$T \in B(H)$ 为自伴紧算子，则 $\|T\|$ 或 $-\|T\|$ 必有其一为的 T 特征值.

定理 4.10.2 设 H 为 Hilbert 空间，$T \in B(H)$ 为自伴紧算子，$\{e_1, e_2, \cdots, e_n, \cdots\}$ 为 T 的所有非零特征值的特征子空间的完全标准正交系的并，则 $\forall x \in H$，有

$$x = \sum_{n=1}^{\infty} k_n e_n + x_0,$$

其中 $x_0 \in \ker T$，$k_n \in \mathbb{F}$.

定理 4.10.3 设 H 为可分的 Hilbert 空间，$T \in B(H)$ 为自伴紧算子，则存在 T 的特征向量组成 H 的完全标准正交系.

定理 4.10.4 设 H 为 Hilbert 空间，$T \in B(H)$ 为自伴紧算子，则 T 的非零谱点均是特征值. 如果 H 为无限维 Hilbert 空间，则 $0 \in \sigma(T)$.

4.3 答疑解惑

1. 设 X 是复线性赋范空间，如何利用“集合”简洁表示算子 $T \in B(X)$ 的谱集、点谱、剩余谱、连续谱以及正则集?

答 线性有界算子 $T \in B(X)$ 的谱集 $\sigma(T)$ 为

$$\sigma(T) = \sigma_p(T) \cup \sigma_r(T) \cup \sigma_c(T) = \mathbb{C} - \rho(T),$$

其中点谱 $\sigma_p(T)$、剩余谱 $\sigma_r(T)$ 和连续谱 $\sigma_c(T)$ 分别为

$$\sigma_p(T) = \{\lambda \in \mathbb{C} \mid \ker(T-\lambda I) \neq \{\theta\}\},$$

$$\sigma_r(T) = \{\lambda \in \mathbb{C} \mid \ker(T-\lambda I) = \{\theta\}, \overline{R(T-\lambda I)} \neq X\},$$

$$\sigma_c(T) = \{\lambda \in \mathbb{C} \mid \ker(T-\lambda I) = \{\theta\}, \overline{R(T-\lambda I)} = X, (T-\lambda I)^{-1} \notin B(X)\}.$$

算子 T 的正则集(预解集)$\rho(T)$ 为

$$\rho(T) = \mathbb{C} - \sigma(T) = \{\lambda \in \mathbb{C} \mid \overline{R(T-\lambda I)} = X, (T-\lambda I)^{-1} \in B(X)\}.$$

2. 设 X 是复线性赋范空间，算子 $T \in B(X)$，$\lambda \in \mathbb{C}$，是否可将算子谱定义中的 $T-\lambda I$ 全部换 成 $\lambda I - T$?

答 将算子谱定义中的 $T-\lambda I$ 全部换成 $\lambda I - T$，所定义的谱集不变. 由于算子的零空间、值域均是线性子空间，于是有

$$\ker(T-\lambda I) = \ker(\lambda I - T), R(T-\lambda I) = R(\lambda I - T),$$

易证 $(T-\lambda I)^{-1} \in B(X)$ 等价于 $(\lambda I - T)^{-1} \in B(X)$，所以上述集合点谱 $\sigma_p(T)$、剩余谱

$\sigma_r(T)$、连续谱$\sigma_c(T)$以及正则集$\rho(T)$中的$T-\lambda I$均可全部换成$\lambda I-T$，即

$$\sigma_p(T)=\{\lambda\in\mathbb{C}\,|\,\ker(\lambda I-T)\neq\{\theta\}\},$$

$$\sigma_r(T)=\{\lambda\in\mathbb{C}\,|\,\ker(\lambda I-T)=\{\theta\},\ \overline{R(\lambda I-T)}\neq X\},$$

$$\sigma_c(T)=\{\lambda\in\mathbb{C}\,|\,\ker(\lambda I-T)=\{\theta\},\ \overline{R(\lambda I-T)}=X,\ (\lambda I-T)^{-1}\notin B(X)\},$$

$$\rho(T)=\mathbb{C}-\sigma(T)=\{\lambda\in\mathbb{C}\,|\,\overline{R(\lambda I-T)}=X,\ (\lambda I-T)^{-1}\in B(X)\}.$$

3. 设X是复Banach空间且$X\neq\{\theta\}$，那么恒等算子I的谱集

$$\sigma(I)=\sigma_p(I)=\{1\}?$$

答　是. 对于恒等算子I，存在非零元素$x\in X$，使得$Ix=1\cdot x$，所以

$$\{1\}\subseteq\sigma_p(I)\subseteq\sigma(I).$$

当$\lambda\neq1$时，有$R(\lambda I-I)=X$以及$(\lambda I-I)^{-1}\in B(X)$，即$\lambda\in\rho(T)=\mathbb{C}-\sigma(T)$，因此$\sigma(I)=\sigma_p(I)=\{1\}$.

4. 设X是复Banach空间，算子$T\in B(X)$是双射，那么$0\in\sigma(T)$? 设复线性赋范空间$X\neq\{\theta\}$，是否存在$\sigma(T)=\sigma_p(T)=\{0\}$的算子$T\in B(X)$?

答　根据逆算子定理(定理3.7.2)，$T^{-1}\in B(X)$，即$(T-0\cdot I)^{-1}\in B(X)$. 又因为$T$是满射，所以$\overline{(T-0\cdot I)}=X$. 依据正则集的定义知$0\in\rho(T)$，因此$0\notin\sigma(T)$.

对于零算子$\mathbf{0}$而言，由于$X\neq\{\theta\}$，所以$\ker(\mathbf{0}-0\cdot I)=X\neq\{\theta\}$，即$0\in\sigma_p(T)$. 当$\lambda\neq0$时，

$$\overline{R(\mathbf{0}-\lambda I)}=\overline{R(\lambda I)}=X,\ (\mathbf{0}-\lambda I)^{-1}=(-\lambda I)^{-1}\in B(X),$$

所以此时$\lambda\in\rho(T)$. 因此对于零算子$\mathbf{0}$而言，$\sigma(T)=\sigma_p(T)=\{0\}$.

5. 设H是Hilbert空间，算子S，$T\in B(H)$，那么$\sigma(ST)=\sigma(TS)$?

答　不一定. 在空间$\mathbb{R}^2$上定义算子

$$S=\begin{pmatrix}0&0\\1&0\end{pmatrix},\ T=\begin{pmatrix}0&1\\0&0\end{pmatrix},$$

于是

$$ST=\begin{pmatrix}0&0\\0&1\end{pmatrix},\ TS=\begin{pmatrix}1&0\\0&0\end{pmatrix}.$$

根据性质4.1.2，有限维空间上的谱集就是点谱，即特征值构成谱值，所以

$$\sigma(ST)=\sigma(TS)=\{0,1\}.$$

对于Hilbert空间l^2上的左移位算子$S=T_{\text{left}}$和右移位算子$T=T_{\text{right}}$，显然有

$$STx=ST(x_1,x_2,x_3,\cdots)=S(0,x_1,x_2,x_3,\cdots)=(x_1,x_2,x_3,\cdots)=Ix,$$

$$TSx=TS(x_1,x_2,x_3,\cdots)=T(x_2,x_3,\cdots)=(0,x_2,x_3,\cdots),$$

其中$x=(x_1,x_2,x_3,\cdots)$. 可见ST是恒等算子，TS是投影算子，根据上述问题2的结论以及定理4.7.3，有

$$\sigma(ST)=\sigma_p(ST)=\{1\},\ \sigma(TS)=\sigma_p(TS)=\{0,1\}.$$

6. 定理4.8.6说明了Hilbert空间上的紧算子是有限秩算子列的极限，对于Banach空间上的紧算子是否有相同的结论?

答　有. 设X，Y是Banach空间，$M\subseteq X$有界非空，$T:M\to Y$为紧算子，则存在连续

的有限秩算子 $T_n:M\to Y$，使得 $\lim\limits_{n\to\infty}T_n=T$. 见习题 63 的证明. 同时可证明 $T_n(M)\subseteq \mathrm{co}T(M)$，其中 $\mathrm{co}T(M)$ 表示 $T(M)$ 的凸包. 集合 A 的凸包(Convex Hull)$\mathrm{co}A$ 是指包含 A 的所有凸集的交集，即 $\mathrm{co}A=\bigcap\{S\,|\,A\subseteq S,\ S\text{ 为凸集}\}$.

7. 设 X 是复线性赋范空间，$T\in B(X)$，由定理 4.2.6 知，近似点谱 $\sigma_a(T)$ 是谱集 $\sigma(T)$ 的非空闭子集. 当 X 是复 Banach 空间时，算子 T 的谱集边界 $\partial\sigma(T)$ 与其近似点谱 $\sigma_a(T)$ 有何关系？ 其中边界的定义及性质参见第一章习题 14.

答　$\partial\sigma(T)\subseteq\sigma_a(T)$. 由定理 4.2.2 和 4.2.4 知 $\sigma(T)$ 是非空闭集，所以 $\partial\sigma(T)$ 非空且 $\partial\sigma(T)\subseteq\sigma(T)$. 令 $\lambda\in\partial\sigma(T)$，则 $\forall\varepsilon>0$，存在 $\lambda_0\in\rho(T)$，使得 $|\lambda_0-\lambda|<\dfrac{\varepsilon}{4}$. 由定理 4.2.2 的证明知，对于 $\lambda_0\in\rho(T)$，当 $|z-\lambda_0|\leqslant\|(T-\lambda_0I)^{-1}\|^{-1}$ 时，$z\in\rho(T)$，因此 λ_0 到 $\sigma(T)$ 的距离 $d(\lambda_0,\sigma(T))\geqslant\|(T-\lambda_0I)^{-1}\|^{-1}$. 于是

$$\|(T-\lambda_0I)^{-1}\|\geqslant[d(\lambda_0,\sigma(T))]^{-1}>\frac{4}{\varepsilon},$$

根据算子范数的定义可知，存在 $x_0\in X$，$\|x_0\|=1$，使得 $\|(T-\lambda_0I)^{-1}x_0\|>\dfrac{2}{\varepsilon}$. 令

$$x_1=\|(T-\lambda_0I)^{-1}x_0\|^{-1}(T-\lambda_0I)^{-1}x_0,$$

显然 $\|x_1\|=1$ 且

$$\begin{aligned}\|(T-\lambda I)x_1\|&\leqslant\|(T-\lambda I)x_1-(T-\lambda_0I)x_1\|+\|(T-\lambda_0I)x_1\|\\&=\|\lambda_0-\lambda\|+\|(T-\lambda_0I)x_1\|<\frac{\varepsilon}{4}+\frac{\|x_0\|}{\|(T-\lambda_0I)^{-1}x_0\|}<\varepsilon,\end{aligned}$$

即 $\lambda\in\sigma_a(T)$. 所以 $\partial\sigma(T)\subseteq\sigma_a(T)$，由于 $\partial\sigma(T)$ 非空，所以 $\sigma_a(T)$ 非空.

8. Hilbert 空间 l^2 上的右移位算子 $T=T_{\text{right}}$ 的谱集 $\sigma(T)$ 为单位闭圆盘吗？近似点谱 $\sigma_a(T)$ 为单位圆周吗？

答　是. $\sigma(T)=\{\lambda\in\mathbb{C}\,|\,|\lambda|\leqslant1\}$，$\sigma_a(T)=\{\lambda\in\mathbb{C}\,|\,|\lambda|=1\}$，显然右移位算子 $T=T_{\text{right}}$ 是等距算子，即 $\forall x=(x_1,x_2,x_3,\cdots)\in l^2$，有

$$\|Tx\|=\|(0,x_1,x_2,x_3,\cdots)\|=\|x\|,$$

由性质 4.3.1 知谱半径 $r_\sigma(T)\leqslant\|T\|=1$，即 $\sigma(T)\subseteq\{\lambda\in\mathbb{C}\,|\,|\lambda|\leqslant1\}$. 由于

$$\overline{R(T-0\cdot I)}=\overline{R(T)}\neq l^2,\ \ker(T-0\cdot I)=\{\theta\}.$$

所以 $0\in\sigma(T)$.

下证 $\{\lambda\in\mathbb{C}\,|\,0<|\lambda|<1\}\subseteq\sigma(T)$，$\forall\lambda\in\mathbb{C}$，且 $0<|\lambda|<1$，假设 $\lambda\notin\sigma(T)$，则对于任意的 $y\in l^2$，方程 $(\lambda I-T)x=y$ 有唯一的解 $x=(x_1,x_2,x_3,\cdots)\in l^2$，由

$$(\lambda I-T)x=(\lambda x_1,\lambda x_2-x_1,\lambda x_3-x_2,\cdots)=(1,0,\cdots,0,\cdots),$$

可解得 $x_k=\lambda^{-k}$，其中 $k=1,2,\cdots$. 但由于 $0<|\lambda|<1$，所以

$$x=(\lambda^{-1},\lambda^{-2},\lambda^{-3},\cdots)\notin l^2.$$

产生矛盾，故 $\lambda\in\sigma(T)$，即 $\{\lambda\in\mathbb{C}\,|\,0<|\lambda|<1\}\subseteq\sigma(T)$. 由定理 4.2.2 知 $\sigma(T)$ 是闭集，因此 Hilbert 空间 l^2 上的右移位算子的谱集为单位闭圆盘 $\sigma(T)=\{\lambda\in\mathbb{C}\,|\,|\lambda|\leqslant1\}$.

由于 $\partial\sigma(T)=\{\lambda\in\mathbb{C}\,|\,|\lambda|=1\}\subseteq\sigma_a(T)$，只需证明 $\sigma_a(T)\subseteq\{\lambda\in\mathbb{C}\,|\,|\lambda|=1\}$. 若 $|\lambda|<1$，则 $\forall x\in l^2$，有

$$\|(T-\lambda I)x\| \geqslant |\|Tx\|-\|\lambda x\||=|\|x\|-\|\lambda x\||=(1-\lambda)\|x\|,$$

所以$(T-\lambda I)$是下方有界的，依据性质4.2.2知，$\lambda \notin \sigma_a(T)$以及$\sigma_a(T)\subseteq\sigma(T)$，于是$\sigma_a(T)\subseteq\{\lambda\in\mathbb{C}\mid|\lambda|=1\}$. 因此$\sigma_a(T)=\{\lambda\in\mathbb{C}\mid|\lambda|=1\}$.

9. 设H是Hilbert空间，$T\in B(H)$，由性质4.5.2知，谱集$\sigma(T)$与数值域$\omega(T)$的关系为$\sigma(T)\subseteq\overline{\omega(T)}$. ① 当$H$为有限维空间时，$\omega(T)$是紧集吗？② 当$H$为无限维空间时，$\omega(T)$是闭集吗？

答　① $\omega(T)$是紧集. 因为H为有限维空间，所以$S_0=\{x\in H\mid\|x\|=1\}$是紧集，以及

$$f(x)=(Tx,x):H\to\mathbb{C}$$

是连续泛函，依据引理1.6.1，$\omega(T)=f(S_0)$是紧集.

② $\omega(T)$不一定是闭集. 在实Hilbert空间l^2上定义算子T为

$$T(x_1,x_2,\cdots,x_n,\cdots)=(a_1x_1,a_2x_2,\cdots,a_nx_n,\cdots),$$

其中$(x_1,x_2,\cdots,x_n,\cdots)\in l^2$，$a_n=1-\dfrac{1}{2^n}$. 令$e_n=(0,\cdots,0,1,0,\cdots)$表示第$n$个元素为1，其余元素为0的实数列，显然有

$$Te_n=(0,\cdots,0,a_n,0,\cdots)=a_ne_n,$$

所以$\{a_1,a_2,\cdots,a_n,\cdots\}\subseteq\sigma_p(T)$，显然1不是算子$T$的特征值. 根据性质4.5.2，有

$$\{a_n\}_{n=1}^{\infty}\subseteq\sigma(T)\subseteq\overline{\omega(T)},$$

于是$\lim\limits_{n\to\infty}a_n=1\in\overline{\omega(T)}$.

$\forall x=(x_1,x_2,\cdots,x_n,\cdots)\in l^2$，由于

$$\|Tx\|^2=\left\|\sum_{n=1}^{\infty}a_nx_n\right\|^2\leqslant[\sup_{n\geqslant1}\{a_n\}]^2\sum_{n=1}^{\infty}|x_n|^2=\|x\|^2,$$

$$\|T\|\geqslant\sup_{n\geqslant1}\|Te_n\|=\sup_{n\geqslant1}\|a_ne_n\|=\sup_{n\geqslant1}\|a_ne_n\|=\sup_{n\geqslant1}|a_n|=1,$$

所以$\|T\|=1$.

综上所述，$1\in\overline{\omega(T)}$，$\|T\|=1$，以及$1\notin\sigma_p(T)$，依据习题36的结论可得$1\notin\omega(T)$，因此$\omega(T)$不是闭集.

10. 设X是无穷维复Banach空间，算子$T\in B(X)$. ① 若$T^2=0$，则T是紧算子吗？即$T\in K(X)$对吗？② 若$T^n=I$，其中n是正整数，则T是紧算子吗？

答　① $T\notin K(X)$. 设T是Hilbert空间l^2上的算子，$\forall x=(x_1,x_2,x_3,\cdots)\in l^2$，

$$Tx=T(x_1,x_2,x_3,\cdots)=(0,x_1,0,x_3,0,x_5,\cdots).$$

显然$T^2=0$，下面证明T不是紧算子. 令$x^{(n)}$表示第$2n-1$个坐标和第$2n$个坐标为1，其余坐标为0的数列，即

$$x^{(n)}=(0,\cdots,0,1,1,0,0,\cdots),$$

可见$\{x^{(n)}\}$是有界集，由于$Tx^{(n)}$表示第$2n-1$个坐标为1，其余坐标为0的数列，即

$$Tx^{(n)}=(0,\cdots,0,1,0,0,\cdots),$$

显然$\{Tx^{(n)}\}$没有收敛子列，故T不是紧算子.

② 假设T是紧算子，依据定理4.8.2知T^n是紧算子，由推论4.8.1知$I=T^n$不是紧算子，产生矛盾，故假设不成立. 因此T不是紧算子.

4.4 习题扩编

◇知识点 4.1 算子谱的概念

1. 设 X 为有限维线性赋范空间，$T: X \to X$ 是线性算子，证明对于 X 的不同基，T 的表示矩阵具有相同的特征值.

2. 证明 Hilbert 空间 l^2 上的右移位算子 T_{right} 的点谱 $\sigma_p(T_{\text{right}})=\phi$.

3. 证明复 Hilbert 空间 l^2 上的左移位算子 T_{left} 的谱集 $\sigma(T_{\text{left}})=\{\lambda \mid |\lambda|\leqslant 1\}$.

4. 设复空间 $X=C[a,b]$，T 为 Volterra 积分算子，即

$$(Tx)(t)=\int_a^t x(s)\mathrm{d}s,\ x\in C[a,b],$$

证明 $\rho(T)=\mathbb{C}-\{0\}$，$\sigma(T)=\{0\}$.

5. 设 X 是数域 $\mathbb{R}$ 上的实 Banach 空间，其中 $X=\mathbb{R}^2$，算子 $T\in B(X)$ 由矩阵 $A=\begin{pmatrix} a & b \\ -b & a\end{pmatrix}$ 确定，这里 $a,b\in\mathbb{R}$，$b\neq 0$，$\forall x^{\mathrm{T}}=(x_1,x_2)\in\mathbb{R}^2$，$Tx=Ax$，证明 $\sigma(T)=\phi$.

6. 设 F 是平面上的无限有界闭集，点列 $\{\alpha_n\}$ 是 F 的稠密子集，在 l^2 上定义算子 T：$T(x_1,x_2,\cdots,x_n,\cdots)=(\alpha_1x_1,\alpha_2x_2,\cdots,\alpha_nx_n,\cdots)$，证明 α_n 是算子 T 的特征值，$\sigma(T)=F$.

7. 设 X 是 Banach 空间，$T,S\in B(X)$，证明 $\sigma(TS)$ 与 $\sigma(ST)$ 最多相差 $\{0\}$.

◇ 知识点 4.2 算子谱的基本性质及谱结构

8. 设 T 是复连续函数空间 $C[0,1]$ 上的算子：$(Tx)(t)=tx(t)$，证明 $\sigma_r(T)=[0,1]$.

9. 设 l_0 表示 l^1 中除前有限项外全为零的数列全体，即

$$l_0=\{x=(x_1,x_2,\cdots,x_n,0,0,\cdots)\mid x\in l^1\},$$

l_0 上的范数 $\|x\|=\sum\limits_{i=1}^{\infty}|x_i|$. 取 $x=(x_1,x_2,\cdots,x_n,0,0,\cdots)\in l_0$，在 l_0 上定义算子

$$T(x_1,x_2,\cdots,x_n,0,0,\cdots)=\left(x_1,\frac{x_2}{2},\cdots,\frac{x_n}{n},0,0,\cdots\right),$$

证明 $0\notin\sigma_p(T)$，$0\in\sigma_c(T)$.

10. 设 X 是复线性赋范空间，$T\in B(X)$，证明 $\sigma_a(T)$ 是 $\sigma(T)$ 中的非空闭子集. [定理 4.2.6]

◇ 知识点 4.3 谱映射定理及谱半径

11. 设 X 是线性赋范空间，算子 $T\in B(X)$，若存在正整数 m，使得 $T^m=0$，则称算子 T 是幂零算子. 求复 Banach 空间 X 上幂零算子 T 的谱 $\sigma(T)$.

12. 设 X 是复 Banach 空间 $\mathbb{C}^2$，算子 $S,T\in B(X)$ 分别由矩阵 $A=\begin{pmatrix}0 & 0\\ 1 & 0\end{pmatrix}$ 与 $B=\begin{pmatrix}1 & 2\\ 1 & 1\end{pmatrix}$ 表示，即 $\forall x^{\mathrm{T}}=(x_1,x_2)\in\mathbb{C}^2$，$S(x)=Ax$，$T(x)=Bx$，证明 $r_\sigma(ST)>r_\sigma(S)r_\sigma(T)$.

13. 设 X 是复 Banach 空间，算子 S，$T\in B(X)$ 且 $TS=ST$，证明

$$r_\sigma(ST)\leqslant r_\sigma(S)r_\sigma(T).$$

◇ 知识点 4.4　伴随算子及其谱分析

14. 证明 Hilbert 空间 l^2 上的右移位算子 T_{right} 的伴随算子为左移位算子 T_{left}，即 $T_{\text{right}}^*=T_{\text{left}}$.

15. 设 H 为 Hilbert 空间，$T\in B(H)$，证明 $\ker(T)=R(T^*)^\perp$.

16. 设矩阵 $A=(a_{ij})_{n\times n}$，其中 $a_{ij}\in\mathbb{C}$，A 是复内积空间 $\mathbb{C}^n$ 上的线性算子；$Ax=y$，其中 x，$y\in\mathbb{C}^n$，$x=(x_1,x_2,\cdots,x_n)^{\mathrm{T}}$，$y=(y_1,y_2,\cdots,y_n)^{\mathrm{T}}$. 证明

$$A^*=\overline{A}^{\mathrm{T}}=\begin{pmatrix}\overline{a_{11}} & \overline{a_{21}} & \cdots & \overline{a_{n1}}\\ \overline{a_{12}} & \overline{a_{22}} & \cdots & \overline{a_{n2}}\\ \vdots & \vdots & & \vdots\\ \overline{a_{1n}} & \overline{a_{2n}} & \cdots & \overline{a_{nn}}\end{pmatrix}.$$

17. 设 X 和 Y 是数域 $\mathbb{F}$ 上的两个线性赋范空间，$T\in B(X\to Y)$，证明 $\|T^*\|=\|T\|$. [性质 4.4.5(1)]

18. 设 H 是 Hilbert 空间，$T\in B(H)$ 以及 $\lim\limits_{n\to\infty}T_n=T$，证明 $\lim\limits_{n\to\infty}T_n^*=T^*$.

19. 设 X，Y，Z 是数域 $\mathbb{F}$ 上的三个线性赋范空间，$T\in B(X\to Y)$，$S\in B(Y\to Z)$，证明 $(ST)^*=T^*S^*$. [性质 4.4.5(2)]

20. 设 X 和 Y 是数域 $\mathbb{F}$ 上的两个线性赋范空间，$T\in B(X\to Y)$，$T^{-1}\in B(Y\to X)$，证明 $(T^*)^{-1}=(T^{-1})^*$. [性质 4.4.5(3)]

21. 设 X 和 Y 是线性赋范空间，$T\in B(X\to Y)$，证明 $\|T^{**}\|=\|T\|$，T^{**} 是 T 的保持范数不变的延拓.

22. 设 $K(t,s)$ 为定义在 $[a,b]\times[a,b]$ 上的二元平方可积函数，$L^2[a,b]$ 为 $[a,b]$ 上的平方可积函数空间，T 为 $L^2[a,b]$ 上的积分算子，即 $Tx(t)=\int_a^b K(t,s)x(s)\mathrm{d}s$，求 T^*.

23. 设 H 为复 Hilbert 空间，$T\in B(H)$，证明

(1) $\sigma(T^*)=\sigma_p(T^*)\cup\sigma_a(T)^*=\sigma_a(T^*)\cup\sigma_p(T)^*$.

(2) $\sigma(T)=\sigma_p(T)\cup\sigma_a(T^*)^*=\sigma_a(T)\cup\sigma_p(T^*)^*$. [定理 4.4.2(2) 与 (3)]

24. 设 H 是 Hilbert 空间，T，$S\in B(H)$，$R(T)$ 是 H 的闭子空间，以及 $T=I+S^*S$，其中 I 是恒等算子，证明 $T^{-1}\in B(R(T)\to H)$.

◇ 知识点 4.5　自伴算子的谱分析

25. 设 $T\in B(H)$ 是 Hilbert 空间 H 上的自伴算子，证明 $\forall x$，$y\in H$，有

$$\begin{aligned}(Tx,y)=&\frac{1}{4}[(T(x+y),x+y)-(T(x-y),x-y)]\\&+\frac{\mathrm{i}}{4}[(T(x+\mathrm{i}y),x+\mathrm{i}y)-(T(x-\mathrm{i}y),x-\mathrm{i}y)].\end{aligned}$$

26. 设 H 是复 Hilbert 空间，$T \in B(H)$，证明 T 为自伴算子当且仅当 $\forall x \in H$ 有 $(Tx, x) \in \mathbb{R}$. [性质 4.5.1]

27. 设 T 是复 Hilbert 空间 H 上的线性有界算子，证明 $\sigma(T) \subseteq \overline{\omega(T)}$. [性质 4.5.2]

28. 设 H 是 Hilbert 空间，$T, S \in B(H)$ 为自伴算子，证明

(1) $\ker(T) = R(T)^{\perp}$.

(2) $\forall x \in H, \lambda \in \mathbb{C}, \|(T-\lambda I)x\| = \|(T-\bar{\lambda} I)x\|$.

(3) TS 为自伴算子当且仅当 $TS = ST$. [性质 4.5.4]

29. 设 H 是复 Hilbert 空间，$T \in B(H)$.证明

(1) 若 x 是 T 对应于 λ 的特征向量，y 是 T^* 对应于 μ 的特征向量，$\lambda \neq \bar{\mu}$，则 $x \perp y$.

(2) 若 T 为自伴算子，x 和 y 分别是 T 对应于 λ 和 μ 的特征向量，$\lambda \neq \mu$，则 $x \perp y$.

30. 设 T 是复 Hilbert 空间 H 上的线性有界算子，证明 $T = -T^*$ 当且仅当 $\forall x \in H$ 有 $\mathrm{Re}(Tx, x) = 0$.

31. 设 H 为复 Hilbert 空间，$T \in B(H)$，证明存在自伴算子 $A, B \in B(H)$，使得算子 T 存在唯一的分解：$T = A + \mathrm{i}B$.

32. 设 $\{T_n\}$ 是复 Hilbert 空间 H 上的一列自伴算子，算子 $T: H \to H$ 满足 $\forall x, y \in H$ 有 $\lim\limits_{n\to\infty}(T_n x, y) = (Tx, y)$，证明 T 是自伴算子.

33. 设 H 是复 Hilbert 空间，$T \in B(H)$，证明 $T = \mathbf{0}$ 当且仅当 $\forall x \in H$ 有 $(Tx, x) = 0$. 举例说明当 H 是实 Hilbert 空间时，结论不成立.

34. 设 H 是 Hilbert 空间，$T \in B(H)$ 为 H 上的自伴算子，证明 $T = \mathbf{0}$ 当且仅当 $\forall x \in H$ 有 $(Tx, x) = 0$. [性质 4.5.5]

35. 设 H 是复 Hilbert 空间，$T \in B(H)$ 为自伴算子，证明

$$r_{\omega}(T) = \sup\{|(Tx, y)| \mid \|x\| = \|y\| = 1\}.$$

36. 设 H 是 Hilbert 空间，$T \in B(H)$，$\lambda \in \omega(T)$，$|\lambda| = \|T\|$，证明 $\lambda \in \sigma_p(T)$.

◇ 知识点 4.6　正规算子与酉算子的谱分析

37. 设 H 是 Hilbert 空间，$T \in B(H)$，若 $\alpha, \beta \in \mathbb{F}$ 且 $|\alpha| = |\beta|$，证明 $\alpha T + \beta T^*$ 是正规算子.

38. 设 H 是 Hilbert 空间，T 为 H 上的正规算子，证明 $\overline{R(T)} = \overline{R(T^*)}$.

39. 设 X 是有限维复 Banach 空间，证明算子 $T \in B(X)$ 存在不变子空间.

40. 设 M 是复 Hilbert 空间 H 中的闭线性子空间，P_1, P_2 分别是 $M, M^{\perp}$ 上的正交投影算子，$\alpha, \beta \in \mathbb{F}$，则 $T = \alpha P_1 + \beta P_2$ 为 H 上的正规算子. 证明当 $\alpha, \beta \in \mathbb{R}$ 时，T 为 H 上的自伴算子.

41. 设 H 是 Hilbert 空间，$T \in B(H)$，正规算子列 $\{T_n\} \subset B(H)$，以及 $\lim\limits_{n\to\infty} T_n = T$，证明 T 为 H 上的正规算子.

42. 设 H 是 Hilbert 空间，记 H 上所有正规算子的集合为 W，证明 W 不是 $B(H)$ 的真子空间.

43. 设 $S, T \in B(H)$ 是 Hilbert 空间 H 上的自伴算子，若 $\forall x \in H$ 有 $(Sx, x) \geqslant (Tx, x)$，则称 $S \geqslant T$ 或 $T \leqslant S$. 若自伴算子 $T \geqslant 0$，则称 T 是正算子. 证明

(1) T^*T 是正算子.

(2) 正交投影算子 $P_M: H \to M$ 是正算子，其中 M 是 H 的闭子空间.

44. 设 $S, T \in B(\mathbb{R}^2)$，其中 $S = \begin{pmatrix} 4 & 0 \\ 0 & 12 \end{pmatrix}$，$T = \begin{pmatrix} 3 & 3 \\ 3 & 3 \end{pmatrix}$，证明正算子 $S \geqslant T$，但 $S^2 \geqslant T^2$ 不成立.

45. 设 $T \in B(H)$ 是 Hilbert 空间 H 上的自伴算子，证明对多项式 $p(\lambda)$，有

$$\|p(T)\| = r(p(T)) = \|p\|_\infty,$$

其中 $\|p\|_\infty = \sup\{|p(\lambda)| \mid \lambda \in \sigma(T)\}$.

46. 设 T 是复 Hilbert 空间 H 上的正规算子，$\lambda, \mu \in \mathbb{C}$ 且 $\lambda \neq \mu$，证明

(1) $\ker(T - \lambda I) = \ker(T^* - \bar{\lambda} I)$.

(2) $\ker(T - \lambda I) \perp \ker(T - \mu I)$. [性质 4.6.1]

47. 设 H 是 Hilbert 空间，$T \in B(H)$，证明 T 为酉算子当且仅当 T^* 为酉算子.

48. 设 T 是复 Hilbert 空间 H 上的酉算子，证明 $0 \notin \sigma(T)$. [推论 4.6.2]

49. 设 H 是 Hilbert 空间，$T \in B(H)$，证明 T 为酉算子当且仅当 T 为满射且 $\forall x \in H$，有 $\|Tx\| = \|x\|$. [性质 4.6.2(2)]

◇ 知识点 4.7　投影算子的谱分析

50. 设 M 和 L 是 Hilbert 空间 H 上的两个闭子空间，对应的正交投影算子分别为 P_M 和 P_L，证明 $P_M P_L = 0$ 当且仅当 $M \perp L$.

51. 设 H 为 Hilbert 空间，$P \in B(H)$，证明

(1) 正交投影算子 P 为自伴算子.

(2) P 为正交投影算子当且仅当 $P = P^* P$. [定理 4.7.1]

52. 设 P_M 和 P_L 是 Hilbert 空间 H 上的闭子空间 M 和 L 分别对应的正交投影算子，证明 $P_M + P_L$ 是正交投影算子当且仅当 $P_M P_L = 0$.

53. 设 P_M 和 P_L 是 Hilbert 空间 H 上的闭子空间 M 和 L 分别对应的正交投影算子，且 $P_M + P_L$ 是正交投影算子，证明 $P_M + P_L = P_{M \oplus L}$.

54. 设 P 是 Banach 空间 X 上的投影算子，证明算子 $I - P$ 与 P 的零空间 $\ker(I - P)$、$\ker(P)$ 均是 X 的闭子空间，且 $X = M \oplus N$，其中 $M = \ker(I - P)$，$N = \ker(P)$. [性质 4.7.2]

◇ 知识点 4.8　紧算子的概念与性质

55. 设 X, Y 是线性赋范空间，证明紧算子 $T \in K(X \to Y)$ 的值域 $R(T)$ 是可分集.

56. 设 X 是线性赋范空间，Y 是 Banach 空间，$\{T_n\} \in K(X \to Y)$ 且 $\lim\limits_{n \to \infty} \|T_n - T\| = 0$，证明 $T \in K(X \to Y)$. [定理 4.8.3]

57. 设 H 是 Hilbert 空间，$T \in B(H)$，证明 T 为紧算子当且仅当 $T^* T$ 为紧算子. [性质 4.8.1(1)]

58. 设 H 是 Hilbert 空间，$S, T \in K(H)$，证明紧算子的和 $S + T$ 为紧算子.

59. 设 H 是 Hilbert 空间，$T \in B(H)$，证明 T 为紧算子当且仅当 T^* 为紧算子. [性质 4.8.1(2)]

60. 设 H 是 Hilbert 空间，$\forall x \in H$，若自伴算子 $A, B \in B(H)$ 满足 $(Ax, x) \leqslant$

(Bx, x)，则记为 $A \leqslant B$. 设 $S, T \in B(H)$，证明若 T 为紧算子且 $S^*S \leqslant T^*T$ 或者 $SS^* \leqslant TT^*$，则 S 为紧算子.

61. 设 X, Y 是 Banach 空间，$T \in K(X \to Y)$ 以及点列 $\{x_n\} \subset X$ 弱收敛于 x_0，证明 $\lim\limits_{n\to\infty}\|Tx_n - Tx_0\| = 0$.

62. 设 $e_n = (0, \cdots, 0, 1, 0, \cdots)$ 为 Hilbert 空间 l^2 中第 n 个坐标为 1、其余为 0 的元素，$\sum\limits_{i,j=1}^{\infty} |a_{ij}|^2 < \infty$，算子 $T: l^2 \to l^2$，$Te_j = \sum\limits_{i=1}^{\infty} a_{ij} e_i$，证明算子 T 是紧算子.

63. 设 X, Y 是 Banach 空间，$M \subseteq X$ 有界非空，$T: M \to Y$ 为紧算子，证明存在连续算子 $T_n: M \to Y$(其中 n 为正整数)，使得 $\lim\limits_{n\to\infty} T_n = T$，$\text{span}T_n(M)$ 维数有限，$T_n(M) \subseteq \text{co}T(M)$. [Banach 空间上的紧算子逼近定理]

64. 设 H 为复 Hilbert 空间，$T \in B(H)$ 为正规紧算子，证明存在 $x_0 \in H$ 且 $\|x_0\| = 1$，使得 $|(Tx_0, x_0)| = \|T\|$.

◇ 知识点 4.9　紧算子的谱分析

65. 设 H 是 Hilbert 空间，$T \in K(H)$，证明

(1) $\sigma_c(T) - \{0\} = \phi$.

(2) $\sigma_r(T) - \{0\} = \phi$.

(3) $\sigma(T) - \{0\} = \sigma_p(T) - \{0\}$. [定理 4.9.6]

66. 设 T 为 Hilbert 空间 l^2 上的算子，$\forall x = (x_1, x_2, \cdots) \in l^2$，有

$$Tx = T(x_1, x_2, \cdots) = \left(0, x_1, \frac{1}{2}x_2, \frac{1}{3}x_3, \cdots\right),$$

证明 $\sigma(T) = \sigma_r(T) = \{0\}$.

◇ 知识点 4.10　自伴紧算子的谱分析

67. 设 H 为 Hilbert 空间，$T \in B(H)$ 为自伴算子，$e \in H$ 是 T 的极大向量，证明 e 是 T^2 的特征向量，其特征值为 $\|T\|^2$. [性质 4.10.4]

68. 设 H 为 Hilbert 空间，$T \in B(H)$ 为自伴紧算子，证明存在 $x_0 \in H$ 且 $\|x_0\| = 1$，使得 $(Tx_0, x_0) = r_\omega(T)$ 以及 $Tx_0 = |(Tx_0, x_0)|\, x_0$.

4.5 习题解答

1. **证明**　设 $E = \{e_1, e_2, \cdots, e_n\}$，$F = \{\xi_1, \xi_2, \cdots, \xi_n\}$ 是 X 的不同基，则存在满秩方阵 $A_{n\times n}$，使得 $F = EA$. $\forall x \in X$，分别存在向量

$$a = (a_1, a_2, \cdots, a_n)^{\perp} \text{ 和 } b = (b_1, b_2, \cdots, b_n)^{\perp},$$

使得 $x = Ea = Fb$，即

$$x = a_1e_1 + a_2e_2 + \cdots + a_ne_n = b_1\xi_1 + b_2\xi_2 + \cdots + b_n\xi_n,$$

于是由 $F = EA$ 知，$Fb = EAb = Ea$，所以 $a = Ab$.

同理，对于 $y = Tx \in X$，存在 $s = (s_1, s_2, \cdots, s_n)^{\perp}$ 和 $t = (t_1, t_2, \cdots, t_n)^{\perp}$，使得

$$y = Es = Ft,$$

也有 $s=At$. 设 T 在基 E 和 F 下表示矩阵分别为 T_1 和 T_2，即有 $s=T_1a$，$t=T_2b$，于是

$$s=At=AT_2b=T_1a=T_1Ab,$$

可见 $T_2b=A^{-1}T_1Ab$，即得 $T_2=A^{-1}T_1A$. 因为

$$\begin{aligned}\det(T_2-\lambda I)&=\det(A^{-1}T_1A-\lambda A^{-1}IA)=\det(A^{-1}(T_1-\lambda I)A)\\&=\det(T_1-\lambda I),\end{aligned}$$

所以 T_1 和 T_2 有相同的特征值.

2. **证明**　当 $\lambda=0$ 时，由

$$\begin{aligned}(T_{\text{right}}-\lambda I)x&=(T_{\text{right}}-\lambda I)(x_1,x_2,\cdots,x_n,\cdots)\\&=T_{\text{right}}(x_1,x_2,\cdots,x_n,\cdots)\\&=(0,x_1,x_2,\cdots,x_n,\cdots)=\mathbf{0}\end{aligned}$$

得 $x=\mathbf{0}$.

当 $\lambda\neq0$ 时，由

$$\begin{aligned}(T_{\text{right}}-\lambda I)x&=(T_{\text{right}}-\lambda I)(x_2,x_2,\cdots,x_n,\cdots)\\&=T_{\text{right}}(x_1,x_2,\cdots,x_n,\cdots)-\lambda(x_1,x_2,\cdots,x_n,\cdots)\\&=(-\lambda x_1,x_1-\lambda x_2,x_2-\lambda x_3,\cdots,x_n-\lambda x_{n+1},\cdots)=\mathbf{0}\end{aligned}$$

得 $x=\mathbf{0}$.

因此，右移位算子 T_{right} 的点谱 $\sigma_p(T_{\text{right}})=\phi$.

因为右移位算子 T_{right} 的值域里任何一个元素的第一个坐标均为 0，所以 $0\in\sigma_r(T_{\text{right}})$.

3. **证明**　当 $|\lambda|<1$ 时，定义 $x_\lambda=(1,\lambda,\lambda^2,\cdots,\lambda^{n-1},\cdots)$，显然 $x_\lambda\in l^2$，于是

$$T_{\text{left}}x_\lambda=T_{\text{left}}(1,\lambda,\lambda^2,\cdots,\lambda^{n-1},\cdots)=(\lambda,\lambda^2,\cdots,\lambda^{n-1},\cdots)=\lambda x_\lambda,$$

从而 $\{\lambda\,|\,|\lambda|<1\}\subset\sigma_p(T_{\text{left}})$，由定理 4.2.2 知 $\sigma(T_{\text{left}})$ 是闭集，所以 $\{\lambda\,|\,|\lambda|\leqslant1\}\subseteq\sigma(T_{\text{left}})$.

$\forall x\in l^2$，显然 $\|T_{\text{left}}x\|_2\leqslant\|x\|_2$，所以 $\|T_{\text{left}}\|\leqslant1$. 根据定理 4.2.1，有

$$\sigma(T_{\text{left}})\subseteq\{\lambda\,|\,|\lambda|\leqslant1\}.$$

综上可知，左移位算子 T_{left} 的谱集 $\sigma(T_{\text{left}})=\{\lambda\,|\,|\lambda|\leqslant1\}$.

4. **证明**　$\forall\lambda\neq0$，方程 $(T-\lambda I)x(t)=y(t)$，即

$$\int_a^t x(s)\mathrm{d}s-\lambda x(t)=y(t),\ x\in C[a,b],$$

等价于方程

$$x(t)=\frac{1}{\lambda}\int_a^t x(s)\mathrm{d}s-\frac{1}{\lambda}y(t),\ x\in C[a,b].$$

因为 $\forall y\in C[a,b]$，此方程存在唯一解，由逆算子定理知 $T-\lambda I$ 存在有界逆算子，所以任何复数 $\lambda\neq0$ 都是 T 的正则点. 故 $\rho(T)=\mathbb{C}-\{0\}$.

现设 $\lambda=0$，因为从方程

$$(Tx)(t)=\int_a^t x(s)\mathrm{d}s,\ x\in C[a,b]$$

容易看出 T 的值域 $R_{(T)}$ 是

$$\{x(t)\,|\,x(t)\in C^1[a,b],\ x(a)=0\},$$

且 $R_{(T)}$ 是 $X=C[a,b]$ 的真子空间. 若 $(Tx)(t)=\int_a^t x(s)\mathrm{d}s=0$，则由 $x(t)$ 的连续性知，在 $[a,b]$ 上，$x(t)\equiv0$. 所以 $\lambda=0$ 不是 T 的特征值.

一方面，$(T-0\cdot I)^{-1}$ 是微分算子$\dfrac{\mathrm{d}}{\mathrm{d}t}$，而微分算子不是线性连续算子，另一方面，$T-0\cdot I$ 的值域是所有形如$\int_0^t x(t)\mathrm{d}t$ 的可微函数全体，而可微的多项式函数在 $X=C[a,b]$ 中稠密，因此 $\lambda=0$ 是算子 T 的连续谱点，且 $\sigma(T)=\{0\}$.

5. **证明**　$\forall k\in\mathbb{R}$，算子 $T-kI$ 由矩阵

$$A-kI=\begin{pmatrix}a-k & b\\ -b & a-k\end{pmatrix}$$

表示. 由于 $\det(A-kI)=(a-k)^2+b^2\geqslant b^2>0$，因此 $\forall k\in\mathbb{R}$，算子 $T-kI$ 可逆，故 $\sigma(T)=\phi$.

6. **证明**　设 $e_n=(0,\cdots,0,1,0,\cdots)$ 是第 n 个坐标为 1、其余为 0 的元素，显然 $Te_n=\alpha_n e_n$，所以 α_n 是算子 T 的特征值.

由定理 4.2.2 知 $\sigma(T)$ 是闭集，所以

$$\overline{\{\alpha_n\}}=F\subseteq\sigma(T).$$

若 $\lambda\notin F$，则 $d(\lambda,F)>0$，定义算子 $S:l^2\to l^2$ 为

$$S(x_1,x_2,\cdots,x_n,\cdots)=\left(\frac{1}{\alpha_1-\lambda}x_1,\frac{1}{\alpha_2-\lambda}x_2,\cdots,\frac{1}{\alpha_n-\lambda}x_n,\cdots\right),$$

显然$\|Sx\|\leqslant\dfrac{1}{d(\lambda,F)}\|x\|$. 因为

$$(T-\lambda I)(x_1,x_2,\cdots,x_n,\cdots)=((\alpha_1-\lambda)x_1,(\alpha_2-\lambda)x_2,\cdots,(\alpha_n-\lambda)x_n,\cdots),$$

所以 $S(T-\lambda I)=(T-\lambda I)S=I$，即$(T-\lambda I)^{-1}=S$ 为线性有界算子. 显然 $R(T-\lambda I)$在 l^2 中稠密，根据定义 4.1.2 知 $\lambda\in\rho(T)$，即 $\lambda\notin\sigma(T)$，因此 $\sigma(T)\subseteq F$.

综上可知，$\sigma(T)=F$.

7. **证明**　设 $k\notin\sigma(TS)$且 $k\neq0$，令 $F=TS-kI$，$G=ST-kI$，则 F 在$B(X)$中可逆且

$$FT=TST-kT=TG,\ GS=STS-kS=SF.$$

因此

$$T=F^{-1}TG,\ S=GSF^{-1},$$
$$kI=ST-G=GSF^{-1}F^{-1}TG-G.$$

令

$$A=\frac{1}{k}(SF^{-1}F^{-1}TG-I),\ B=\frac{1}{k}(GSF^{-1}F^{-1}T-I),$$

则 $GA=I$，$BG=I$. 由 $GA=I$ 知 G 是满射，由 $BG=I$ 知 G 是单射，根据逆算子定理(即定理 3.7.2)知，G 在 $B(X)$中可逆，即有 $k\notin\sigma(ST)$. 因此当 $k\neq0$ 时，由 $k\notin\sigma(TS)$可得 $k\notin\sigma(ST)$.

综上可知，$\sigma(TS)$与 $\sigma(ST)$最多相差$\{0\}$.

8. **证明**　① 设 $\lambda\notin[0,1]$，令$(S_\lambda x)(t)=\dfrac{x(t)}{t-\lambda}$. 易验证 S_λ 是定义在 $C[0,1]$上的有界线性算子，且

$$[S_\lambda(T-\lambda I)x](t)=S_\lambda[tx-\lambda x](t)=x(t),$$
$$[(T-\lambda I)S_\lambda x](t)=(T-\lambda I)\frac{x(t)}{t-\lambda}=x(t).$$

可见 $S_\lambda=(T-\lambda I)^{-1}$，因此当 $\lambda\notin[0,1]$时，λ 是 A 的正则值，即

$$\sigma(T)=\sigma_p(T)\cup\sigma_c(T)\cup\sigma_r(T)\subset[0,1].$$

②现设 $\lambda\in[0,1]$，由

$$(T-\lambda I)x(t)=(t-\lambda)x(t),\ x\in C[0,1],$$

可知，当 $t=\lambda$ 时，$(\lambda-t)x(t)=0$，因此对于给定的 $\lambda\in[0,1]$，$(T-\lambda I)$的值域中的每一个函数在 $t=\lambda$ 点处的值均为 0，即$(T-\lambda I)$的值域在 $C[0,1]$中不稠密，故 $\sigma_c(T)\cap[0,1]=\phi$.

③ 证明 $\lambda\in[0,1]$时，λ 不可能是 A 的特征值，即 $\sigma_p(T)\cap[0,1]=\phi$.

若有 $x_0\in C[0,1]$，使$(T-\lambda I)x_0(t)=(t-\lambda)x_0(t)=0$，则当 $t\neq\lambda$ 时，$x_0(t)=0$. 由 $x_0(t)$的连续性可知 $x_0(\lambda)=0$，因此对一切 $t\in[0,1]$，必有 $x_0(t)=0$. 这说明方程 $(T-\lambda I)x(t)=0$没有非零解.

综上可知，$\sigma_r(T)=[0,1]$.

9. **证明**　显然 T 是 l_0 到 l_0 上的一对一的有界线性算子，于是知 $\lambda=0$ 不是 T 的特征值，即 $0\notin\sigma_p(T)$. 易知

$$T^{-1}(x_1,x_2,\cdots,x_n,0,0,\cdots)=(x_1,2x_2,\cdots,nx_n,0,0,\cdots),$$

可见 T^{-1}是定义在整个 l_0 上，但在 l_0 上是无界的算子. 即当 $\lambda=0$ 时，

$$(T-\lambda I)^{-1}=T^{-1}$$

在整个 l_0 上有定义，但在 l_0 上是无界的算子. 因此 $0\in\sigma_c(T)$.

10. **证明**　由性质 4.2.2(2)知 $\sigma_a(T)\subset\sigma(T)$，下面仅证明 $\mathbb{C}\setminus\sigma_a(T)$是开集.

设 $\lambda\in\mathbb{C}\setminus\sigma_a(T)$，则由性质 4.2.2(1)知算子 $T-\lambda I$ 是下方有界的，即存在 $M>0$，使得

$$\|(T-\lambda I)x\|\geqslant M\|x\|>\alpha\|x\|,\ \forall x\in X,$$

其中 $\alpha=\frac{M}{2}$. 对于满足 $|\lambda'-\lambda|<\frac{\alpha}{2}$的 λ'以及 $\forall x\in X$，$\|x\|=1$，有

$$\|(T-\lambda' I)x\|=\|(T-\lambda I)x+\lambda x-\lambda' x\|\geqslant\|(T-\lambda I)x\|-|\lambda'-\lambda|>\frac{\alpha}{2},$$

因此 $\lambda'\in\mathbb{C}\setminus\sigma_a(T)$，即 $\mathbb{C}\setminus\sigma_a(T)$是开集.

11. **解**　依据定理 4.3.5 谱半径公式知

$$r_\sigma(T)=\sup\{|\lambda|\mid\lambda\in\sigma(T)\}=\lim_{n\to\infty}\|T^n\|^{\frac{1}{n}},$$

因为算子 T 是幂零算子，所以存在正整数 m，当 $n\geqslant m$ 时，$T^n=0$，于是

$$\sup\{|\lambda|\mid\lambda\in\sigma(T)\}=0.$$

由定理 4.2.4 知 $\sigma(T)$非空，因此 $\sigma(T)=\{0\}$.

12. **证明**　因为 $\forall k\in\mathbb{C}$，算子 $S-kI$ 由矩阵 $A-kI$ 表示，$k\in\sigma(S)$当且仅当 $S-kI$ 不可逆，所以 $k\in\sigma(S)$当且仅当

$$\det(A-kI)=\begin{vmatrix}-k & 0\\ 1 & -k\end{vmatrix}=0,$$

即 $k=0$，因此 $\sigma(S)=\{0\}$，$r_\sigma(S)=0$. 因为算子 ST 由矩阵 AB 表示，所以同理由

$$\det(AB-kI)=\begin{vmatrix}-k & 0\\ 1 & 2-k\end{vmatrix}=k(k-2)=0,$$

知 $\sigma(ST)=\{0,2\}$，$r_\sigma(ST)=2$. 因此 $r_\sigma(ST)>r_\sigma(S)r_\sigma(T)$成立.

13. **证明**　由于 $TS=ST$，因此当 $n\in\mathbb{N}$时，有

$$(TS)^n=S^nT^n,\ n\geqslant 1,$$

于是

$$\|(TS)^n\|=\|S^nT^n\|\leqslant\|S^n\|\|T^n\|.$$

依据定理 4.3.5 谱半径公式 $r_\sigma(T)=\lim\limits_{n\to\infty}\|T^n\|^{\frac{1}{n}}$，令 $n\to\infty$，有

$$r_\sigma(ST)\leqslant r_\sigma(S)r_\sigma(T).$$

14. **证明** $\forall x=(x_1,x_2,\cdots)$，$y=(y_1,y_2,\cdots)\in l^2$，因为

$(T_{\text{right}}x,y)=((0,x_1,x_2,\cdots),(y_1,y_2,y_3,\cdots))=x_1\bar{y}_2+x_2\bar{y}_3+\cdots+x_n\bar{y}_{n+1}+\cdots$,

$(x,T_{\text{left}}y)=((x_1,x_2,\cdots),(y_2,y_3,\cdots))=x_1\bar{y}_2+x_2\bar{y}_3+\cdots+x_n\bar{y}_{n+1}+\cdots$,

所以$(T_{\text{right}}x,y)=(x,T_{\text{left}}y)$，即 $T^*_{\text{right}}=T_{\text{left}}$.

15. **证明** 设 $x\in\ker(T)$，$\forall y\in H$，有$(x,T^*y)=(Tx,y)=0$，所以 $x\perp R(T^*)$，即

$$\ker(T)\subseteq R(T^*)^\perp.$$

令 $x\in R(T^*)^\perp$，即 $x\perp R(T^*)$，于是 $\forall y\in H$，有$(Tx,y)=(x,T^*y)=0$，所以 $x\in\ker(T)$，即

$$R(T^*)^\perp\subseteq\ker(T).$$

因此 $\ker(T)=R(T^*)^\perp$.

16. **证明** 由于

$$\begin{aligned}(Ax,y)&=\sum_{j=1}^n\Big(\sum_{k=1}^n a_{jk}x_k\Big)\overline{y_j}=\sum_{k=1}^n\Big(\sum_{j=1}^n a_{jk}\overline{y_j}\Big)x_k=\sum_{k=1}^n x_k\Big(\sum_{j=1}^n a_{jk}\overline{y_j}\Big)\\&=\sum_{k=1}^n x_k\overline{\Big(\sum_{j=1}^n\overline{a_{jk}}y_j\Big)}=\Big(x,\sum_{j=1}^n\overline{a_{jk}}y_j\Big)=(x,\overline{A}^{\mathrm T}y),\end{aligned}$$

因此 $A^*=\overline{A}^{\mathrm T}$.

17. **证明** $\forall f\in Y^*$，由定义知 $\forall x\in X$，有

$$|(T^*f)(x)|=|(f\circ T)(x)|\leqslant\|f\|\|T\|\|x\|,$$

所以$\|T^*f\|\leqslant\|T\|\|f\|$，即$\|T^*\|\leqslant\|T\|$.

任取 $x_0\in X$，$Tx_0\in Y$，根据 Hahn-Banach 延拓定理的推论 3.8.1 知，存在 $f\in Y^*$，使得

$$f(Tx_0)=\|Tx_0\|,\ \|f\|=1,$$

于是

$$\|Tx_0\|=f(Tx_0)=(T^*f)(x_0)\leqslant\|T^*\|\|f\|\|x_0\|=\|T^*\|\|x_0\|,$$

所以$\|T\|\leqslant\|T^*\|$.

综上可知，$\|T^*\|=\|T\|$.

18. **证明** 由性质 4.4.1 知

$$(T_n-T)^*=T_n^*-T^*,\ \|(T_n-T)^*\|=\|T_n-T\|,$$

所以有$\lim\limits_{n\to\infty}\|T_n^*-T^*\|=\lim\limits_{n\to\infty}\|T_n-T\|=0$，即$\lim\limits_{n\to\infty}T_n^*=T^*$.

19. **证明** $\forall g\in Z^*$，由定义知 $\forall x\in X$，有

$$[(ST)^*g](x)=[g\circ(ST)](x)=(S^*g)T(x)=[(T^*S^*)g](x),$$

所以$(ST)^*=T^*S^*$.

20. **证明** 记 I_X 和 I_{X^*} 分别是 X 和 X^* 上的恒等算子，则 $\forall f\in X^*$，$\forall x\in X$，有

$$[(I_X)^* f](x)=(f\circ I_X)(x)=f(x)=[(I_{X^*})f](x),$$

所以$(I_X)^*=I_{X^*}$.

因为

$$T^*(T^{-1})^*=(T^{-1}T)^*=(I_X)^*=I_{X^*},\ (T^{-1})^*T^*=(TT^{-1})^*=(I_Y)^*=I_{Y^*},$$

所以$(T^*)^{-1}=(T^{-1})^*$. 又由 $T^{-1}\in B(Y\to X)$知$(T^*)^{-1}=(T^{-1})^*\in B(X^*\to Y^*)$.

21. **证明**　由性质 4.4.5 知$\|T^{**}\|=\|T^*\|=\|T\|$.

根据定理 3.8.5，有 $X\cong\widetilde{X}\subset X^{**}$，其中嵌入映射 $\varphi(x)=\widetilde{x}:X\to X^{**}$ 使得 $\varphi(X)=\widetilde{X}$，且 $\widetilde{x}f=f(x)$，所以可将 $x\in X$ 的像 $\widetilde{x}\in\widetilde{X}$ 看成 x. 由于

$$T:X\to Y,\ T^{**}:X^{**}\to Y^{**}$$

以及 $X\subset X^{**}$，因此定义域 $D(T)\subset D(T^{**})$. 任取 $x\in X$，即 $\widetilde{x}\in\widetilde{X}\subset X^{**}$，$\forall y^*\in Y^*$，有

$$T^{**}x(y^*)=T^{**}\widetilde{x}(y^*)=\widetilde{x}\circ T^*(y^*)=Tx(y^*),$$

因此 T^{**} 在 $\widetilde{X}=X$ 上的限制等同于 T，故 T^{**} 是 T 的保持范数不变的延拓.

22. **解**　由$\forall x,\ y\in L^2[a,b]$，有

$$(Tx,y)=\int_a^b\left(\int_a^b K(t,s)x(s)\overline{y(t)}\mathrm{d}s\right)\mathrm{d}t=\int_a^b x(s)\left(\overline{\int_a^b \overline{K(t,s)}y(t)\mathrm{d}t}\right)\mathrm{d}s$$

$$=\int_a^b x(t)\left(\overline{\int_a^b \overline{K(t,s)}y(s)\mathrm{d}s}\right)\mathrm{d}t=(x,T^*y),$$

其中 T^* 为

$$T^*y(t)=\int_a^b\overline{K(t,s)}y(s)\mathrm{d}s.$$

23. **证明**　(1) ① 证明$\sigma(T^*)=\sigma_p(T^*)\cup\sigma_a(T)^*$.

依据定理 4.4.2(1) 知$\sigma(T^*)=\sigma(T)^*$，即有$\sigma_a(T)^*\subseteq\sigma(T)^*=\sigma(T^*)$，所以

$$\sigma_p(T^*)\cup\sigma_a(T)^*\subseteq\sigma(T^*).$$

假设$\lambda\in\sigma(T^*)$，$\lambda\notin\sigma_p(T^*)\cup\sigma_a(T)^*$，则$\ker(T^*-\lambda I)=\{0\}$，$\bar{\lambda}\notin\sigma_a(T)$，即 $T-\bar{\lambda}I$ 为下方有界的. 依据性质 4.4.2 的证明，有

$$R(T-\bar{\lambda}I)^{\perp}=\ker(T^*-\lambda I)=\{0\}.$$

依据第二章习题 50 的结论，有

$$\overline{R(T-\bar{\lambda}I)}=R(T-\bar{\lambda}I)^{\perp\perp}=\{0\}^{\perp}=H.$$

于是$\forall y\in H$，存在$\{y_n\}\subset R(T-\bar{\lambda}I)$，使得$\lim\limits_{n\to\infty}y_n=y$，不妨设 $y_n=(T-\bar{\lambda}I)x_n$. 由于 $T-\bar{\lambda}I$ 为下方有界的，因此存在 $M>0$，使得

$$M\|x\|\leqslant\|Tx-\bar{\lambda}x\|,\ \forall x\in H,$$

可见 $T-\bar{\lambda}I$ 为单射. 于是

$$M\|x_n-x_m\|\leqslant\|T(x_n-x_m)-\bar{\lambda}(x_n-x_m)\|=\|y_n-y_m\|,$$

说明点列$\{x_n\}$为 H 中的 Cauchy 列，所以存在 $x\in H$，使得$\lim\limits_{n\to\infty}x_n=x$，从而有

$$y_n=Tx_n-\bar{\lambda}x_n\to Tx-\bar{\lambda}x,\ y=Tx-\bar{\lambda}x\in R(T-\bar{\lambda}I),$$

可见 $T-\bar{\lambda}I$ 为满射. 因此，$T-\bar{\lambda}I$ 为双射. 根据逆算子定理(即定理 3.7.2)知，$T-\bar{\lambda}I$ 可逆且其逆算子 $S=(T-\bar{\lambda}I)^{-1}\in B(H)$. 于是 $\bar{\lambda}\notin\sigma(T)$，即 $\lambda\notin\sigma(T^*)$，这与 $\lambda\in\sigma(T^*)$相矛

盾，故假设不成立，因此 $\lambda\in\sigma_p(T^*)\cup\sigma_a(T)^*$.

② 证明 $\sigma(T^*)=\sigma_a(T^*)\cup\sigma_p(T)^*$.

利用①中的结论，以 T^* 代替 T，有

$$\sigma(T)=\sigma_p(T)\cup\sigma_a(T^*)^*,$$

于是

$$\sigma(T^*)=\sigma(T)^*=(\sigma_p(T)\cup\sigma_a(T^*)^*)^*=\sigma_a(T^*)\cup\sigma_p(T)^*.$$

(2) 以 T^* 代替 T，利用(1)中的结论可证明

$$\sigma(T)=\sigma_p(T)\cup\sigma_a(T^*)^*=\sigma_a(T)\cup\sigma_p(T^*)^*.$$

24. **证明**　显然 $T: H\to R(T)$ 是完备空间上的满射. 因为 $\forall x\in H$，有

$$\|x\|^2\leqslant\|x\|^2+\|Sx\|^2=(x,x)+(Sx,Sx)=(x,x)+(S^*Sx,x)=(Tx,x),$$

根据柯西-许瓦兹不等式，有 $|(Tx,x)|\leqslant\|Tx\|\|x\|$，所以当 $Tx=\theta$ 时，必有 $x=\theta$，即 T 是单射. 根据逆算子定理(即定理 3.7.2)知，T^{-1} 存在且 $T^{-1}\in B(R(T)\to H)$.

25. **证明**　因为 $\forall x,y\in H$，有

$$\begin{aligned}(T(x+y),x+y)&=(Tx,x)+(Tx,y)+(y,T^*x)+(Ty,y)\\&=(Tx,x)+2\mathrm{Re}(Tx,y)+(Ty,y),\\(T(x-y),x-y)&=(Tx,x)-(Tx,y)-(y,T^*x)+(Ty,y)\\&=(Tx,x)-2\mathrm{Re}(Tx,y)+(Ty,y),\end{aligned}$$

所以 $4\mathrm{Re}(Tx,y)=(T(x+y),x+y)-(T(x-y),x-y)$，从而

$$\mathrm{Re}(Tx,y)=\frac{1}{4}[(T(x+y),x+y)-(T(x-y),x-y)].$$

同理可得 $\mathrm{Im}(Tx,y)=\frac{\mathrm{i}}{4}[(T(x+\mathrm{i}y),x+\mathrm{i}y)-(T(x-\mathrm{i}y),x-\mathrm{i}y)]$. 因此

$$\begin{aligned}(Tx,y)=&\frac{1}{4}[(T(x+y),x+y)-(T(x-y),x-y)]\\&+\frac{\mathrm{i}}{4}[(T(x+\mathrm{i}y),x+\mathrm{i}y)-(T(x-\mathrm{i}y),x-\mathrm{i}y)].\end{aligned}$$

26. **证明**　必要性：若 T 为自伴算子，则 $\forall x\in H$，有 $(Tx,x)=(x,Tx)$，又因为 $(x,Tx)=\overline{(Tx,x)}$，所以 $(Tx,x)=\overline{(Tx,x)}$，即 $(Tx,x)\in\mathbb{R}$.

充分性证法 1：设 $\forall x\in H$，有 $(Tx,x)\in\mathbb{R}$. 令 $\alpha\in\mathbb{C}$ 以及 $x,y\in H$，有

$$(T(x+\alpha y),x+\alpha y)=(Tx,x)+\bar{\alpha}(Tx,y)+\alpha(Ty,x)+|\alpha|^2(Ty,y)\in\mathbb{R},$$

于是

$$\bar{\alpha}(Tx,y)+\alpha(Ty,x)=\alpha(y,Tx)+\bar{\alpha}(x,Ty)=\alpha(T^*y,x)+\bar{\alpha}(T^*x,y),$$

当取 $\alpha=1$ 时，有

$$(Tx,y)+(Ty,x)=(T^*y,x)+(T^*x,y),$$

即

$$(Tx,y)=(T^*y,x)+(T^*x,y)-(Ty,x),$$

当取 $\alpha=\mathrm{i}$ 时，有

$$\mathrm{i}(Tx,y)+\mathrm{i}(Ty,x)=\mathrm{i}(T^*y,x)-\mathrm{i}(T^*x,y),$$

等式两边同乘以 i 得

$$(T^*x,y)=(T^*y,x)+(T^*x,y)-(Ty,x).$$

因此$(Tx, y)=(T^*x, y)$，即 $T=T^*$.

充分性证法 2：利用习题 25 的结论来证明此题的充分性.

因为$\forall x\in H$，有$(Tx, x)\in\mathbb{R}$，即$(Tx, x)=(x, Tx)$，于是

$$\begin{aligned}(Tx, y)&=\frac{1}{4}[(T(x+y), x+y)-(T(x-y), x-y)]\\&\quad+\frac{\mathrm{i}}{4}[(T(x+\mathrm{i}y), x+\mathrm{i}y)-(T(x-\mathrm{i}y), x-\mathrm{i}y)]\\&=\frac{1}{4}[(x+y, T(x+y))-(x-y, T(x-y))]\\&\quad+\frac{\mathrm{i}}{4}[(x+\mathrm{i}y, T(x+\mathrm{i}y))-(x-\mathrm{i}y, T(x-\mathrm{i}y))]\\&=\frac{1}{4}[2(x, Ty)+2(y, Tx)]+\frac{\mathrm{i}}{4}[-2\mathrm{i}(x, Ty)+2\mathrm{i}(y, Tx)]\\&=(x, Ty).\end{aligned}$$

27. **证明**　设$\lambda\in\sigma(T)$，依据定理 4.4.2，$\lambda\in\sigma_a(T)$或者$\lambda\in\sigma_p(T^*)^*$.

当$\lambda\in\sigma_a(T)$时，则存在点列$\{x_n\}$，$\|x_n\|=1$，使得

$$\lim_{n\to\infty}\|Tx_n-\lambda x_n\|=0.$$

令$\lambda_n=(Tx_n, x_n)$，则$\lambda_n\in\omega(T)$，且

$$|\lambda_n-\lambda|=|(Tx_n, x_n)-\lambda(x_n, x_n)|=|(Tx_n-\lambda x_n, x_n)|\leqslant\|Tx_n-\lambda x_n\|\|x_n\|,$$

所以$\lambda=\lim\limits_{n\to\infty}\lambda_n\in\overline{\omega(T)}$.

当$\lambda\in\sigma_p(T^*)^*$时，即$\bar{\lambda}\in\sigma_p(T^*)$，则存在$x\in H$以及$\|x\|=1$，使得$T^*x=\bar{\lambda}x$. 因此

$$\lambda=\lambda(x, x)=(x, \bar{\lambda}x)=(x, T^*x)=(Tx, x)\subseteq\omega(T)\mathrm{c}\,\overline{\omega(T)}.$$

28. **证明**　(1) $\forall x\in H$，即$Tx\in R(T)$，$\forall y\in\ker(T)$，由$0=(x, \mathbf{0})=(x, Ty)=(Tx, y)$可得$\ker(T)\subset R(T)^{\perp}$.

若$y\in R(T)^{\perp}$，即$\forall Tx\in R(T)$，有$0=(Tx, y)=(x, Ty)$，由x的任意性得$Ty=\mathbf{0}$，于是$y\in\mathrm{Ker}(T)$，即$R(T)^{\perp}\subset\ker(T)$.

因此，$\ker(T)=R(T)^{\perp}$.

(2) 由于T为自伴算子，因此

$$\begin{aligned}\|(T-\lambda I)x\|^2&=((T-\lambda I)x, (T-\lambda I)x)=((T-\bar{\lambda}I)(T-\lambda I)x, x)\\&=((T^2-\lambda T-\bar{\lambda}T+|\lambda|^2)x, x)=((T-\lambda I)(T-\bar{\lambda}I)x, x)\\&=((T-\bar{\lambda}I)x, (T-\bar{\lambda}I)x)=\|(T-\bar{\lambda}I)x\|^2.\end{aligned}$$

因此$\|(T-\lambda I)x\|=\|(T-\bar{\lambda}I)x\|$.

(3) 若TS为自伴算子，则$TS=(TS)^*=S^*T^*=ST$.

若$TS=ST$，则$(TS)^*=S^*T^*=ST=TS$，即TS为自伴算子.

29. **证明**　(1) 由于$(T-\lambda I)x=\mathbf{0}$，$(T^*-\lambda I)y=\mathbf{0}$，以及$x\neq\mathbf{0}$，$y\neq\mathbf{0}$，因此

$$\lambda(x, y)=(\lambda x, y)=(Tx, y)=(x, T^*y)=(x, \mu y)=\bar{\mu}(x, y),$$

于是$(\lambda-\bar{\mu})(x, y)=0$，又$\lambda\neq\bar{\mu}$，故$x\perp y$.

(2) 由定理 4.5.1 知，λ，$\mu\in\mathbb{R}$，应用(1)的结论知$x\perp y$.

30. **证明**　必要性：设$T=-T^*$时，$\forall x\in H$，有

$$\mathrm{Re}(Tx, x)=\frac{1}{2}[(Tx, x)+(x, Tx)]=\frac{1}{2}[(Tx, x)+(T^*x, x)]$$
$$=\frac{1}{2}[(Tx, x)+(-Tx, x)]=0.$$

充分性：设$\forall x\in H$，有$\mathrm{Re}(Tx, x)=0$，令$T'=T+T^*$，则

$$(T'x, x)=((T+T^*)x, x)=(Tx, x)+(T^*x, x)=(Tx, x)+(x, Tx)$$
$$=(Tx, x)+\overline{(Tx, x)}=2\mathrm{Re}(Tx, x)=0.$$

显然$T'=T+T^*$是 Hilbert 空间H上的自伴算子，由习题 25 的结论知，$\forall x, y\in H$，有

$$(T'x, y)=\frac{1}{4}[(T'(x+y), x+y)-(T'(x-y), x-y)]$$
$$+\frac{\mathrm{i}}{4}[(T'(x+\mathrm{i}y), x+\mathrm{i}y)-(T'(x-\mathrm{i}y), x-\mathrm{i}y)]=0,$$

因此$T'=T+T^*=0$，即$T=-T^*$.

31. **证明** 令$A=\frac{1}{2}(T+T^*)$，$B=\frac{1}{2\mathrm{i}}(T-T^*)$，显然$A=A^*$，$B=B^*$，以及

$$T=A+\mathrm{i}B, T^*=A-\mathrm{i}B.$$

假设算子T还存在分解：$T=A_1+\mathrm{i}B_1$，其中自伴算子$A_1, B_1\in B(H)$，于是

$$A-A_1=\mathrm{i}(B_1-B),$$

$\forall x\in H$，有

$$((A-A_1)x, x)=(\mathrm{i}(B_1-B)x, x).$$

因为$A-A_1$，B_1-B是自伴算子，根据性质 4.5.1 知，上式两边均为实数，所以

$$((A-A_1)x, x)=(\mathrm{i}(B_1-B)x, x)=0.$$

根据性质 4.5.5 知，$A-A_1=0$，$B_1-B=0$，因此算子T的分解$T=A+\mathrm{i}B$具有唯一性.

32. **证明** 证明分三步进行.

① 证明T是线性算子. 因为$\forall x, y, z\in H$，$\forall \alpha, \beta\in\mathbb{C}$，有

$$(T(\alpha x+\beta y), z)=\lim_{n\to\infty}(T_n(\alpha x+\beta y), z)=\lim_{n\to\infty}(\alpha T_n x, z)+\lim_{n\to\infty}(\beta T_n y, z)$$
$$=(\alpha Tx, z)+(\beta Ty, z)=(\alpha Tx+\beta Ty, z),$$

所以$T(\alpha x+\beta y)=\alpha Tx+\beta Ty$.

② 证明T是线性有界算子. 取定$x\in H$，$\forall z\in H$，有

$$\lim_{n\to\infty}(T_n x, z)=(Tx, z),$$

依据 Riesz 表示定理 3.4.3 和点列的弱收敛定义 3.11.1 知$\{T_n x\}$弱收敛于Tx，由性质 3.11.4 知$\{\|T_n x\|\}$有界，进而由一致有界定理 3.10.1 知$\{\|T_n\|\}$为有界集，所以存在$M>0$，使得$\|T_n\|<M$，其中$n=1, 2, \cdots$. 于是

$$|(Tx, z)|=\lim_{n\to\infty}|(T_n x, z)|\leqslant M\|x\|\|z\|,$$

特别取$z=Tx$，有

$$\|Tx\|^2=|(Tx, Tx)|\leqslant M\|x\|\|Tx\|,$$

即T是线性有界算子.

③ 证明T是自伴算子. 由于T_n是自伴算子，依据性质 4.5.1 知，$\forall x\in H$，有$(T_n x, x)\in\mathbb{R}$，于是知$(Tx, x)=\lim_{n\to\infty}(T_n x, x)\in\mathbb{R}$，因此$T$是自伴算子.

33. **证明**　必要性显然成立，下面仅证充分性.

$\forall x, y \in H$，有

$$0=(T(x+y), x+y)=(Tx, x)+(Ty, y)+(Tx, y)+(Ty, x)=(Tx, y)+(Ty, x),$$

以 $\mathrm{i}y$ 代替 y，可得

$$(Tx, \mathrm{i}y)+(T(\mathrm{i}y), x)=-\mathrm{i}(Tx, y)+\mathrm{i}(Ty, x)=0,$$

于是 $(Ty, x)=(Tx, y)$，结合 $0=(Tx, y)+(Ty, x)$ 可得 $(Tx, y)=0$，因此 $T=\mathbf{0}$.

举例：设 $A=\begin{pmatrix} 0 & 1 \\ -1 & 0 \end{pmatrix}$，$Tx=Ax^{\mathrm{T}}$，其中 $x=(x_1, x_2)\in \mathbb{R}^2$，显然

$$T\in B(\mathbb{R}^2),\ T\neq \mathbf{0}.$$

但是

$$\forall x=(x_1, x_2)\in \mathbb{R}^2,\ (Tx, x)=0.$$

34. **证明**　必要性显然成立，下面仅证充分性.

$\forall x\in H$，令 $y=x+Tx$，则有 $(Tx, x)=0$ 以及 $(Ty, y)=0$，显然 $Ty=Tx+T^2x$，于是

$$\begin{aligned} 0 &=(Ty, y)=(Tx+T^2x, x+Tx) \\ &=(Tx, x)+(Tx, Tx)+(T^2x, x)+(T(Tx), Tx) \\ &=(Tx, Tx)+(Tx, T^*x) \\ &=2(Tx, Tx)=2\|Tx\|^2, \end{aligned}$$

因此 $T=\mathbf{0}$.

35. **证明**　令 $\alpha=\sup\{|(Tx, y)| \mid \|x\|=\|y\|=1\}$. 因为当 $\|x\|=\|y\|=1$ 时，

$$|(Tx, y)|\leqslant \|T\|\|x\|\|y\|\leqslant \|T\|,$$

所以 $\alpha\leqslant\|T\|$. 依据性质 4.5.3 知 $r_\omega(T)=\sup\{|(Tx, x)| \mid \|x\|=1\}=\|T\|$，即 $\alpha\leqslant r_\omega(T)$. 因为

$$\{|(Tx, x)| \mid \|x\|=1\}\subset\{|(Tx, y)| \mid \|x\|=\|y\|=1\},$$

所以 $r_\omega(T)\leqslant\alpha$. 因此

$$r_\omega(T)=\sup\{|(Tx, y)| \mid \|x\|=\|y\|=1\}.$$

36. **证明**　因为 $\lambda\in\omega(T)=\{(Tx, x) \mid \|x\|=1, x\in H\}$，所以存在 $x\in H$，$\|x\|=1$，使得 $\lambda=(Tx, x)$，于是

$$\|T\|=|\lambda|=|(Tx, x)|\leqslant\|Tx\|\|x\|\leqslant\|T\|,$$

因此 $\|T\|=|\lambda|=|(Tx, x)|=\|Tx\|\|x\|$. 根据柯西-许瓦兹不等式等号成立的条件知，存在 λ_0，使得 $Tx=\lambda_0 x$，所以

$$\lambda_0=\lambda_0(x, x)=(\lambda_0 x, x)=(Tx, x)=\lambda,$$

于是 $Tx=\lambda x$，即 $\lambda\in\sigma_p(T)$.

37. **证明**　令 $S=\alpha T+\beta T^*$，则

$$SS^*=(\alpha T+\beta T^*)(\bar{\alpha}T^*+\bar{\beta}T)=|\alpha|^2TT^*+\alpha\bar{\beta}T^2+\bar{\alpha}\beta(T^*)^2+|\beta|^2T^*T,$$

$$S^*S=(\bar{\alpha}T^*+\bar{\beta}T)(\alpha T+\beta T^*)=|\alpha|^2T^*T+\bar{\alpha}\beta(T^*)^2+\alpha\bar{\beta}T^2+|\beta|^2TT^*.$$

因为 $|\alpha|=|\beta|$，所以 $SS^*=S^*S$，即 $S=\alpha T+\beta T^*$ 是正规算子.

38. **证明**　由于 T 为正规算子，依据定理 4.6.1 知，$\forall x\in H$，有 $\|Tx\|=\|T^*x\|$，即

$$Tx=0 \text{ 等价于 } T^*x=0,\ \forall x\in H,$$

因此 $\ker(T)=\ker(T^*)$，从而 $\ker(T)^{\perp}=\ker(T^*)^{\perp}$. 依据性质 4.4.2 知，

$$\overline{R(T)}=\ker(T^*)^{\perp}=\ker(T)^{\perp}=\overline{R(T^*)}.$$

39. **证明** 不妨设 $\dim X=n<\infty$，对于 $x\in X$ 且 $x\neq\theta$，有 $n+1$ 个元素

$$x,\ Tx,\ T^2x,\ \cdots,\ T^nx$$

线性相关，所以存在不全为零的复数 a_0，a_1，…，a_n，使得

$$0=a_0x+a_1Tx+\cdots+a_nT^nx.$$

根据代数基本定理，复多项式 $a_0+a_1z+\cdots+a_nz^n$ 有因子分解

$$\alpha(z-\lambda_1)(z-\lambda_2)\cdots(z-\lambda_n),$$

其中 α，λ_1，λ_2，…，$\lambda_m\in\mathbb{C}$，于是有

$$\begin{aligned}0&=a_0x+a_1Tx+\cdots+a_nT^nx=(a_0I+a_1T+\cdots+a_nT^n)x\\&=\alpha(T-\lambda_1I)(T-\lambda_2I)\cdots(T-\lambda_nI)x,\end{aligned}$$

所以至少存在一个 $i(1\leqslant i\leqslant n)$，使得$(T-\lambda_iI)x=\theta$，即 $\ker(T-\lambda_iI)\neq\{\theta\}$，显然 $\ker(T-\lambda_iI)$ 为算子 T 的不变子空间.

40. **证明** 依据性质 4.4.1 知，$T^*=(\alpha P_1+\beta P_2)^*=\bar{\alpha}P_1^*+\bar{\beta}P_2^*$，由定理 4.7.1 知正交投影算子为自伴算子，所以 $T^*=\bar{\alpha}P_1+\bar{\beta}P_2$，于是

$$T^*T=(\bar{\alpha}P_1+\bar{\beta}P_2)(\alpha P_1+\beta P_2)=|\alpha|^2P_1+|\beta|^2P_2,$$

$$TT^*=(\alpha P_1+\beta P_2)(\bar{\alpha}P_1+\bar{\beta}P_2)=|\alpha|^2P_1+|\beta|^2P_2,$$

因此 T 为 H 上的正规算子. 特别地，当 α，$\beta\in\mathbb{R}$时，T 为 H 上的自伴算子.

41. **证明** 因为 $T_nT_n^*=T_n^*T_n$，所以

$$\begin{aligned}\|TT^*-T^*T\|&\leqslant\|T^*T-T_n^*T_n\|+\|T_n^*T_n-T_nT_n^*\|+\|T_nT_n^*-TT^*\|\\&=\|T^*T-T_n^*T_n\|+\|T_nT_n^*-TT^*\|\\&\leqslant\|T^*T-T^*T_n\|+\|T^*T_n-T_n^*T_n\|+\\&\quad\ \|T_nT_n^*-TT_n^*\|+\|TT_n^*-TT^*\|\\&\leqslant\|T^*\|\|T-T_n\|+\|T^*-T_n^*\|\|T_n\|+\|T_n-T\|\|T_n^*\|\\&\quad\ +\|T\|\|T_n^*-T^*\|\\&=\|T_n-T\|(\|T_n^*\|+\|T^*\|)+\|T_n^*-T^*\|(\|T_n\|+\|T\|).\end{aligned}$$

又$\lim\limits_{n\to\infty}\|T_n^*-T^*\|=\lim\limits_{n\to\infty}\|T_n-T\|=0$，以及由性质 4.4.1 知，

$$\lim_{n\to\infty}\|T_n^*\|=\lim_{n\to\infty}\|T_n\|\leqslant\lim_{n\to\infty}\|T_n-T\|+\|T\|=\|T\|,$$

从而$\|TT^*-T^*T\|=0$，即 $TT^*=T^*T$，因此 T 为 H 上的正规算子.

42. **证明** 假设子空间 $W\neq B(H)$，则存在 $T\in B(H)$不是正规算子. 令

$$A=\frac{1}{2}(T+T^*),\ B=\frac{1}{2}(T-T^*),$$

显然 $A^*=A$，$B^*=-B$，因此 A，B 是正规算子，从而 A，$B\in W$. 但是

$$T=A+B\notin W,$$

因此 W 不是 $B(H)$的子空间，产生矛盾，除非 $W=B(H)$.

综上可知 W 不是 $B(H)$的真子空间.

43. **证明**　(1) 因为$\forall x\in H$，有

$$(T^*Tx,x)=(Tx,Tx)=\|Tx\|^2\geqslant 0,$$

所以T^*T是正算子.

(2) 因为$\forall x\in H$，存在$x_0\in M$，$z\in M^{\perp}$，使得$x=x_0+z$，于是

$$(P_Mx,x)=(x_0,x_0+z)=(x_0,x_0)+(x_0,z)=\|x_0\|^2\geqslant 0,$$

所以正交投影算子P_M是正算子.

44. **证明**　因为$\forall \alpha=(x,y)\in\mathbb{R}^2$，有$S\alpha=(4x,12y)$，$T\alpha=(3x+3y,3x+3y)$，于是

$$(S\alpha,\alpha)=4x^2+12y^2\geqslant 0,\ (T\alpha,\alpha)=3(x+y)^2\geqslant 0,$$

所以S，T为正算子. 因为$S-T=\begin{pmatrix}1 & -3\\ -3 & 9\end{pmatrix}$，所以

$$((S-T)\alpha,\alpha)=((x-3y,9y-3x),(x,y))=(x-3y)^2\geqslant 0,$$

因此$S\geqslant T$.

令$\beta=(1,0)$，因为

$$S^2-T^2=\begin{pmatrix}16 & 0\\ 0 & 144\end{pmatrix}-\begin{pmatrix}18 & 18\\ 18 & 18\end{pmatrix}=\begin{pmatrix}-2 & -18\\ -18 & 126\end{pmatrix},$$

所以

$$((S^2-T^2)\beta,\beta)=((-2,-18),(1,0))=-2,$$

因此$S^2\geqslant T^2$不成立.

45. **证明**　显然自伴算子的多项式$p(T)$为正规算子，根据定理4.6.2知，

$$\|p(T)\|=r(p(T)).$$

依据谱映射定理4.3.1知，$\sigma(p(T))=p(\sigma(T))$. 因此

$$\begin{aligned}r(p(T))&=\sup\{|\mu|\,|\,\mu\in\sigma(p(T))\}=\sup\{|\mu|\,|\,\mu\in p(\sigma(T))\}\\&=\sup\{|p(\lambda)|\,|\,\lambda\in\sigma(T)\}=\|p\|_{\infty}.\end{aligned}$$

46. **证明**　(1) 因为T是正规算子，所以$T-\lambda I$也是正规算子，依据定理4.6.1知，$\forall x\in H$，有

$$\|(T-\lambda I)x\|=\|(T-\lambda I)^*x\|=\|(T^*-\bar{\lambda}I)x\|.$$

因此$\|(T-\lambda I)x\|=0$当且仅当$\|(T^*-\bar{\lambda}I)x\|=0$，即

$$\ker(T-\lambda I)=\ker(T^*-\bar{\lambda}I).$$

(2) 设$x\in\ker(T-\lambda I)$，$y\in\ker(T-\mu I)$，则$Tx=\lambda x$，由(1)的结论知，

$$\ker(T-\mu I)=\ker(T^*-\bar{\mu}I),$$

所以$T^*y=\bar{\mu}y$. 于是由$(Tx,y)=(x,T^*y)$得$(\lambda x,y)=(x,\bar{\mu}y)$，即$(\lambda-\mu)(x,y)=0$，又$\lambda\neq\mu$，故$(x,y)=0$. 因此$\ker(T-\lambda I)\perp\ker(T-\mu I)$.

47. **证明**　当T为酉算子时，有$T^*=T^{-1}$，从而

$$(T^*)^*=(T^{-1})^*=(T^*)^{-1},$$

因此T^*为酉算子.

当T^*为酉算子时，有$(T^*)^*=(T^*)^{-1}$，从而$T=(T^*)^*=(T^{-1})^*$，于是

$$T^*=[(T^{-1})^*]^*=T^{-1},$$

因此T为酉算子.

48. **证明** 酉算子 T 显然是正规算子，由定理 4.6.5 知 $\sigma_a(T)=\sigma(T)$. 假设 $0\in\sigma(T)$，即 $0\in\sigma_a(T)$，则存在点列$\{x_n\}$，其中$\|x_n\|=1$，使得

$$\lim_{n\to\infty}\|(T-0\cdot I)x_n\|=0,$$

即$\lim\limits_{n\to\infty}\|Tx_n\|^2=\lim\limits_{n\to\infty}(Tx_n, Tx_n)=0$. 由于 T 是酉算子，有 $TT^*=T^*T=I$，因此

$$(Tx_n, Tx_n)=(x_n, T^*Tx_n)=(x_n, x_n)=1,$$

产生矛盾，故 $0\notin\sigma(T)$.

49. **证明** 必要性：若 T 为酉算子，则 T 是单射且 $T^*=T^{-1}$，于是 $\forall x\in H$，有

$$(x, x)=(x, T^*Tx)=(Tx, Tx),$$

所以$\|Tx\|=\|x\|$，即 T 为保范映射. 由定理 4.4.1 知 T 的伴随算子 T^* 唯一存在，且$\forall x, y\in H$ 有$(Tx, y)=(x, T^*y)$，可见$\forall y\in H$ 有 $T(T^*y)=y$，因此 T 为满射.

充分性：由于 T 为保范满射，因此$\forall x\in H$ 有$\|Tx\|=\|x\|$，于是$(x, y)=(Tx, Tx)$. 利用极化恒等式(即定理 2.6.1)，当 H 为实内积空间时，有

$$(Tx, Ty)=\frac{1}{4}(\|Tx+Ty\|^2-\|Tx-Ty\|^2)=\frac{1}{4}(\|x+y\|^2-\|x-y\|^2)=(x, y).$$

当 H 为复内积空间时，有

$$\begin{aligned}(Tx, Ty)&=\frac{1}{4}(\|Tx+Ty\|^2-\|Tx-Ty\|^2+\mathrm{i}\|Tx+\mathrm{i}Ty\|^2-\mathrm{i}\|Tx-\mathrm{i}Ty\|^2)\\&=\frac{1}{4}(\|x+y\|^2-\|x-y\|^2+\mathrm{i}\|x+\mathrm{i}y\|^2-\mathrm{i}\|x-\mathrm{i}y\|^2)=(x, y).\end{aligned}$$

因此$\forall x, y\in H$，有$(x, y)=(Tx, Ty)=(x, T^*Ty)$，从而 $T^*T=I$ 且$\|Tx\|^2=\|x\|^2$，即 T 为保范单射，于是 T^{-1}存在且

$$T^*=T^*TT^{-1}=IT^{-1}=T^{-1}.$$

50. **证明** 若 $P_MP_L=0$，则$\forall x\in M$，有

$$P_L(x)=P_L(P_M(x))=P_LP_M(x)=0,$$

所以 $x\perp L$，即得 $M\perp L$.

若 $M\perp L$，则$\forall x\in H$，有 $P_L(x)\in L$，于是 $P_L(x)\perp M$，从而 $P_MP_L(x)=0$，因此 $P_MP_L=0$.

51. **证明** (1) $\forall x\in H$，由定理 3.3.3 知 $x=x_0+z$，其中 $z\in\ker(P)$，$x_0\in R(P)$以及 $\ker(P)\perp R(P)$. 显然 $x-P(x)=x-x_0=z\in\ker(P)$，于是$\forall y\in H$，有 $Py\in R(P)$，从而

$$(x-Px, Py)=0,$$

进一步得$(x, Py)=(Px, Py)$. 由于 x，y 的任意性，交换 x，y 的位置，可得

$$(y, Px)=(Py, Px)=\overline{(Px, Py)}=\overline{(x, Py)},$$

于是

$$(Px, y)=(x, Py),\ \forall x, y\in H.$$

因此 $P=P^*$，即正交投影算子 P 为自伴算子.

(2) 必要性：若 P 为正交投影算子，由(1)的结论知 $P=P^*$，依据定理 3.3.4 知 $P=P^2$，因此

$$P=P^2=P^*P.$$

充分性：若 $P=P^*P$，则

$$P^*=(P^*P)^*=P^*P^{**}=P^*P=P,$$

于是

$$P=P^*P=PP=P^2,$$

所以 P 为自伴算子和幂等算子. $\forall x\in H$，$Px\in R(P)$，则 $\forall y\in \ker(P)$，有

$$(Px,\ y)=(x,\ P^*y)=(x,\ Py)=(x,\ 0)=0,$$

因此 $\ker(P)\perp R(P)$，根据推论 3.3.2 知 P 为正交投影算子.

52. **证明**　若 P_M+P_L 是正交投影算子，则 P_M+P_L 是幂等算子，从而

$$\begin{aligned}P_M+P_L&=(P_M+P_L)^2=P_M^2+P_MP_L+P_LP_M+P_L^2\\&=P_M+P_MP_L+P_LP_M+P_L,\end{aligned}$$

所以 $P_MP_L+P_LP_M=0$. 于是左乘 P_L、右乘 P_L，得

$$P_LP_MP_L+P_LP_M=0,\ P_MP_L+P_LP_MP_L=0,$$

可见 $P_MP_L=P_LP_M$，因此 $P_MP_L=0$.

因为 P_M 和 P_L 是正交投影算子，依据定理 3.3.4 和定理 4.7.1 知，

$$P_M=P_M^2,\ P_M=P_M^*,\ P_L=P_L^2,\ P_L=P_L^*.$$

若 $P_MP_L=0$，则 $P_LP_M=(P_MP_L)^*=0$，所以

$$\begin{aligned}(P_M+P_L)^*(P_M+P_L)&=(P_M^*+P_L^*)(P_M+P_L)\\&=P_M+P_MP_L+P_LP_M+P_L=P_M+P_L,\end{aligned}$$

由定理 4.7.1 知 P_M+P_L 是正交投影算子.

53. **证明**　因为 P_M+P_L 是正交投影算子，由习题 52 的结论知 $P_MP_L=0$，即 $M\perp L$，所以闭子空间 M、L 的直和 $M\oplus L$ 有意义.

$\forall x\in M$，则 $x\perp L$，所以

$$(P_M+P_L)x=P_Mx+P_Lx=x.$$

同理 $\forall x\in L$，则 $x\perp M$，所以

$$(P_M+P_L)x=P_Mx+P_Lx=x.$$

于是 $\forall x\in M\oplus L$，$(P_M+P_L)x=x$. $\forall x\in(M\oplus L)^\perp$，则 $x\perp M$，$x\perp L$，所以

$$(P_M+P_L)x=P_Mx+P_Lx=0.$$

因此 $P_M+P_L=P_{M\oplus L}$.

54. **证明**　依据性质 3.2.1 知 $\ker(I-P)$、$\ker(P)$ 均是 X 的闭子空间.

如果 $x\in M\cap N$，那么一方面由 $x\in\ker(I-P)$ 知 $x=Px$，另一方面由 $x\in\ker(P)$ 知 $Px=\theta$，因此 $x=\theta$. $\forall x\in X$，令 $x_1=Px$ 及 $x_2=x-Px$，则有 $x=x_1+x_2$，以及

$$(I-P)x_1=x_1-Px_1=Px-PPx=\theta,$$

$$Px_2=P(x-Px)=Px-PPx=\theta,$$

可见 $x_1\in\ker(I-P)$，$x_2\in\ker(P)$，故 $X=M\oplus N$.

55. **证明**　设 n 为正整数，θ 为零元素，记开球 $B_n=O(\theta,\ n)$，根据算子 T 的紧性知 $C_n=T(B_n)$ 为列紧集，由 Hausdorff 定理 1.7.3 和定理 1.7.1 知 C_n 是可分集. 不妨设 D_n 是 C_n 的可列稠密子集，因为

$$X=\bigcup_{n=1}^{\infty}B_n,\ R(T)=T(X)=\bigcup_{n=1}^{\infty}T(B_n)=\bigcup_{n=1}^{\infty}C_n=\bigcup_{n=1}^{\infty}\overline{D}_n,$$

所以 $D=\bigcup_{n=1}^{\infty} D_n$ 是值域 $R(T)$ 的可列稠密子集，即 $R(T)$ 是可分集.

56. **证明**　设 A 是 X 中的有界集，则存在 $M_0>0$，使得 $\forall x\in A$，有

$$\|x\|<M_0.$$

由 $\lim\limits_{n\to\infty}\|T_n-T\|=0$ 知，$\forall \varepsilon>0$，$\exists n_0\in\mathbb{N}$，使得

$$\|T_{n_0}-T\|<\frac{\varepsilon}{2M_0}.$$

于是 $\forall x\in A$，有

$$\|T_{n_0}x-Tx\|\leqslant\|T_{n_0}-T\|\|x\|<\frac{\varepsilon}{2}.$$

由 T_{n_0} 是紧算子知 $T_{n_0}(A)$ 是 Banach 空间 Y 中的列紧集，依据 Hausdorff 定理知，$T_{n_0}(A)$ 是全有界集，所以 $T_{n_0}(A)$ 存在有限的 $\frac{\varepsilon}{2}$ 网，使得

$$T_{n_0}(A)\subset\bigcup_{k=1}^{m} O\left(y_k,\ \frac{\varepsilon}{2}\right).$$

由 $\|T_{n_0}x-Tx\|<\frac{\varepsilon}{2}$ 可知，

$$T(A)\subset\bigcup_{k=1}^{m} O(y_k,\ \varepsilon),$$

所以 $T(A)$ 是 Banach 空间 Y 中的全有界集，由 Hausdorff 定理知 $T(A)$ 为列紧集，故 T 为紧算子.

57. **证明**　根据定理 4.8.2 易知必要性成立，下面仅证明充分性. 设 T^*T 为紧算子，$\{x_n\}$ 为 H 中的有界点列，即存在 $M>0$，使得

$$\|x_n\|\leqslant M,\ n\geqslant 1,$$

记 $y_n=Tx_n$，$z_n=T^*Tx_n=T^*y_n$，则 $\{z_n\}$ 有收敛子列 $\{z_{n_j}\}$. $\forall n,\ m\in\mathbb{N}$，有

$$\begin{aligned}(y_n-y_m,\ y_n-y_m)&=(T(x_n-x_m),\ T(x_n-x_m))=(x_n-x_m,\ T^*T(x_n-x_m))\\&=(x_n-x_m,\ z_n-z_m),\end{aligned}$$

于是

$$\|y_n-y_m\|^2\leqslant\|x_n-x_m\|\|z_n-z_m\|\leqslant 2M\|z_n-z_m\|.$$

因为 $\{z_{n_j}\}$ 为 Cauchy 列，所以 $\{y_{n_j}\}$ 也为 Cauchy 列，于是知 $\{y_{n_j}\}$ 在 Hilbert 空间 H 收敛，因此 T 为紧算子.

58. **证明**　设 $\{x_n\}$ 为 H 中的有界点列，因为 $S\in K(H)$，所以 $\{Sx_n\}$ 有收敛子列 $\{Sx_{n_i}\}$. 显然 $\{x_{n_i}\}$ 也为 H 中的有界点列，由 $T\in K(H)$ 知，$\{Tx_{n_i}\}$ 有收敛子列 $\{Tx_{n_{ij}}\}$，记 $\{x_n\}$ 的子列 $\{x_{n_{ij}}\}$ 为 $\{x_{n_k}\}$. 于是 $\{Sx_{n_k}\}$ 和 $\{Tx_{n_k}\}$ 均收敛，可见 $\{(S+T)x_{n_k}\}$ 收敛，因此依据定理 4.8.1 知 $S+T$ 为紧算子.

59. **证明**　必要性：设 $\{x_n\}$ 为 H 中的有界点列，记 $y_n=T^*x_n$，由 $T^*\in B(H)$ 知 $\{y_n\}$ 也为 H 中的有界点列. 因为 T 为紧算子，所以 $\{Ty_n\}$ 有收敛子列 $\{Ty_{n_k}\}$，即 $\{TT^*x_n\}$ 有收敛子列 $\{TT^*x_{n_k}\}$. 因此 TT^* 为紧算子，即 $(T^*)^*T^*$ 为紧算子，由习题 57 的结论知 T^* 为紧算子.

充分性：由必要性的证明知，当 T^* 为紧算子时，算子 $(T^*)^*=T$ 为紧算子.

60. **证明** ① 根据 T 为紧算子且 $S^*S \leqslant T^*T$ 证明 S 为紧算子. 设 $\{x_n\}$ 为 H 中的有界点列，则 $\forall x \in H$，有

$$(Sx, Sx) = (S^*Sx, x) \leqslant (T^*Tx, x) = (Tx, Tx),$$

于是知 $\|Sx\|^2 \leqslant \|Tx\|^2$. 因此 $\forall n, m \in \mathbb{N}$，有

$$\|S(x_n - x_m)\| \leqslant \|T(x_n - x_m)\|.$$

因为 T 为紧算子，所以 $\{Tx_n\}$ 有收敛子列 $\{Tx_{n_k}\}$，由 $\|S(x_n - x_m)\| \leqslant \|T(x_n - x_m)\|$ 可得 $\{Sx_{n_k}\}$ 为 Hilbert 空间 H 的 Cauchy 列，即 $\{Sx_{n_k}\}$ 为收敛列，因此 S 为紧算子.

② 根据 T 为紧算子且 $SS^* \leqslant TT^*$ 证明 S 为紧算子. 因为 T 为紧算子，根据习题 59 的结论知 T^* 为紧算子. 又条件 $SS^* \leqslant TT^*$ 为 $(S^*)^*S^* \leqslant (T^*)^*T^*$，根据①的证明可知 S^* 为紧算子，因此 S 为紧算子.

61. **证明** 依据性质 3.11.4 知，弱收敛点列 $\{x_n\}$ 有界，T 是紧算子意味着 $\{Tx_n\}$ 有收敛子列.

① 证明 $\{Tx_n\}$ 的任何收敛子列 $\{Tx_{n_k}\}$ 必收敛于 Tx_0.

假设 $\lim\limits_{n\to\infty} Tx_{n_k} = s_0$，则 $\forall f \in Y^*$，有

$$\lim_{k\to\infty} f(Tx_{n_k}) = f(s_0).$$

由于 $T^*f \in X^*$，利用 $\{x_{n_k}\}$ 的弱收敛性质，得

$$\lim_{k\to\infty} f(Tx_{n_k}) = \lim_{k\to\infty}(T^*f)(x_{n_k}) = (T^*f)(x_0) = f(Tx_0),$$

因此 $f(s_0) = f(Tx_0)$. 由 f 的任意性及 Hahn-Banach 延拓定理的推论 3.8.1 知 $s_0 = Tx_0$.

② 证明 $\lim\limits_{n\to\infty}\|Tx_n - Tx_0\| = 0$. 假设结论 $\lim\limits_{n\to\infty}\|Tx_n - Tx_0\| = 0$ 不成立，则存在 $\varepsilon > 0$，任取 $N \in \mathbb{N}$，存在 $n > N$，使得 $\|Tx_n - Tx_0\| > \varepsilon$.

取 $N=1$，则存在 $n_1 > N$，使得 $\|Tx_{n_1} - Tx_0\| > \varepsilon$；取 $N=2$，则存在 $n_2 > N$，使得 $\|Tx_{n_2} - Tx_0\| > \varepsilon$；以此类推，存在子列 $\{x_{n_j}\}$ 满足 $\|Tx_{n_j} - Tx_0\| > \varepsilon$. 显然该子列 $\{x_{n_j}\}$ 弱收敛于 x_0 且有界，T 是紧算子意味着 $\{Tx_{n_j}\}$ 有收敛子列，①的结论表明 $\{Tx_{n_j}\}$ 的任何收敛子列收敛于 Tx_0，这与 $\|Tx_{n_j} - Tx_0\| > \varepsilon$ 产生矛盾. 故

$$\lim_{n\to\infty}\|Tx_n - Tx_0\| = 0.$$

62. **证明** $\forall x = (x_1, x_2, \cdots, x_n, \cdots) \in l^2$，定义算子 $T_n: l^2 \to l^2$ 为

$$T_n x = \sum_{i=1}^{\infty}\Big(\sum_{k=1}^{\infty} x_k a_{ik}\Big) e_i,$$

则 T_n 为有限秩算子. 由 $Tx = \sum\limits_{i=1}^{n}\Big(\sum\limits_{k=1}^{\infty} x_k a_{ik}\Big) e_i$ 可知，

$$\|(T - T_n)x\|^2 = \Big\|\sum_{i=n+1}^{\infty}\Big(\sum_{k=1}^{\infty} x_k a_{ik}\Big)e_i\Big\|^2 = \sum_{i=n+1}^{\infty}\Big(\sum_{k=1}^{\infty}|x_k|^2\sum_{k=1}^{\infty}|a_{ik}|^2\Big) = \|x\|^2\sum_{i=n+1}^{\infty}\sum_{k=1}^{\infty}|a_{ik}|^2,$$

所以 $\|T - T_n\| = \Big(\sum\limits_{i=n+1}^{\infty}\sum\limits_{k=1}^{\infty}|a_{ik}|^2\Big)^{\frac{1}{2}} \to 0\ (n \to \infty)$，根据定理 4.8.6 知 T 是紧算子.

63. **证明** 因为 $T: M \to Y$ 为紧算子，所以 $T(M)$ 为列紧集，于是 $T(M)$ 为全有界集，即存在有限的 $\frac{1}{2n}$ 网，$\{x_1, x_2, \cdots, x_m\} \subseteq T(m)$，满足

$$\min_{1\leqslant i\leqslant m}\|x_i - Tx\| \leqslant \frac{1}{2n}.$$

$\forall x \in M$，定义算子 $T_n: M \to Y$ 为 $T_n x = \dfrac{\sum_{i=1}^{m}\alpha_i(x)x_i}{\sum_{i=1}^{m}\alpha_i(x)}$，其中

$$\alpha_i(x)=\max\left\{\frac{1}{n}-\|x_i-Tx\|,\ 0\right\},\ 1\leqslant i\leqslant m,$$

由于 $\min\limits_{1\leqslant i\leqslant m}\|x_i-Tx\|\leqslant\dfrac{1}{2n}$，因此 $\sum_{i=1}^{m}\alpha_i(x)\neq 0$，即算子 T_n 的定义有意义.

由泛函 $f(x)=\|x_i-Tx\|$ 连续可知 $\alpha_i(x)$ 连续，所以 T_n 连续. $\forall x\in M$，有

$$\|T_nx-Tx\|=\frac{\left\|\sum_{i=1}^{m}\alpha_i(x)(x_i-Tx)\right\|}{\sum_{i=1}^{m}\alpha_i(x)}\leqslant\frac{\sum_{i=1}^{m}\alpha_i(x)\|(x_i-Tx)\|}{\sum_{i=1}^{m}\alpha_i(x)}\leqslant\frac{\sum_{i=1}^{m}\alpha_i(x)\dfrac{1}{n}}{\sum_{i=1}^{m}\alpha_i(x)}=\frac{1}{n},$$

因此 $\lim\limits_{n\to\infty}T_n=T$，由 T_n 的定义知 $\operatorname{span}T_n(M)$ 维数有限，$T_n(M)\subseteq \operatorname{co}T(M)$.

64. **证明**　依据推论 4.6.1 知，存在 $\lambda\in\sigma(T)$，使得 $|\lambda|=\|T\|=r_\sigma(T)$. 若 $\lambda=0$，则 $T=0$，结论显然成立，下面假设 $\lambda\neq 0$.

由定理 4.6.5 知 $\sigma_a(T)=\sigma(T)$，所以 $\lambda\in\sigma_a(T)$. 于是存在点列 $\{x_n\}$，其中 $\|x_n\|=1$，使得 $\lim\limits_{n\to\infty}\|(T-\lambda I)x_n\|=0$. 由于 T 为紧算子，存在收敛子列 $Tx_{n_k}\to y$，则

$$\lambda x_{n_k}=(\lambda x_{n_k}-Tx_{n_k})+Tx_{n_k}\to y,$$

于是 $T(\lambda x_{n_k})=\lambda Tx_{n_k}\to Ty$，利用 $Tx_{n_k}\to y$ 可知 $Ty=\lambda y$；又由于

$$\|\lambda x_{n_k}\|=|\lambda|\|x_{n_k}\|=|\lambda|,$$

从而 $\|y\|=|\lambda|\neq 0$，因此 λ 是算子 T 的特征值. 所以存在 $x_0\in H$ 且 $\|x_0\|=1$，使得 $Tx_0=\lambda x_0$，而且有

$$|(Tx_0,\ x_0)|=|(\lambda x_0,\ x_0)|=|\lambda|=\|T\|(Tx_0,\ x_0)=\|T\|.$$

65. **证明**　(1) 由教材中定理 4.9.4 的证明可知，当 $\lambda\neq 0$ 时，算子 $T-\lambda I$ 的逆算子 $(T-\lambda I)^{-1}$ 存在且为线性有界算子，所以算子 T 除了 0 点可能是连续谱外，没有别的连续谱，即 $\sigma_c(T)-\{0\}=\phi$.

(2) 当 $\lambda\neq 0$ 时，由定理 4.9.4 知算子 $T-\lambda I$ 可逆，即 $\ker(T-\lambda I)=\{\mathbf{0}\}$，依据定理 4.9.5，得 $R(T-\lambda I)=H$，所以 $\lambda\notin\sigma_r(T)$，故算子 T 除了 0 点可能是剩余谱外，没有别的剩余谱，即 $\sigma_r(T)-\{0\}=\phi$.

(3) 由 $\sigma_c(T)-\{0\}=\phi$ 及 $\sigma_r(T)-\{0\}=\phi$ 知，

$$\sigma(T)-\{0\}=\sigma_p(T)\cup\sigma_c(T)\cup\sigma_r(T)-\{0\}=\sigma_p(T)-\{0\}.$$

66. **证明**　Hilbert 空间 l^2 上的右移位算子 T_{right} 简记为 T_{r}，$\forall x=(x_1,\ x_2,\ \cdots)\in l^2$，定义算子 T_1 为

$$T_1x=T_1(x_1,\ x_2,\ \cdots)=\left(x_1,\ \frac{1}{2}x_2,\ \frac{1}{3}x_3,\ \cdots\right),$$

那么算子 $T=T_{\text{r}}T_1$. 依据教材中的例 4.8.1 知 T_1 为紧算子，于是由定理 4.8.2 知 $T=T_{\text{r}}T_1$ 为紧算子. 根据定理 4.9.1，有 $0\in\sigma(T)$.

因为 $\forall x=(x_1,\ x_2,\ \cdots)\in l^2$，当

$$Tx=\left(0,\ x_1,\ \frac{1}{2}x_2,\ \frac{1}{3}x_3,\ \cdots\right)=0$$

时，有 $x=\theta$，所以 $0\notin\sigma_p(T)$.

因为 $\forall\, x=(x_1,\ x_2,\ \cdots)\in l^2$，$Tx=\left(0,\ x_1,\ \frac{1}{2}x_2,\ \frac{1}{3}x_3,\ \cdots\right)$ 的第一个分量为 0，可得算子 T 的值域 $\overline{R(T)}\neq l^2$，所以 $0\notin\sigma_r(T)$.

设 $\lambda\neq 0$ 且 $\lambda\in\sigma(T)$，由定理 4.9.6 知，

$$\sigma(T)-\{0\}=\sigma_p(T)-\{0\}=\sigma_p(T),$$

于是 $\lambda\in\sigma_p(T)$，所以存在 $x=(x_1,\ x_2,\ \cdots)\in l^2$，$x\neq\theta$，使得

$$Tx=\left(0,\ x_1,\ \frac{1}{2}x_2,\ \frac{1}{3}x_3,\ \cdots,\ \frac{1}{n-1}x_{n-1},\ \cdots\right)=\lambda x=(\lambda x_1,\ \lambda x_2,\ \cdots,\ \lambda x_n,\ \cdots).$$

由 $\lambda\neq 0$ 及 $\lambda x_1=0$ 知 $x_1=0$，以及 $\lambda x_n=\frac{1}{n-1}x_{n-1}$，以此类推，可知 $x_2=0$，$x_3=0$ 等，即有 $x_n=0(n=1,\ 2,\ 3,\ \cdots)$，所以 $x=\theta$. 因此 $\lambda\notin\sigma_p(T)$.

综上可知，$\sigma(T)=\sigma_r(T)=\{0\}$.

67. **证明** 由性质 4.10.2 知，

$$\|T\|^2=\|Te\|^2\leqslant\|T^2e\|\leqslant\|T\|^2\|e\|=\|T\|^2,$$

于是有

$$\|Te\|^2=\|T^2e\|=\|T\|^2,$$

进而由教材中性质 4.10.2 的证明知，$T^2e=\lambda e$，其中 $\lambda=\|Te\|^2=\|T\|^2$.

68. **证明** 不妨设 $\|T\|>0$，由性质 4.5.3 知 $\|T\|=r_\omega(T)>0$，即

$$r_\omega(T)=\sup\{(Tx,\ x)\mid\|x\|=1,\ x\in H\}>0.$$

令 $x_n\in H$ 且 $\|x_n\|=1$，使得 $\lim\limits_{n\to\infty}(Tx_n,\ x_n)=r_\omega(T)$. 由于 T 为紧算子，因此 $\{Tx_n\}$ 存在收敛子列 $\{Tx_{n_k}\}$，不妨设 $Tx_{n_k}\to y$. 于是

$$\begin{aligned}\|Tx_{n_k}-r_\omega(T)x_{n_k}\|^2&=\|Tx_{n_k}\|^2-2r_\omega(T)(Tx_{n_k},\ x_{n_k})+r_\omega(T)^2\|x_{n_k}\|^2\\&\leqslant\|T\|^2-2r_\omega(T)(Tx_{n_k},\ x_{n_k})+r_\omega(T)^2\\&\leqslant 2r_\omega(T)^2-2r_\omega(T)(Tx_{n_k},\ x_{n_k})\to 0\ (n\to\infty),\end{aligned}$$

所以由 $Tx_{n_k}\to y$ 知 $r_\omega(T)x_{n_k}\to y$，进而有 $r_\omega(T)Tx_{n_k}\to r_\omega(T)y$，以及由 T 的连续性知 $r_\omega(T)Tx_{n_k}\to Ty$，因此 $r_\omega(T)y=Ty$. 由于

$$|(Tx_{n_k},\ x_{n_k})|\leqslant\|Tx_{n_k}\|\|x_{n_k}\|=\|Tx_{n_k}\|,$$

因此若 $\|Tx_{n_k}\|\to\|y\|=0$，则有

$$\lim_{n\to\infty}(Tx_n,\ x_n)=r_\omega(T)=0,$$

这与 $r_\omega(T)>0$ 相矛盾，故 $y\neq 0$. 由 $r_\omega(T)x_{n_k}\to y$ 知 $x_{n_k}\to\frac{y}{r_\omega(T)}$，由于 $\|x_{n_k}\|=1$，因此 $\|x_0\|=1$，其中 $x_0=\frac{y}{r_\omega(T)}$，即 $x_{n_k}\to x_0$，于是 $Tx_{n_k}\to Tx_0$. 因为

$$\lim_{n\to\infty}(Tx_n,\ x_n)=r_\omega(T),$$

所以 $(Tx_0,\ x_0)=r_\omega(T)$，且 $y=Tx_0=r_\omega(T)x_0$.

第五章　泛函分析应用选讲

5.1　基本概念

本章涉及的主要概念有：不动点、压缩映射、有界变差函数、$R-S$ 积分、线性流形、严格凸空间、一致凸空间、光滑空间、超平面、闵可夫斯基泛函、半空间.

定义 5.1.1　不动点(Fixed Point)

设 X 是一个非空集合，$A:X\to X$ 为映射，如果存在 $x^*\in X$ 满足 $A(x^*)=x^*$，则称 x^* 为映射 A 的**不动点**.

定义 5.1.2　压缩映射(Contraction Mapping)

设 X 是一个度量空间，$A:X\to X$ 为映射，如果存在常数 $\alpha\in(0,1)$，对于任何 $x, y\in X$，有

$$d(Ax, Ay)\leqslant\alpha d(x, y),$$

则称 A 为 X 上的**压缩映射**. 称常数 α 为**压缩系数**.

定义 5.3.1　有界变差函数(Function of Bounded Variation)

设 f 为实值函数，$f: [a, b]\to\mathbb{R}$，对区间$[a, b]$上的任一划分

$$\pi: a=x_0<x_1<\cdots<x_n=b,$$

作和式

$$V_f(\pi)=\sum_{i=1}^{n}|f(x_i)-f(x_{i-1})|,$$

称 $V_f(\pi)$为 f 关于划分 π 的变差实值函数. 称

$$V_a^b(f)=\sup\{V_f(\pi)\,|\,\pi \text{ 为}[a, b]\text{上的划分}\}$$

为 f 在$[a, b]$上的全变差(Total Variation)或者总变差. 若全变差 $V_a^b(f)<\infty$为有限值，则称 f 为$[a, b]$上的**有界变差函数**. $[a, b]$上的有界变差函数的全体记为 $V[a, b]$.

定义 5.3.2　R-S 积分(Riemann-Stieltjes Integral)

设 $f\in C[a, b]$及 $w\in V[a, b]$，对区间$[a, b]$上的任一划分

$$\pi_n: a=x_0<x_1<\cdots<x_n=b,$$

作和式

$$S(\pi_n)=\sum_{i=1}^{n}f(t_i)[w(x_i)-w(x_{i-1})],$$

记 $\lambda(\pi_n)=\max\{x_1-x_0, x_2-x_1, \cdots, x_n-x_{n-1}\}$，若存在 $A\in\mathbb{R}$，使得 $\forall\,\varepsilon>0$，存在 $\delta>0$，当 $\lambda(\pi_n)<\delta$ 时，有 $|S(\pi_n)-A|<\varepsilon$，则称 A 是函数 f 关于函数 w 的黎曼-斯蒂尔杰斯积

分，简称为 $R-S$ 积分，记为

$$A=\int_a^b f(x)\mathrm{d}w(x).$$

定义 5.4.1 线性流形(Linear Maniford)

设 X 为数域$\mathbb{F}$上的线性空间，$M\subset X$，若存在元素 $x_0\in X$ 以及子空间 $M_0\subset X$，使得 $M=x_0+M_0$，其中 $x_0+M_0=\{x_0+r\mid r\in M_0\}$，则称 M 为 X 上的一个**线性流形**或者**仿射子空间**(Affine Subspace)，并把子空间 M_0 的维数称为线性流形 M 的维数.

定义 5.5.1 严格凸空间(Strictly Convex Space)与一致凸空间(Uniformly Convex Space)

设 X 为线性赋范空间，若 $\forall x, y\in X$ 且 $\|x\|=\|y\|=1$，$x\neq y$，有 $\|x+y\|<2$，则称 X 为严格凸线性赋范空间，简称**严格凸空间**. 若 $\forall x_n, y_n\in X$ 且 $\|x_n\|=\|y_n\|=1$，$x_n\neq y_n$，当 $\lim\limits_{n\to\infty}\|x_n+y_n\|=2$ 时，有 $\lim\limits_{n\to\infty}\|x_n-y_n\|=0$，则称 X 为一致凸线性赋范空间，简称**一致凸空间**.

定义 5.5.2 光滑空间(Smooth Space)

设 X 是线性赋范空间，若 $\forall x\in X$ 且 $x\neq 0$，存在唯一的 $f\in X^*$，使得 $f(x)=\|x\|$ 以及 $\|f\|=1$，则称 X 是**光滑空间**.

定义 5.6.1 超平面(Hyperplane)

设 X 是实线性赋范空间，$f: X\to\mathbb{R}$ 为线性连续泛函，$\alpha\in\mathbb{R}$，则称

$$P=f^{-1}(\alpha)=\{x\mid x\in X, f(x)=\alpha\}$$

为线性赋范空间 X 中的**超平面**，这样的超平面也可记为 P_f^α.

定义 5.6.2 闵可夫斯基泛函(Minkowski Functional)

设 X 为线性赋范空间，M 是 X 的非空子集，映射 $p:X\to\mathbb{R}$ 为

$$p(x)=\inf\{\lambda\mid \lambda>0, \lambda^{-1}x\in M\},$$

则称 $p(x)$ 为子集 M 的**闵可夫斯基泛函**.

定义 5.7.1 半空间(Half-space)与分离(Separate)

设 X 是实线性赋范空间，$f: X\to\mathbb{R}$ 为线性连续泛函，$\alpha\in\mathbb{R}$，则称

$$P_{\leqslant}=\{x\mid x\in X, f(x)\leqslant\alpha\},\ P_{<}=\{x\mid x\in X, f(x)<\alpha\},$$
$$P_{\geqslant}=\{x\mid x\in X, f(x)\geqslant\alpha\},\ P_{>}=\{x\mid x\in X, f(x)>\alpha\},$$

均为线性赋范空间 X 中的**半空间**. 令 A，B 是实线性赋范空间 X 的两个子集，称超平面 P_f^α 分离子集 A 和 B 当且仅当 $A\subset P_{\leqslant}$，$B\subset P_{\geqslant}$(或者 $A\subset P_{\geqslant}$，$B\subset P_{\leqslant}$)；称超平面 P_f^α 严格分离子集 A 和 B 当且仅当 $A\subset P_{<}$，$B\subset P_{>}$(或者 $A\subset P_{>}$，$B\subset P_{<}$).

5.2 主要结论

定理 5.1.1 Banach 不动点定理(Banach Fixed-point Theorem)

设 X 是完备的度量空间，$A:X\to X$ 是压缩映射，则 A 在 X 中具有唯一的不动点，即存在唯一的 x^*，使得 $x^*=A(x^*)$.

推论 5.1.1 设 X 是完备的度量空间，映射 $A:X\to X$ 是闭球 $\overline{O}(x_0, r)$ 上的压缩映射，

并且 $d(Ax_0, x_0)\leqslant(1-\alpha)r$，其中 $\alpha\in(0, 1)$是压缩系数，那么 A 在 $\overline{O}(x_0, r)$中具有唯一的不动点.

推论 5.1.2 设 X 是完备的度量空间，映射 $A:X\to X$，如果存在常数 $\alpha\in(0, 1)$和正整数 n，使得 $\forall x, y\in X$ 有

$$d(A^n x, A^n y)\leqslant \alpha d(x, y),$$

那么 A 在 X 中存在唯一的不动点.

定理 5.2.1 设 f：$\mathbb{R}\to\mathbb{R}$是可微函数，且$|f'(x)|\leqslant\alpha<1$，则方程

$$f(x)=x$$

具有唯一解.

定理 5.2.2 牛顿迭代法(Newton Iterative Method)

设 $f(x)$是定义在$[a, b]$上的二次连续可微的实值函数，x^* 是 $f(x)$在(a, b)内的单重零点，那么当初值 x_0 充分靠近存 x^* 时，由关系式

$$x_{n+1}=g(x_n),\ g(x_n)=x_n-\frac{f(x_n)}{f'(x_n)}$$

所定义的迭代序列收敛于 x^*.

定理 5.2.3 设 $A=\begin{pmatrix} a_{11} & a_{12} & \cdots & a_{1n} \\ a_{21} & a_{22} & \cdots & a_{2n} \\ \vdots & \vdots & & \vdots \\ a_{n1} & a_{n2} & \cdots & a_{nn} \end{pmatrix}$，$x=\begin{pmatrix} x_1 \\ x_2 \\ \vdots \\ x_n \end{pmatrix}$，$b=\begin{pmatrix} b_1 \\ b_2 \\ \vdots \\ b_n \end{pmatrix}$，其中 $x, b\in\mathbb{R}^n$，若对每个$1\leqslant i\leqslant n$，矩阵A满足$\sum\limits_{j=1}^{n}|a_{ij}|<1$，即$\alpha=\max\limits_{1\leqslant i\leqslant n}\sum\limits_{j=1}^{n}|a_{ij}|<1$，则线性方程组$Ax+b=x$具有唯一解 x^*.

定理 5.2.4 设二元函数 $F(x, y)$在区域$\{(x, y)\,|\,a\leqslant x\leqslant b, -\infty<y<+\infty\}$上连续，关于 y 的偏导数存在，且满足条件 $0<m\leqslant F'_y(x, y)\leqslant M$，其中 m，M 是正常数，则存在连续函数 $y=f(x)$，$x\in[a, b]$满足：$\forall x\in[a, b]$，$F(x, f(x))=0$.

定理 5.2.5 皮卡德(Picard)定理

设 $f(t, x)$在矩形区域 $D=\{(t, x)\,|\,|t-t_0|\leqslant a, |x-x_0|\leqslant b\}$连续，$\forall(t, x)\in D$ 有

$$|f(t, x)|\leqslant M.$$

假定 $f(t, x)$关于变量 x 满足李普希兹(Lipshitz)条件，即存在常数 K，使得

$$\forall(t, x_1), (t, x_2)\in D,\ |f(t, x_1)-f(t, x_2)|\leqslant K|x_1-x_2|.$$

那么微分方程

$$\begin{cases} \dfrac{\mathrm{d}x}{\mathrm{d}t}=f(t, x), \\ x(t_0)=x_0 \end{cases}$$

在区间$[t_0-\beta, t_0+\beta]$上有唯一解，其中 $\beta=\min\left\{a, \dfrac{b}{M}, \dfrac{1}{2K}\right\}$.

定理 5.2.6 对于任意的 $f(x)\in C[a, b]$，当$|\lambda|<\dfrac{1}{M}$时，Fredholm 积分方程

$$x(t)=f(t)+\lambda\int_a^b K(t, \tau)x(\tau)\mathrm{d}\tau$$

有唯一连续解 $x^*(t)$，并且函数 $x^*(t)$是迭代序列 $x_0, x_1, x_2, \cdots, x_n, \cdots$的极限，其迭代过程为

$$x_{n+1}(t)=f(t)+\lambda\int_a^b K(t, \tau)x_n(\tau)\mathrm{d}\tau.$$

定理 5.3.1　(Jordan 分解定理)设 f 是区间$[a, b]$上的实值函数，则 $f\in V[a, b]$当且仅当 $f=g-h$，其中 g 和 h 是区间$[a, b]$上单调增加的实值函数.

定理 5.3.2　设 f 是区间$[a, b]$上的实值有界变差函数，则

(1) f 的不连续点的全体至多可数.

(2) f 在$[a, b]$上 Riemann 可积.

(3) f 在$[a, b]$上几乎处处可导且 f'是 Lebesgue 可积的.

定理 5.3.3　设$-\infty<a<b<+\infty$，则 $F\in C[a, b]^*$ 当且仅当存在有界变差函数 $w\in V[a, b]$，使得$\forall f\in C[a, b]$，有

$$F(f)=\int_a^b f(x)\mathrm{d}w(x),$$

而且$\|F\|=V_a^b(w)$.

定理 5.3.4　(有限矩问题存在解)设$-\infty<a<b<+\infty$，$\mu_0, \mu_1, \mu_2, \cdots, \mu_{n_0}\in\mathbb{R}$，$n_0\in\mathbb{N}$，则存在$[a, b]$上的有界变差函数$\rho(x):[a, b]\to\mathbb{R}$，使得对于 $k=0, 1, 2, \cdots, n_0$ 有

$$\mu_k=\int_a^b x^k\mathrm{d}\rho(x).$$

定理 5.3.5　(矩问题解存在的充要条件)设$-\infty<a<b<+\infty$，给定实数

$$\mu_0, \mu_1, \mu_2, \cdots, \mu_n, \cdots,$$

那么存在$[a, b]$上的有界变差函数$\rho(x):[a, b]\to\mathbb{R}$，使得对于$k=0, 1, 2, \cdots, n, \cdots$满足 $\mu_k=\int_a^b x^k\mathrm{d}\rho(x)$ 的充要条件为：存在常数 c，使得对于 $N=0, 1, 2, \cdots$ 以及任意实数 a_k 有

$$\left|\sum_{k=0}^N a_k\mu_k\right|\leqslant c\max_{a\leqslant x\leqslant b}\left\{\left|\sum_{k=0}^N a_kx^k\right|\right\}.$$

性质 5.4.1　设线性流形 $M=x_0+M_0$，其中 $M_0\subset X$ 为子空间，$x_0\in X$，$\forall x_1, x_2, \cdots, x_n\in M$ 以及 $\forall\alpha_1, \alpha_2, \cdots, \alpha_n\in\mathbb{F}$，若$\sum_{i=1}^n\alpha_i=1$，则$\sum_{i=1}^n\alpha_ix_i\in M$.

性质 5.4.2　(线性流形等价定义)设 X 为数域$\mathbb{F}$上的线性空间，M 为X 的非空子集，则 M 为线性流形当且仅当 $\forall x, y\in M$ 有

$$\{\alpha x+\beta y\,|\,\alpha+\beta=1;\alpha, \beta\in\mathbb{F}\}\subset M.$$

性质 5.4.3　设子空间 $M_0\subset X$，线性流形 $M=x_0+M_0$，则 $\forall y_0\in M$ 有

$$M=y_0+M_0.$$

性质 5.4.4　设M 为线性空间X 的一个线性流形，则存在唯一的线性子空间$M_0\subset X$，使得 $M=x_0+M_0$，其中 $x_0\in M$.

性质 5.4.5　设 X 为数域$\mathbb{F}$上的线性空间，M_1, M_2 为 X 的线性流形，则

(1) $M=M_1\cap M_2$ 为 X 的线性流形.

(2) $M=M_1+M_2=\{m_1+m_2\,|\,m_1\in M_1, m_2\in M_2\}$ 为 X 的线性流形.

性质 5.4.6 设 X 为数域$\mathbb{F}$上的线性空间，线性流形 $M=x_0+M_0$，其中 M_0 为子空间，则下列命题等价：

(1) M 为 X 的子空间.

(2) $\mathbf{0}\in M$.

(3) $M\cap M_0=M_0$.

性质 5.5.1 设 X 为线性空间，那么

(1) C 为线性空间 X 的凸集当且仅当 $\forall x_1, x_2, \cdots, x_n\in C$，以及 $\alpha_1, \alpha_2, \cdots, \alpha_n\in[0, 1]$ 且 $\sum_{k=1}^{n}\alpha_k=1$，有 $\sum_{k=1}^{n}\alpha_k x_k\in C$.

(2) 若$\{C_i \mid i\in I\}$ 为线性空间 X 的某些凸集的集合，其中 I 为指标集，则 $\bigcap_{i\in I}C_i$ 是凸集.

性质 5.5.2 设 X, Y 为线性空间，$f: X\to Y$ 是线性映射，C 为线性空间 X 的凸集，那么 $f(C)$ 为线性空间 Y 的凸集.

性质 5.5.3 设 X 为数域$\mathbb{F}$上的线性空间，C_1，C_2 为 X 的凸集，$k\in\mathbb{F}$，则

(1) $kC_1=\{kx \mid x\in C_1\}$ 为凸集.

(2) $C_1+C_2=\{x+y \mid x\in C_1, y\in C_2\}$ 为凸集.

(3) $C_1\oplus C_2=\{(x, y) \mid x\in C_1, y\in C_2\}\subset X\times X$ 为凸集.

性质 5.5.4 设 C 为线性赋范空间 X 的凸集，那么

(1) C 的闭包 $\overline{C}$ 是凸集.

(2) 如果 $x\in \mathrm{int}C$，$y\in\overline{C}$，则$[x, y)=\{\alpha y+(1-\alpha)x \mid 0\leqslant\alpha<1\}\subset \mathrm{int}C$.

性质 5.5.5 设 X 为严格凸线性赋范空间，$f\in X^*$ 且 $f\neq 0$，则在 X 的单位球面上最多存在一点 x，使得 $\|f(x)\|=\|f\|$.

定理 5.5.1 设 X^* 为严格凸线性赋范空间，M 是 X 的子空间，则 $\forall f\in M^*$，f 在 X 上存在唯一的保范延拓.

性质 5.5.6 Hilbert 空间 H 是光滑的空间.

性质 5.5.7 设 X 是线性赋范空间，则下列命题成立：

(1) 若 X^* 是严格凸的 Banach 空间，则 X 是光滑的空间.

(2) 若 X^* 是光滑的 Banach 空间，则 X 是严格凸的空间.

定理 5.5.2 设 Y 是线性赋范空间 X 的有限维子空间，则 $\forall x_0\in X$，存在关于 Y 的最佳逼近 $y_0\in Y$.

定理 5.5.3 设 Y 是线性赋范空间 X 的子空间，$x_0\in X$，那么 x_0 关于 Y 的最佳逼近集 Y_0 是凸集.

定理 5.5.4 设 Y 是严格凸线性赋范空间 X 的有限维子空间，则 $\forall x_0\in X$，关于 Y 的最佳逼近唯一存在.

定理 5.5.5 设 H 是 Hilbert 空间，$C\subset H$ 为非空闭凸集，则 $\forall x_0\in H$，存在关于 C 的唯一最佳逼近 $y_0\in C$，即 $d(x_0, C)=\|x_0-y_0\|$.

性质 5.6.1 设 X 是实线性赋范空间，$f: X\to\mathbb{R}$ 为线性连续泛函，$x_0\in X-P_f^0$，则 $X=\mathrm{span}\{x_0\}\oplus P_f^0$.

性质 5.6.2 设 Y 是实线性赋范空间 X 的真子空间，取 $x_0\in X-Y$ 满足 $X=\mathrm{span}\{x_0\}\oplus Y$，

则存在线性泛函 $f: X \to \mathbb{R}$，使得 $f(x_0) \neq 0$，$f(Y) = 0$，即 $\ker(f) = Y$.

性质 5.6.3　设 M 是线性赋范空间 X 的非空凸子集，且含有零元素 θ，则 M 的 Minkowski 泛函 $p(x): X \to \mathbb{R}$ 具有以下性质：

(1) $\forall x \in X$，$p(x) \geqslant 0$ 且 $p(\theta) = 0$.

(2) $\forall \alpha > 0$，$p(\alpha x) = \alpha p(x)$.

(3) $\forall x, y \in X$，$p(x+y) \leqslant p(x) + p(y)$.

性质 5.6.4　设 M 是线性赋范空间 X 的非空凸子集，$p(x): X \to \mathbb{R}$ 为 M 的 Minkowski 泛函.

(1) 若 M 是有界集，零元素是 M 的内点，即 $0 \in \mathring{M}$，则存在 $a, b > 0$，使得 $\forall x \in X$ 有

$$a\|x\| \leqslant p(x) \leqslant b\|x\|.$$

(2) 若 M 是有界集，则 $p(x) = 0$ 当且仅当 $x = \theta$.

(3) 若 $0 \in \mathring{M}$，则 $p(x)$ 是连续泛函.

(4) 若 M 是闭集及 $0 \in M$，则 $M = \{x \mid x \in X,\ p(x) \leqslant 1\}$.

(5) 若 $0 \in M$，则 $\{x \mid x \in X,\ p(x) < 1\} \subset M$.

定理 5.7.1　设 X 是实线性赋范空间，C 为 X 的非空闭凸子集，$x_0 \in X \backslash C$，那么存在 $f \in X^*$ 及 $\alpha \in \mathbb{R}$，使得 P_f^α 严格分离 x_0 和 C.

定理 5.7.2　**(Ascoli 定理)** 设 X 是实线性赋范空间，C 为 X 的非空凸子集，$x_0 \in X \backslash \overline{C}$，那么存在 $f \in X^*$ 及 $\alpha \in \mathbb{R}$，使得 P_f^α 严格分离 x_0 和 C.

性质 5.7.1　设 C 为实线性赋范空间 X 的非空凸子集，$p(x)$ 是凸集 C 的 Minkowski 泛函，且零元素 θ 为 C 的内点，那么

(1) $\overline{C} = \{x \mid x \in X,\ p(x) \leqslant 1\}$.

(2) $\mathring{C} = \{x \mid x \in X,\ p(x) < 1\}$.

定理 5.7.3　设 X 是实线性赋范空间，C 为 X 的非空凸子集，$x_0 \in X \backslash C$，零元素 θ 为 C 的内点，那么存在 $f \in X^*$ 及 $\alpha \in \mathbb{R}$，使得 P_f^α 分离 x_0 和 C.

推论 5.7.1　设 X 是实线性赋范空间，C 为 X 的非空凸子集，$\theta \in X \backslash C$，$\mathring{C} \neq \phi$，则存在 $f \in X^*$ 及 $\alpha \in \mathbb{R}$，使得 P_f^α 分离 θ 和 C.

推论 5.7.2　设 X 是实线性赋范空间，E，F 为 X 的非空凸子集，$E \cap F = \phi$，$\mathring{E} \neq \phi$，则存在 $f \in X^*$ 及 $\alpha \in \mathbb{R}$，使得 P_f^α 分离 E 和 F.

定理 5.7.4　**(Mazur 定理)** 设 X 是实线性赋范空间，E 为 X 的非空凸子集且 $\mathring{E} \neq \phi$，F 为 X 上的一个线性流形，且 $E \cap F = \phi$，那么存在 $f \in X^*$ 及 $\alpha \in \mathbb{R}$，使得 $F \subset P_f^\alpha$，$\forall x \in E$，$f(x) \leqslant \alpha$.

5.3　答疑解惑

1. 设 X 是度量空间，映射 $A: X \to X$ 以及 n 为正整数. ① 若 A 为压缩映射，则 A^n 为压缩映射吗？② 若 A^n 为压缩映射，则 A 为压缩映射吗？

答　① 成立. $\forall x, y \in X$，若 $d(Ax, Ay) \leqslant \alpha d(x, x)$，则有

$$d(A^n x, A^n y) \leqslant \alpha d(A^{n-1}x, A^{n-1}y) \leqslant \cdots \leqslant \alpha^{n-1}d(Ax, Ay) \leqslant \alpha^n d(x, y),$$

所以 A 为压缩映射，A^n 必为压缩映射.

② 不一定成立. 反例见本章后面的习题 3.

2. 设 X 是度量空间，映射 $A:X\to X$ 以及 n 为正整数. ① 若 A 为压缩映射，则 A^n 为连续映射吗？② 若 A^n 为压缩映射，则 A 为连续映射吗？

答 ① 成立. 由于压缩映射必为连续映射，当 A 为压缩映射时，A^n 为压缩映射，A^n 为连续映射.

② 不一定成立. 设 $X=[-1, 1]$，定义 $T: X\to X$ 为：

$$T(x)=\begin{cases}-1, & -1\leqslant x\leqslant 0,\\ 0, & 0<x\leqslant 1.\end{cases}$$

显然 T 不是连续映射. 但是 $\forall x, y\in X$，有 $T^2(x)=-1$，$T^2(y)=-1$，则

$$d(T^2x, T^2y)=d(-1, -1)=0\leqslant\frac{1}{2}d(x, y),$$

所以 T^2 是压缩映射.

3. 除“Banach 不动点定理”外，还有哪些重要的不动点定理？

答 ① Brouwer 不动点定理：设 $M\subset\mathbb{R}^n$ 是非空有界闭凸集，则连续算子 $T: M\to M$ 存在不动点 $x^*\in M$，即 $T(x^*)=x^*$.

② Schauder 不动点定理：设 M 是 Banach 空间 X 上的非空有界闭凸集，则紧算子 $T: M\to M$ 存在不动点 $x^*\in M$，即 $T(x^*)=x^*$.

③ Schauder-Тихонов 不动点定理：设 X 是局部凸的拓扑线性空间，M 是 X 中的紧凸集，则连续算子 $T: M\to M$ 存在不动点 $x^*\in M$，即 $T(x^*)=x^*$.

关于上述第③个不动点定理的补充知识：设(X, τ)是一拓扑空间，$x\in X$，$U(x)$是 x 的某些邻域所构成的邻域族，如果对 x 的任何邻域 V，必有 $U\in U(x)$，使得 $U\subseteq V$，那么称 $U(x)$是 x 的一个**邻域基**. 称具有拓扑结构的线性空间为**拓扑线性空间**. 如果对任意复数 $\lambda(|\lambda|\leqslant 1)$，线性空间的子集 M 满足 $\lambda M\subseteq M$，则称 M 是均衡(或平衡)集. 称既是凸集又是均衡集的集合为均衡凸集，或绝对凸集.

局部凸的拓扑线性空间：如果拓扑线性空间中存在由均衡凸集组成的零元的邻域基，则称其为局部凸的拓扑线性空间，简称局部凸空间，称其拓扑为局部凸拓扑.

4. 设 T 是 Hilbert 空间 H 上的线性算子，且$\|T\|\leqslant 1$，那么 T 与其伴随算子 T^* 的不动点集相同吗？即$\{x\,|\,Tx=x\}=\{x\,|\,T^*x=x\}$？

答 相同. $\{x\,|\,Tx=x\}=\{x\,|\,T^*x=x\}$. 设 $x\in\{x\,|\,Tx=x\}$，即 $Tx=x$，于是

$$\|x\|^2=(Tx, x)=(x, T^*x)\leqslant\|x\|\|T^*x\|\leqslant\|x\|^2,$$

所以$(x, T^*x)=\|x\|\|T^*x\|$. 由于 Cauchy-Schwarz 不等式$|(x, y)|\leqslant\|x\|\|y\|$中的等号成立，当且仅当 x 与 y 线性相关，因此可设 $T^*x=\lambda x$. 由于

$$(x, x)=(Tx, x)=(x, T^*x)=\overline{\lambda}(x, x),$$

所以 $\lambda=1$，于是有 $T^*x=x$，即 $x\in\{x\,|\,T^*x=x\}$. 因此

$$\{x\,|\,Tx=x\}\subseteq\{x\,|\,T^*x=x\}\subseteq\{x\,|\,T^{**}x=x\}=\{x\,|\,Tx=x\}.$$

5. 连续函数空间 $C[a, b]$是一致凸空间吗？$p=1$ 次幂可积函数空间 $L[a, b]$是一致凸

空间吗?

答　不是. ① 考虑 $C[a,b]$中的点列$\{x_n\}$和$\{y_n\}$,

$$x_n(t)=1,\ y_n(t)=\frac{t-a}{b-a},\ t\in[a,b].$$

显然$\|x_n\|=\max\limits_{a\leqslant t\leqslant b}\{|x_n(t)|\}=1$, $\|y_n\|=\max\limits_{a\leqslant t\leqslant b}\{|y_n(t)|\}=1$, 以及

$$\|x_n+y_n\|=\max_{a\leqslant t\leqslant b}\left\{\left|1+\frac{t-a}{b-a}\right|\right\}=\max_{a\leqslant t\leqslant b}\left\{\left|\frac{t+b-2a}{b-a}\right|\right\}=2,$$

$$\|x_n-y_n\|=\max_{a\leqslant t\leqslant b}\left\{\left|1-\frac{t-a}{b-a}\right|\right\}=\max_{a\leqslant t\leqslant b}\left\{\left|\frac{b-t}{b-a}\right|\right\}=1,$$

所以存在 x_n, $y_n\in C[a,b]$, $\|x_n\|=\|y_n\|=1$, 有$\lim\limits_{n\to\infty}\|x_n+y_n\|=2$, 但$\lim\limits_{n\to\infty}\|x_n-y_n\|=1\neq 0$, 故 $C[a,b]$不是一致凸空间有.

② 令 $x_n(t)=\dfrac{1}{b-a}$, $y_n(t)=\dfrac{2(t-a)}{(b-a)^2}$, $t\in[a,b]$, 显然$\{x_n\}$, $\{y_n\}\subseteq L[a,b]$. 因为

$$\|x_n(t)\|=\int_a^b\left|\frac{1}{b-a}\right|\mathrm{d}t=1,\ \|y_n(t)\|=\int_a^b\left|\frac{2(t-a)}{(b-a)^2}\right|\mathrm{d}t=1,$$

$$\|x_n+y_n\|=\int_a^b\left|\frac{1}{b-a}+\frac{2(t-a)}{(b-a)^2}\right|\mathrm{d}t=2,$$

$$\|x_n-y_n\|=\int_a^b\left|\frac{1}{b-a}-\frac{2(t-a)}{(b-a)^2}\right|\mathrm{d}t=\int_a^b\left|\frac{a+b-2t}{(b-a)^2}\right|\mathrm{d}t=\frac{1}{2},$$

所以存在 x_n, $y_n\in L[a,b]$, $\|x_n\|=\|y_n\|=1$, 有$\lim\limits_{n\to\infty}\|x_n+y_n\|=2$, 但$\lim\limits_{n\to\infty}\|x_n-y_n\|=\dfrac{1}{2}\neq 0$, 故 $L[a,b]$不是一致凸空间.

6. 设 X 是线性赋范空间, 若$\forall\varepsilon>0$ $(0<\varepsilon\leqslant 2)$, 存在$\delta>0$, 使得$\forall x$, $y\in X$, $\|x\|\leqslant 1$, $\|y\|\leqslant 1$, 只要$\|x-y\|\geqslant\varepsilon$, 则$\left\|\dfrac{x+y}{2}\right\|\leqslant 1-\delta$, 那么 X 是一致凸空间吗? 此叙述是一致凸空间的等价定义吗?

答　是. 设在线性赋范空间 X 中, 令 x_n, $y_n\in X$, $\|x_n\|=\|y_n\|=1$, $x_n\neq y_n$ 以及 $\lim\limits_{n\to\infty}\|x_n+y_n\|=2$, 下面证明$\lim\limits_{n\to\infty}\|x_n-y_n\|=0$.

假设$\lim\limits_{n\to\infty}\|x_n-y_n\|\neq 0$, 即存在$\varepsilon_0>0$, 使得存在子列$\{x_{n_k}\}$和$\{y_{n_k}\}$, 满足

$$\|x_{n_k}-y_{n_k}\|\geqslant\varepsilon_0,$$

应用题设条件知存在$\delta>0$, 使得

$$\left\|\frac{x_{n_k}+y_{n_k}}{2}\right\|\leqslant 1-\delta,$$

这与$\lim\limits_{n\to\infty}\|x_n+y_n\|=2$ 相矛盾, 因此$\lim\limits_{n\to\infty}\|x_n-y_n\|=0$.

设 X 是一致凸空间, 那么$\forall\varepsilon>0$ $(0<\varepsilon\leqslant 2)$, 存在$\delta>0$, 使得$\forall x$, $y\in X$, $\|x\|\leqslant 1$, $\|y\|\leqslant 1$, 只要$\|x-y\|\geqslant\varepsilon$, 就有$\left\|\dfrac{x+y}{2}\right\|\leqslant 1-\delta$. 否则, 存在$\varepsilon_0>0$, 对于任意的正整数 n, 存在$\|x_n\|=\|y_n\|=1$, 有$\|x_n-y_n\|\geqslant\varepsilon_0$, 但$\left\|\dfrac{x_n+y_n}{2}\right\|>1-\dfrac{1}{n}$, 于是

$$\lim_{n\to\infty}\|x_n+y_n\|=2,\ \lim_{n\to\infty}\|x_n-y_n\|\neq 0,$$

产生矛盾，原命题成立.

因此所述是一致凸空间的等价定义.

7. 设 H 是 Hilbert 空间，M 是 H 的闭子空间，$x_0\in H$，那么

$$\inf\{\|x-x_0\|\mid x\in M\}$$

与

$$\sup\{|(x_0,\ y)|\mid y\in M^{\perp},\ \|y\|=1\}$$

相等吗?

答 相等. 由于 M 是 H 的闭子空间，根据投影定理 2.7.3，存在 $x_1\in M$，$x_2\in M^{\perp}$，使得 $x_0=x_1+x_2$，依据定理 5.5.5，有

$$d(x_0,\ M)=\inf\{\|x-x_0\|\mid x\in M\}=\|x_2\|.$$

对于任意的 $y\in M^{\perp}$，$\|y\|=1$，有

$$|(x_0,\ y)|=|(x_1,\ y)+(x_2,\ y)|=|(x_2,\ y)|\leqslant\|x_2\|\|y\|=\|x_2\|,$$

所以 $\sup\{|(x_0,\ y)|\mid y\in M^{\perp},\ \|y\|=1\}\leqslant\|x_2\|$.

当 $\|x_2\|=0$ 时，$|(x_0,\ y)|=0$，即 $\sup\{|(x_0,\ y)|\mid y\in M^{\perp},\ \|y\|=1\}=0=\|x_2\|$.

当 $\|x_2\|\neq 0$，令 $y=\dfrac{x_2}{\|x_2\|}$，于是 $\|y\|=1$，有

$$(x_0,\ y)=\left(x_1,\ \frac{x_2}{\|x_2\|}\right)+\left(x_2,\ \frac{x_2}{\|x_2\|}\right)=\|x_2\|,$$

因此 $\sup\{|(x_0,\ y)|\mid y\in M^{\perp},\ \|y\|=1\}\geqslant\|x_2\|$.

综上所述 $\inf\{\|x-x_0\|\mid x\in M\}=\sup\{|(x_0,\ y)|\mid y\in M^{\perp},\ \|y\|=1\}$.

8. 设 M 是线性空间 X 的线性流形，且 M 不是 X 的线性子空间，那么 $\forall x,\ y\in M$，有 $x+y\notin M$ 吗?

答 有 $x+y\notin M$. 根据性质 5.4.4，存在线性子空间 M_0，及 $x_0\in M$，使得

$$M=x_0+M_0,$$

由于 M 不是线性子空间，所以有 $x_0\neq\theta$，$x_0\notin M_0$. $\forall x,\ y\in M$，由 $M=x_0+M_0$ 知

$$x=x_0+x',\ y=x_0+y',$$

其中 $x',\ y'\in M_0$，于是

$$x+y=x_0+(x'+x_0+y').$$

假设 $x+y\in M$，那么 $x'+x_0+y'\in M_0$，由于 $x',\ y'\in M_0$，M_0 是线性子空间，所以 $x_0\in M_0$. 这与前面的结论 $x_0\notin M_0$ 相矛盾，故 $x+y\notin M$.

9. 由定理 5.5.5 知，若 C 为 Hilbert 空间 H 中的非空闭凸集，则对于 $x_0\in H$，存在关于 C 的唯一最佳逼近 $y_0\in C$，即 $d(x_0,\ C)=\|x_0-y_0\|$. 条件中的"C 为凸集"是否可以去掉?

答 不能去掉. 设 $\{e_1,\ e_2,\ \cdots,\ e_n,\ \cdots\}$ 是 Hilbert 空间 H 的标准正交基，令

$$x_n=\left(1+\frac{1}{n}\right)e_n,\ M=\{x_1,\ x_2,\ \cdots,\ x_n,\ \cdots\}.$$

当 $m\neq n$，有

$$\|x_m - x_n\|^2 = \left\|\left(1+\frac{1}{m}\right)e_m - \left(1+\frac{1}{n}\right)e_n\right\|^2 = \left(1+\frac{1}{m}\right)^2 + \left(1+\frac{1}{n}\right)^2 > 2,$$

所以 $M' = \phi$，即 M 是非空闭集，显然 M 不是凸集. 由于 M 中的点 x_n 范数为

$$\|x_n\| = 1 + \frac{1}{n},$$

可见取 $x_0 = \theta$，不存在关于 M 的唯一最佳逼近元.

10. 定义了乘法的线性赋范空间成为赋范代数，完备的赋范代数为 Banach 代数，例如 Banach 空间上的全体有界线性算子构成一个 Banach 代数，在 Banach 代数上引入了"对合(Involution)"运算就有了 C^* 代数，C^* 代数是一类特殊的 Banach 代数，那么什么是 C^* 代数呢？

答 设 X 是 Banach 代数，"$*$"为 X 上的映射，若 $\forall x, y \in X$，$\alpha \in \mathbb{C}$，有

① $(x+y)^* = x^* + y^*$； ② $(\alpha x)^* = \bar{\alpha} x^*$； ③ $(xy)^* = y^* x^*$； ④ $x^{**} = x^*$； ⑤ $\|x^* x\| = \|x\|^2$，

则称"$*$"为 X 上的对合运算，称 X 为 C^* 代数.

复数$\mathbb{C}$是 C^* 代数，其中的对合是复共轭，即 $z^* = \bar{z}$. 类似于自伴算子、投影算子、正规算子、酉算子等概念，对于 C^* 代数 X 中的元素 x，

① 若 $x^* = x$，则称 x 是自伴元；

② 若 $x^* = x = x^2$，则称 x 是投影；

③ 若 $x^* x = x x^*$，则称 x 是正规元；

④ 若 $x^* x = x x^* = e$，则称 x 是酉元，

其中 e 是 C^* 代数 X 中的单位元. 在 C^* 代数中，可证明 $\|x^*\| = \|x\|$，$\|x^* x\| = \|x^*\|\|x\|$，所以对合"$*$"是连续映射.

5.4 习题扩编

◇知识点 5.1 不动点

1. 设(X, d) 为度量空间，映射 $A: X \to X$ 满足：$\forall x, y \in X$ 且 $x \neq y$ 有

$$d(Ax, Ay) < d(x, y),$$

证明若知 A 有不动点，那么此不动点是唯一的.

2. 设 M 是$(\mathbb{R}^n, d)$ 中的有界闭子集，$\forall x, y \in M$ 且 $x \neq y$，映射 $A: M \to M$ 满足 $d(Ax, Ay) < d(x, y)$，证明 A 在M 中存在唯一的不动点.

3. 设算子 $Tx(t) = \int_0^t x(u)\mathrm{d}u : C[0, 1] \to C[0, 1]$，其中 $t \in [0, 1]$，$C[0, 1]$ 上的度量为

$$d(x, y) = \max_{0 \leqslant t \leqslant 1}\{|x(t) - y(t)|\}.$$

证明 T^2 是压缩映射，但 T 却不是压缩映射.

4. 设(X, d) 为度量空间，若存在常数$\beta > 1$，使得映射 $A: X \to X$ 满足 $\forall x, y \in X$ 且 $x \neq y$ 有

$$d(Ax, Ay) \geqslant \beta d(x, y),$$

则称 A 为扩张映射.

(1) 设 (X, d) 为完备的度量空间，映射 $A: X \to X$ 是满的扩张映射，则 A 存在唯一的不动点.

(2) 举例说明非满的扩张映射未必存在不动点.

5. 设 $f(x)$ 是闭区间 $[a, b]$ 上的连续函数，且 $f: [a, b] \to [a, b]$，则存在 $x^* \in [a, b]$，使得 $f(x^*) = x^*$，并举例说明不动点 x^* 并不唯一.

◇ 知识点 5.2　不动点定理的应用

6. 求方程 $x = \sqrt{2 + \sqrt{2 + \sqrt{2 + x}}}$ 的根.

7. 设二元函数 $F(x, y)$ 在区域 $\{(x, y) \mid a \leqslant x \leqslant b, -\infty < y < +\infty\}$ 上连续，关于 y 的偏导数存在，且满足条件 $0 < m \leqslant F'_y(x, y) \leqslant M$，其中 m，M 是正常数，则存在连续函数 $y = f(x)$，$x \in [a, b]$ 满足：$\forall x \in [a, b]$，$F(x, f(x)) = 0$. [定理 5.2.4]

8. 对于任意的 $f(x) \in C[a, b]$，当 $|\lambda| < \dfrac{1}{M}$ 时，其中 $\int_a^b |K(t, \tau)| \mathrm{d}\tau \leqslant m < +\infty$，Fredholm 积分方程

$$x(t) = f(t) + \lambda \int_a^b K(t, \tau) x(\tau) \mathrm{d}\tau$$

有唯一连续解 $x^*(t)$，并且函数 $x^*(t)$ 是迭代序列 $x_0, x_1, x_2, \cdots, x_n, \cdots$ 的极限，其迭代过程为 $x_{n+1}(t) = f(t) + \lambda \int_a^b K(t, \tau) x_n(\tau) \mathrm{d}\tau$. [定理 5.2.6]

9. 应用 Brouwer 不动点定理（设 $M \subset \mathbb{R}^n$ 是非空有界闭凸集，则连续算子 $T: M \to M$ 存在不动点）证明代数学基本定理（复多项式一定存在根）.

10. 应用 Brouwer 不动点定理证明 Schauder 不动点定理（设 M 是 Banach 空间 X 上的非空有界闭凸集，则紧算子 $T: M \to M$ 存在不动点）.

◇ 知识点 5.3　Hahn-Banach 延拓定理的应用

11. 定义在 $[0, 1]$ 的连续函数 $f(x)$ 为

$$f(x) = \begin{cases} x \sin \dfrac{\pi}{x}, & 0 < x \leqslant 1, \\ 0, & x = 0, \end{cases}$$

证明 $f(x)$ 不是有界变差函数.

12. 设 $-\infty < a < b < +\infty$，$F \in C[a, b]^*$，则存在有界变差函数 $w \in V[a, b]$，使得 $\forall f \in C[a, b]$，有

$$F(f) = \int_a^b f(x) \mathrm{d}w(x),$$

而且 $\|F\| = V_a^b(w)$. [定理 5.3.3 的必要性]

13. 设 $y(t) \in C[0, 1]$，证明积分方程 $x(t) - \dfrac{1}{2} \int_0^1 \mathrm{e}^{t-s} x(s) \mathrm{d}s = y(t)$ 存在唯一解

$$x(t) \in C[0, 1].$$

14. 设 X 是线性赋范空间，$E \subseteq X$，$x \in X$，证明 $x \in \overline{\text{span}E}$ 当且仅当 $\forall f \in X^*$，若 $f(E)=0$，则 $f(x)=0$.

◇ 知识点 5.4　线性流形

15. 设 X 为数域$\mathbb{F}$上的线性空间，M_1，M_2 为 X 的线性流形，则

(1) $M=M_1 \cap M_2$ 为 X 的线性流形.

(2) $M=M_1+M_2=\{m_1+m_2 \mid m_1 \in M_1, m_2 \in M_2\}$ 为 X 的线性流形. [性质 5.4.5]

16. 设 X 为数域$\mathbb{F}$上的线性空间，线性流形 $M=x_0+M_0$，其中 M_0 为子空间，证明下列命题等价：

(1) M 为 X 的子空间.

(2) $\mathbf{0} \in M$.

(3) $M \cap M_0=M_0$. [性质 5.4.6]

◇ 知识点 5.5　凸集与最佳逼近

17. 设 X，Y 为线性空间，$f: X \to Y$ 是线性映射，C 为线性空间 X 的凸集，那么 $f(C)$ 为线性空间 Y 的凸集. [性质 5.5.2]

18. 设 X 为数域$\mathbb{F}$上的线性空间，C_1，C_2 为 X 的凸集，$k \in \mathbb{F}$，则

(1) $kC_1=\{kx \mid x \in C_1\}$ 为凸集.

(2) $C_1+C_2=\{x+y \mid x \in C_1, y \in C_2\}$ 为凸集.

(3) $C_1 \oplus C_2=\{(x, y) \mid x \in C_1, y \in C_2\} \subset X \times X$ 为凸集. [性质 5.5.3]

19. 设 H 为 Hilbert 空间，证明 H 为严格凸空间、一致凸空间.

20. 设 X 为严格凸线性赋范空间，$f \in X^*$ 且 $f \neq 0$，则在 X 的单位球面上最多存在一点 x，使得 $f(x)=\|f\|$. [性质 5.5.5]

21. 若 X 是光滑的，Y 是 X 的子空间，证明 Y 是光滑的.

22. 设 X 是线性赋范空间，若 X^* 是严格凸的 Banach 空间，则 X 是光滑的空间. [性质 5.5.7(1)]

23. 设 X 是线性赋范空间，若 X^* 是光滑的 Banach 空间，则 X 是严格凸的空间. [性质 5.5.7(2)]

24. 设 X 是线性赋范空间，Y 是 X 的子空间，$x \in X$，若存在 $y_0 \in Y$，使得 $\|x-y_0\|=d(x, Y)$，则称 y_0 是 x 在 Y 中的最佳逼近(**Best Approximation**). 证明 x 在 Y 中的最佳逼近点集 M 是凸集. [定理 5.5.3]

25. 设线性赋范空间$(\mathbb{R}^2, \|\|_1)$上的范数定义为$\|(x_1, x_2)\|_1=|x_1|+|x_2|$，其中$(x_1, x_2) \in \mathbb{R}^2$，证明若$x_0=(1,-1)$，$Y=\{(\eta, \eta) \mid \eta \in \mathbb{R}\} \subset \mathbb{R}^2$，则$x_0$关于$Y$的最佳逼近 y_0 不唯一.

26. 设 Y 是严格凸线性赋范空间 X 的有限维子空间，证明 $\forall x_0 \in X$，关于 Y 的最佳逼近唯一存在.

27. 设 T 是拓扑空间 X 到 Y 上的双射(既射单又满射)，且 T 与 T^{-1} 均连续，则称 T 为同胚映射. 设 E 是 $\mathbb{R}^n$ 中的紧凸集且含有内点，证明必存在一个同胚映射 $T: \mathbb{R}^n \to \mathbb{R}^n$，使得

E 同胚于 $\mathbb{R}^n$ 中的闭单位球.

28. 集合 A 的凸包(Convex Hull)co$A$ 是指包含 A 的所有凸集的交集，即

$$\mathrm{co}A=\bigcap\{S\,|\,A\subseteq S,\ S\text{ 为凸集}\}.$$

设 E 是实线性空间 X 的子集，证明

$$\mathrm{co}E=\left\{\sum_{i=1}^{n}\lambda_i x_i\,\middle|\,x_i\in E,\ \lambda_i\geqslant 0,\ 1\leqslant i\leqslant n,\ \sum_{i=1}^{n}\lambda_i=1,\ n\geqslant 1,\ n\in\mathbb{N}\right\}.$$

29. 证明 $C[a,b]$ 不是严格凸空间.

30. 设 H 是 Hilbert 空间，证明$\{e_1,e_2,\cdots,e_n\}$是 H 的线性独立系当且仅当格拉姆行列式(Gram Determinant)$G(e_1,e_2,\cdots,e_n)\neq 0$，其中

$$G(e_1,e_2,\cdots,e_n)=\begin{vmatrix}(e_1,e_1)&(e_1,e_2)&\cdots&(e_1,e_n)\\(e_2,e_1)&(e_2,e_2)&\cdots&(e_2,e_n)\\\vdots&\vdots&&\vdots\\(e_n,e_1)&(e_n,e_2)&\cdots&(e_n,e_n)\end{vmatrix}.$$

31. 设 H 是 Hilbert 空间，Y 是 H 的 n 维子空间，$\{e_1,e_2,\cdots,e_n\}$是 Y 的线性独立系，$x\in H$，y 是 x 在 Y 中的唯一最佳逼近，证明

$$\|x-y\|^2=\frac{G(x,e_1,e_2,\cdots,e_n)}{G(e_1,e_2,\cdots,e_n)},$$

其中 $G(e_1,e_2,\cdots,e_n)$ 是拉姆行列式以及

$$G(x,e_1,e_2,\cdots,e_n)=\begin{vmatrix}(x,x)&(x,e_1)&\cdots&(x,e_n)\\(e_1,x)&(e_1,e_1)&\cdots&(e_1,e_n)\\\vdots&\vdots&&\vdots\\(e_n,x)&(e_n,e_1)&\cdots&(e_n,e_n)\end{vmatrix}.$$

◇ 知识点 5.6 超平面与闵可夫斯基泛函

32. 设 M 是线性赋范空间 X 的非空闭凸子集，$\mathbf{0}\in M$，$p(x)$：$X\to\mathbb{R}$ 为 M 的 Minkowski 泛函，则 $M=\{x\,|\,x\in X,\ p(x)\leqslant 1\}$. [性质 5.6.4(4)]

33. 设 M 是线性赋范空间 X 的非空凸子集，$\mathbf{0}\in M$，$p(x)$：$X\to\mathbb{R}$ 为 M 的 Minkowski 泛函，则$\{x\,|\,x\in X,\ p(x)<1\}\subset M$. [性质 5.6.4(5)]

◇ 知识点 5.7 分离性定理

34. 设 C 为实线性赋范空间 X 的非空凸子集，$p(x)$ 是凸集 C 的 Minkowski 泛函，且零元素 θ 为 C 的内点，则 int$C=\{x\,|\,x\in X,\ p(x)<1\}$. [性质 5.7.1(2)]

35. 设 X 是实线性赋范空间，E，F 为 X 的非空凸子集，$E\cap F=\varphi$，$\mathring{E}\neq\phi$，则存在 $f\in X^*$ 及 $\alpha\in\mathbb{R}$，使得 P_f^α 分离 E 和 F. [推论 5.7.2]

36. 设 C 和 D 是实 Hilbert 空间 H 的两个子集，若存在非零元素 $u\in H$，使得

$$\sup_{x\in C}\{(x,u)\}\leqslant\inf_{y\in D}\{(y,u)\},$$

则称 C 和 D 可分，若上述不等式严格成立，则称 C 和 D 强可分. 证明当 $x\in H\backslash C$，C 是非空闭凸集时，C 和$\{x\}$强可分.

37. 设 C 和 D 是实 Hilbert 空间 H 的两个非空子集，$C\cap D=\phi$ 且 $C-D$ 是闭凸集，证明 C 和 D 强可分.

38. 设 C 和 D 是实 Hilbert 空间 H 的两个非空闭凸子集，$C\cap D=\phi$ 且 D 为列紧集，证明 C 和 D 强可分.

◇ 知识点 5.8 Baire 纲定理及逆算子定理的应用

39. 证明不存在开区间 $(0, 1)$ 上的有界实函数 f，使得 f 在 $(0, 1)$ 上的有理数点处连续，在 $(0, 1)$ 上的无理数点处不连续. [Baire 纲定理的应用]

40. 设 X 和 Y 是 Banach 空间，算子 $T\in B(X\to Y)$ 为开映射，证明 T 是满射，且存在 $\lambda>0$，使得 $\{y\in Y \mid \|y\|\leqslant\lambda\}\subseteq\overline{\{Tx \mid x\in X, \|x\|\leqslant 1\}}$. [Baire 纲定理的应用]

41. 设 X 和 Y 是 Banach 空间，算子 $T\in B(X\to Y)$ 为开映射，证明存在 $\lambda>0$，使得 $\{y\in Y \mid \|y\|\leqslant\lambda\}\subseteq\{Tx \mid x\in X, \|x\|\leqslant 1\}$. [Baire 纲定理的应用]

42. 设 X 是 Banach 空间，A 和 B 是 X 的闭子空间，且 $X=A\oplus B$，证明存在大于零的常数 $\lambda<\infty$，满足 $\forall x\in X$，存在 $a\in A$，$b\in B$，使得

$$x=a+b,\ \|a\|+\|b\|\leqslant\lambda\|x\|.$$ [逆算子定理的应用]

5.5 习题解答

1. **证明** 假设 $x, y\in X$ 均是 A 的不动点且 $x\neq y$，即 $Ax=x$，$Ay=y$，那么

$$d(Ax, Ay)=d(x, y),$$

这与条件"$\forall x, y\in X$ 且 $x\neq y$ 有 $d(Ax, Ay)<d(x, y)$"相矛盾，故若 A 有不动点必唯一.

2. **证明** 任取 $x_0\in M$，令

$$x_1=Ax_0,\ x_2=Ax_1=A^2x_0,\ \cdots,\ x_n=Ax_{n-1}=A^nx_0,\ \cdots$$

于是知

$$d(x_n, x_{n+1})=d(Ax_{n-1}, Ax_n)<d(x_{n-1}, x_n),$$

即数列 $\{d(x_n, x_{n+1})\}$ 是单调递减有下界的数列，所以存在

$$\lim_{n\to\infty}d(x_n, x_{n+1})=\lim_{n\to\infty}d(Ax_{n-1}, A(Ax_{n-1})).$$

由于 M 是 $(\mathbb{R}^n, d)$ 中的有界闭子集，即 M 为紧集，所以 M 中的点列 $\{x_n\}$ 具有收敛的子列 $\{x_{n_k}\}$，设其收敛点为 x^*，显然有 $\lim\limits_{k\to\infty}Ax_{n_k}=Ax^*$（$A$ 是连续映射），于是（A^2，$d(x, y)$ 是连续映射）

$$d(Ax^*, A^2x^*)=\lim_{k\to\infty}d(Ax_{n_k}, A(Ax_{n_k})).$$

由上述 $\lim\limits_{n\to\infty}d(x_n, x_{n+1})=\lim\limits_{n\to\infty}d(Ax_{n-1}, A(Ax_{n-1}))$ 知

$$\lim_{k\to\infty}d(Ax_{n_k}, A(Ax_{n_k}))=\lim_{k\to\infty}d(x_{n_k}, Ax_{n_k}).$$

又因为 $=\lim\limits_{k\to\infty}d(x_{n_k}, Ax_{n_k})=d(x^*, Ax^*)$，所以

$$d(Ax^*, A(Ax^*))=d(x^*, Ax^*).$$

由条件当 $x, y\in M$ 且 $x\neq y$ 有 $d(Ax, Ay)<d(x, y)$，因此 $Ax^*=x^*$.

3. **证明**　令 $x(t)=a$，$y(t)=b$，其中 a，b 为常数，有

$$d(Tx,\ Ty)=\max_{0\leqslant t\leqslant 1}\{|Tx(t)-Ty(t)|\}=|a-b|=d(x,\ y),$$

所以 T 不是压缩映射. 由于 $\forall x$，$y\in C[0,\ 1]$，有

$$\begin{aligned}d(T^2x,\ T^2y)&=\max_{0\leqslant t\leqslant 1}\{|T^2x(t)-T^2y(t)|\}\\&=\max_{0\leqslant t\leqslant 1}\left\{\left|\int_0^t\int_0^u x(v)\mathrm{d}v\mathrm{d}u-\int_0^t\int_0^u y(v)\mathrm{d}v\mathrm{d}u\right|\right\}\\&\leqslant\max_{0\leqslant t\leqslant 1}\left\{\left|\int_0^t\int_0^u[d(x,\ y)]\mathrm{d}v\mathrm{d}u\right|\right\}\\&=d(x,\ y)\max_{0\leqslant t\leqslant 1}\left\{\left|\int_0^t u\mathrm{d}u\right|\right\}=\frac{1}{2}d(x,\ y),\end{aligned}$$

所以 T^2 是压缩映射.

4. **证明**　(1) 若 x，$y\in X$ 且 $x\neq y$，则 $d(Ax,\ Ay)>\beta d(x,\ y)>0$，所以 $Ax\neq Ay$，可见扩张映射 A 是单射，加之 A 是满射，因此 A^{-1} 存在. $\forall x_1$，$x_2\in X$，记

$$y_1=A^{-1}x_1,\ y_2=A^{-1}x_2,$$

则由 $d(Ay_1,\ Ay_2)\geqslant\beta d(y_1,\ y_2)$ 得，

$$d(A^{-1}x_1,\ A^{-1}x_2)\leqslant\frac{1}{\beta}d(x_1,\ x_2),$$

所以 A^{-1} 是完备空间 $(X,\ d)$ 上的压缩映射，依据压缩映射原理，A^{-1} 存在唯一的不动点 x^*，即 x^* 也是 A 的唯一不动点.

(2) 取 $X=[0,\ +\infty)$，度量为 $d(x,\ y)=|x-y|$，$A:X\to X$ 为 $A(x)=2x+1$，显然 A 不是满射，$\forall x$，$y\in X$ 且 $x\neq y$ 有

$$d(Ax,\ Ay)=|2x-2y|\geqslant 2|x-y|=2d(x,\ y).$$

因此 A 是扩张映射，但不是满射. 易验证 $Ax=x$ 在 $[0,\ +\infty)$ 无解.

5. **证明**　令 $F(x)=f(x)-x$，由 $f:[a,\ b]\to[a,\ b]$ 知：

$$F(a)=f(a)-a\geqslant 0,\ F(b)=f(b)-b\leqslant 0.$$

显然 $F(x)$ 是闭区间 $[a,b]$ 上的连续函数，依据零点定理，存在 $x^*\in[a,\ b]$，使得 $F(x^*)=0$，即 $f(x^*)=x^*$.

例如区间 $[0,\ 1]$ 上的连续函数 $f_1(x)=1-x$、$f_2(x)=x^2$、$f_3(x)=x$ 分别有 1 个 $\left(x^*=\frac{1}{2}\right)$、2 个 $(x^*=0,\ 1)$ 和无限多个不动点.

6. **解**　令 $X=[0,\ +\infty)$，$d(x,\ y)=|x-y|$，$(X,\ d)$ 是完备的度量空间. 定义

$$T:X\to X,\ Tx=\sqrt{2+x},$$

显然函数 $\left|(\sqrt{2+x})'\right|\leqslant\frac{1}{2}$，由定理 5.2.1 知存在唯一的解，使得 $Tx^*=\sqrt{2+x^*}$，其中 $x^*=2$. 即 $x^*=2$ 是压缩映射 T 的不动点，于是

$$T^3x^*=T[T(Tx^*)]=T[T(x^*)]=T(x^*)=x^*,$$

因此方程 $x=\sqrt{2+\sqrt{2+\sqrt{2+x}}}$ 的根为 $x^*=2$.

7. **证明**　在完备度量空间 $C[a,\ b]$ 中定义映射 T：

$$\forall \phi(x) \in C[a, b], (T\phi)(x) = \phi(x) - \frac{1}{M}F(x, \phi(x)).$$

由于 $F(x, y)$ 是连续函数，所以 $T\phi \in C[a, b]$，即 $T: C[a, b] \to C[a, b]$. 下面证 T 是压缩映射.

设 $\phi, \varphi \in C[a, b]$，根据微分中值定理得，存在 $\theta \in (0, 1)$，使得

$$\begin{aligned} |T\phi - T\varphi| &= \left|\phi(x) - \frac{1}{M}F(x, \phi(x)) - \varphi(x) + \frac{1}{M}F(x, \varphi(x))\right| \\ &= \left|\phi(x) - \varphi(x) + \frac{1}{M}[F(x, \varphi(x)) - F(x, \phi(x))]\right| \\ &= \left|\phi(x) - \varphi(x) + \frac{1}{M}[F'_y(x, \phi(x) + \theta(\varphi(x) - \phi(x))](\varphi(x) - \phi(x)\right| \\ &\leqslant \left(1 - \frac{m}{M}\right)|\phi(x) - \varphi(x)|. \end{aligned}$$

记 $\alpha = 1 - \frac{m}{M}$，显然，于是有 $|T\phi - T\varphi| \leqslant \alpha|\phi - \varphi|$，因此

$$d(T\phi, T\varphi) = \max_{x \in [a, b]} |(T\phi)(x) - (T\varphi)(x)| \leqslant \alpha \max_{x \in [a, b]} |\phi(x) - \varphi(x)| = \alpha d(\phi, \varphi).$$

因此 T 是压缩映射，由压缩映射原理知存在唯一的 $f(x) \in C[a, b]$，使得

$$(Tf)(x) = f(x),$$

即 $F(x, f(x)) = 0$，$x \in [a, b]$.

8. **证明** 设 $(Tx)(t) = f(t) + \lambda \int_a^b K(t, \tau) x_n(\tau) \mathrm{d}\tau$，由 $K(t, \tau)$ 的连续性知，T 是从 $C[a, b]$ 到 $C[a, b]$ 上的映射 $T: C[a, b] \to C[a, b]$. $\forall x(t), y(t) \in C[a, b]$ 有

$$\begin{aligned} d(Tx, Ty) &= \max_{a \leqslant t \leqslant b}\{|(Tx)(t) - (Ty)(t)|\} \\ &= \max_{a \leqslant t \leqslant b}\left\{\left|\lambda \int_a^b K(t, \tau)x(\tau)\mathrm{d}\tau - \lambda \int_a^b K(t, \tau)y(\tau)\mathrm{d}\tau\right|\right\} \\ &= |\lambda| \max_{a \leqslant t \leqslant b}\left\{\left|\int_a^b K(t, \tau)[x(\tau) - y(\tau)]\mathrm{d}\tau\right|\right\} \\ &\leqslant |\lambda| \max_{a \leqslant t \leqslant b}\left\{\int_a^b |K(t, \tau)||x(\tau) - y(\tau)|\mathrm{d}\tau\right\} \\ &\leqslant |\lambda| M \max_{a \leqslant \tau \leqslant b}\{|x(\tau) - y(\tau)|\} \\ &= |\lambda| M d(x, y). \end{aligned}$$

由于 $|\lambda|M < 1$，即 T 是压缩映射，根据压缩映射原理知 T 在 $C[a, b]$ 上存在唯一的不动点 $x^*(t)$，即为 Fredholm 积分方程的唯一连续解，且函数 $x^*(t)$ 是迭代序列 $x_0, x_1, x_2, \cdots, x_n, \cdots$ 的极限，其迭代过程为

$$x_{n+1}(t) = f(t) + \lambda \int_a^b K(t, \tau) x_n(\tau) \mathrm{d}\tau.$$

9. **证明** 设 $f(z) = \sum_{k=0}^{n} a_k z^k$ 是复多项式，不妨设 $a_n = 1$，则

$$f(z) = z^n + \sum_{k=0}^{n-1} a_k z^k.$$

令 $z=re^{i\theta}$，$\alpha=2+\sum_{k=0}^{n-1}|a_k|$，其中 $0\leqslant\theta\leqslant 2\pi$，定义 $\mathbb{C}$ 上的映射

$$T(z)=\begin{cases} z-\dfrac{f(z)}{\alpha e^{i(n-1)\theta}}, & |z|\leqslant 1, \\ z-\dfrac{f(z)}{\alpha z^{n-1}}, & |z|>1, \end{cases}$$

显然 T 在 $\mathbb{C}$ 上连续. 令 $K=\overline{O}(0,\alpha)$，则闭球 K 为 $\mathbb{C}$ 上的有界凸闭集. 当 $|z|\leqslant 1$ 时，有

$$|T(z)|\leqslant|z|+\frac{|f(z)|}{\alpha}\leqslant 1+\frac{1+\sum_{k=0}^{n-1}|a_k|}{\alpha}\leqslant 1+1<\alpha,$$

当 $1<|z|\leqslant\alpha$ 时，有

$$|T(z)|\leqslant\left|z-\frac{z}{\alpha}-\frac{\sum_{k=0}^{n-1}a_k z^k}{\alpha z^{n-1}}\right|\leqslant\left|\frac{(\alpha-1)z}{\alpha}\right|+\frac{\sum_{k=0}^{n-1}|a_k|}{\alpha}$$

$$\leqslant\alpha-1+\frac{\sum_{k=0}^{n-1}|a_k|}{\alpha}=\alpha-1+\frac{\alpha-2}{\alpha}\leqslant\alpha,$$

所以 $T:K\to K$. 依据布劳威尔不动点定理，T 在闭球 K 中存在不动点 z^*，即 z^* 为 f 的根.

10. **证明** 设 M 是 Banach 空间 X 上的非空有界闭凸集，$T:M\to M$ 为紧算子，下面证明算子 T 存在不动点. 由于 M 非空，设 $u_0\in M$，为了证明的方便，不妨设零元素 $\theta\in M$.

由于紧算子是有限秩算子的极限(第四章习题 63 的结论)，所以存在 X 的有限维子空间 X_n，以及连续算子 $T_n:M\to X_n$，使得

$$\|T_n u-Tu\|\leqslant\frac{1}{n},\ \forall u\in M.$$

定义 $M_n=X_n\cap M$，则 M_n 是 X_n 的有界闭凸集. 因为零元素 $\theta\in X_n$，$\theta\in M$，所以 $\theta\in M_n$. 由(第四章习题 63 的证明)T_n 的构造知，

$$T_n(M)\subseteq\mathrm{co}T(M)\subseteq\mathrm{co}M=M.$$

应用 Brouwer 不动点定理，算子 $T_n:M_n\to M_n$ 存在不动点 $u_n\in M_n$，即

$$T_n(u_n)=u_n,\ n=1,2,\cdots,u_n,$$

由第四章习题 63 的证明知 $\|Tu_n-u_n\|\leqslant\frac{1}{n}$，$n=1,2,\cdots$，由于 $M_n\subseteq M$ 且 M 有界，所以 $\{u_n\}$ 有界. 由于 $T:M\to M$ 为紧算子，所以 $\{Tu_n\}$ 存在子列 $\{Tu_{n_k}\}$，使得

$$Tu_{n_k}\to v,\ k\to\infty.$$

其中 $\{Tu_{n_k}\}\subseteq M$，M 为闭集，于是知 $v\in M$，因为

$$\|v-u_{n_k}\|\leqslant\|v-Tu_{n_k}\|+\|Tu_{n_k}-u_{n_k}\|\to 0,$$

即 $\lim\limits_{k\to\infty}u_{n_k}=v$，由 T 连续知

$$Tv=T(\lim_{k\to\infty}u_{n_k})=\lim_{k\to\infty}Tu_{n_k}=v.$$

11. **证明**　作[0，1]上的划分 π 为

$$0<\frac{2}{2n-1}<\frac{2}{2n-3}<\cdots<\frac{2}{5}<\frac{2}{3}<1,\ n\geqslant 2,$$

其对应的和式为

$$\begin{aligned}V_f(\pi)&=\frac{2}{2n-1}+\left(\frac{2}{2n-1}+\frac{2}{2n-3}\right)+\cdots+\left(\frac{2}{5}+\frac{2}{3}\right)+\frac{2}{3}\\&=2\sum_{k=2}^{n}\frac{2}{2k-1}=4\sum_{k=2}^{n}\frac{1}{2k-1},\end{aligned}$$

当 $n\to+\infty$ 时，$V_f(\pi)\to+\infty$，因此 $f(x)$ 不是有界变差函数.

12. **证明**　(1) 令 $B[a,b]$ 表示有界函数 $u(x):[a,b]\to\mathbb{R}$ 的全体，通过定义范数 $\|u\|=\sup\{|u(x)|\mid x\in[a,b]\}$，$B[a,b]$ 为线性赋范空间. 显然 $C[a,b]$ 为 $B[a,b]$ 子空间.

根据 Hahn-Banach 延拓定理，存在 F 的线性连续延拓泛函 $D:B[a,b]\to\mathbb{R}$，使得 $\|D\|=\|F\|$. 令

$$v_t(x)=\begin{cases}1, x\in[a,t],\\0, x\in(t,b].\end{cases}$$

显然 $v_t(x)\in B[a,b]$. 定义

$$w(t)=D(v_t(x))\quad(t\in[a,b]),$$

在第(2)步中证明 $w\in V[a,b]$. 下面首先证明 $F(f)=\int_a^b f(x)\mathrm{d}w(x)$.

对于 $f\in C[a,b]$，考虑划分 $\pi: a=x_0<x_1<\cdots<x_n=b$，那么可用如下阶梯函数 f_n 近似连续函数 $f:[a,b]\to\mathbb{R}$，

$$f_n(x)=\sum_{j=1}^{n}f(x_j)(v_{x_j}(x)-v_{x_{j-1}}(x)).$$

于是

$$\begin{aligned}D(f_n)&=\sum_{j=1}^{n}f(x_j)D(v_{x_j}(x)-v_{x_{j-1}}(x))\\&=\sum_{j=1}^{n}f(x_j)(w(x_j)-w(x_{j-1})).\end{aligned}$$

如果取划分使得 $n\to\infty$ 时，$\lambda(\pi)=\max\{x_1-x_0,x_2-x_1,\cdots,x_n-x_{n-1}\}\to 0$，则有

$$\lim_{n\to\infty}D(f_n)=\int_a^b f(x)\mathrm{d}w(x).$$

同时在 $B[a,b]$ 中，$\lim\limits_{n\to\infty}f_n(x)=f(x)$，所以由 D 在 $B[a,b]$ 上连续可得

$$F(f)=D(f)=\int_a^b f(x)\mathrm{d}w(x).$$

(2) 证明 $V_a^b(w)=\|F\|$.

一方面，因为

$$|F(t)|=\left|\int_a^b f(x)\mathrm{d}\omega(x)\right|\leqslant\max_{a\leqslant x\leqslant b}\{|f(x)|\}\cdot V_a^b(\omega)$$

所以$\|F\| \leqslant V_a^b(\omega)$.

另一方面应用(1) 中的划分，可令 $s_j=\mathrm{sgn}[w(x_j)-w(x_{j-1})]$，于是

$$\Delta=\sum_{j=1}^{n}|w(x_j)-w(x_{j-1})|=\sum_{j=1}^{n}s_j[w(x_j)-w(x_{j-1})]$$

$$=\sum_{j=1}^{n}s_j[D(v_{x_j})-D(v_{x_{j-1}})]$$

$$=D\left\{\sum_{j=1}^{n}s_j[(v_{x_j})-(v_{x_{j-1}})]\right\},$$

所以

$$\Delta\leqslant\|D\|\left\|\sum_{j=1}^{n}s_j[(v_{x_j})-(v_{x_{j-1}})]\right\|=\|D\|=\|F\|.$$

因此 $V_a^b(w)\leqslant\|F\|$，即 $w=V[a,b]$.

13. **证明** 由题设积分方程得

$$\mathrm{e}^{-t}x(t)=\mathrm{e}^{-t}\left[y(t)+\frac{1}{2}\int_0^1\mathrm{e}^{t-s}x(s)\mathrm{d}s\right]=\mathrm{e}^{-t}y(t)+\frac{1}{2}\int_0^1\mathrm{e}^{-s}x(s)\mathrm{d}s,$$

记 $h(t)=\mathrm{e}^{-t}x(t)$，$g(t)=\mathrm{e}^{-t}y(t)$，则有

$$h(t)=g(t)+\frac{1}{2}\int_0^1 h(s)\mathrm{d}s.$$

令

$$T:C[0,1]\to C[0,1],\ (Th)(t)=g(t)+\frac{1}{2}\int_0^1 h(s)\mathrm{d}s,$$

则 $\forall u(t),v(t)\in C[0,1]$，有

$$d(Tu,Tv)=\max_{t\in[0,1]}|Tu(t)-Tv(t)|$$

$$=\max_{t\in[0,1]}\left|\frac{1}{2}\int_0^1 u(s)\mathrm{d}s-\frac{1}{2}\int_0^1 v(s)\mathrm{d}s\right|$$

$$\leqslant\frac{1}{2}\int_0^1\max_{t\in[0,1]}|u(s)-v(s)|\mathrm{d}s$$

$$=\frac{1}{2}\max_{t\in[0,1]}|u(s)-v(s)|=\frac{1}{2}d(u,v),$$

根据 Banach 不动点定理知原积分方程存在唯一解.

14. **证明** 设 $x\in\overline{\mathrm{span}E}$，不妨设 $x_n\in\mathrm{span}E$ 以及 $\lim\limits_{n\to\infty}x_n=x$，由 $x_n\in\mathrm{span}E$ 知

$$x_n=a_1e_1+a_2e_2+\cdots+a_me_m,$$

其中 $a_1,a_2,\cdots,a_m\in\mathbb{C}$，$e_1,e_2,\cdots,e_m\in E$，当 $f\in X^*$，$f(E)=0$ 时，有

$$f(x)=f(\lim_{n\to\infty}x_n)=\lim_{n\to\infty}f(x_n)=0.$$

假设 $x\notin\overline{\mathrm{span}E}$，则 $d(x,\overline{\mathrm{span}E})>0$，根据 Hahn-Banach 延拓定理推论 3.8.2 知，存在 $f\in X^*$，使得 $f(E)=0$，$f(x)=d(x,\overline{\mathrm{span}E})>0$，产生矛盾，故命题成立.

15. **证明** (1) 因为 M_1，M_2 为 X 的线性流形，$\forall \alpha, \beta \in \mathbb{F}$且 $\alpha+\beta=1$，由性质 5.4.2 知，$\forall x, y \in M$，$M=M_1 \cap M_2$，有

$$\{\alpha x+\beta y \mid \alpha+\beta=1;\alpha, \beta \in \mathbb{F}\} \subset M_1,$$
$$\{\alpha x+\beta y \mid \alpha+\beta=1;\alpha, \beta \in \mathbb{F}\} \subset M_2,$$

即$\{\alpha x+\beta y \mid \alpha+\beta=1;\alpha, \beta \in \mathbb{F}\} \subset M$，因此 M 为 X 的线性流形.

(2) 依据性质 5.4.4 知，存在子空间 M_{10}，M_{20}以及 $x_{10} \in M_1$，$x_{20} \in M_2$，使得

$$M_1=x_{10}+M_{10},\ M_2=x_{20}+M_{20}.$$

记 $x_0=x_{10}+x_{20}$，显然 $x_0 \in M$，线性子空间的和 $M_1+M_2=M_0$ 还是线性子空间，因此 $M=x_0+M_0$为 X 的线性流形.

16. **证明** (1) ⇒ (2) 显然成立.

(2) ⇒(3) 因为 $\mathbf{0} \in M$，线性流形 $M=x_0+M_0$，依据性质 5.4.3 和性质 5.4.4 知 $M=\mathbf{0}+M_0=M_0$，所以 $M \cap M_0=M_0$.

(3) ⇒(1) 因为 M_0 为子空间，显然 $\mathbf{0} \in M_0=M \cap M_0$，即 $\mathbf{0} \in M$，又线性流形

$$M=x_0+M_0,$$

依据性质 5.4.3 和性质 5.4.4 知 $M=\mathbf{0}+M_0=M_0$，因此 M 为 X 的子空间.

17. **证明** 因为 C 为线性空间 X 的凸集，所以 $\forall x, y \in C$ 有

$$[x, y]=\{\alpha x+(1-\alpha)y \mid 0 \leqslant \alpha \leqslant 1\} \subseteq C.$$

任取 $x', y' \in f(C)$，则存在 $x, y \in C$，使得

$$x'=f(x),\ y' \in f(y)$$

于是对于 $0 \leqslant \alpha \leqslant 1$，有

$$\begin{aligned}\alpha x'+(1-\alpha)y' &= \alpha f(x)+(1-\alpha)f(y)\\ &= f(\alpha x)+f((1-\alpha)y)\\ &= f[\alpha x+(1-\alpha)y] \in f(C).\end{aligned}$$

因此 $f(C)$为线性空间 Y 的凸集.

18. **证明** (1) $\forall x, y \in C_1$，$0 \leqslant \alpha \leqslant 1$，因为 $\alpha kx+(1-\alpha)ky=k[\alpha x+(1-\alpha)y] \in kC_1$，所以 kC_1 为凸集.

(2) $\forall x_1+y_1, x_2+y_2 \in C_1+C_2=\{x+y \mid x \in C_1, y \in C_2\}$，$0 \leqslant \alpha \leqslant 1$，因为

$$\alpha(x_1+y_1)+(1-\alpha)(x_2+y_2)=[\alpha x_1+(1-\alpha)x_2]+[\alpha y_1+(1-\alpha)y_2] \in C_1+C_2,$$

所以 C_1+C_2 为凸集.

(3) $\forall (x_1, y_1), (x_2, y_2) \in C_1 \oplus C_2$，$0 \leqslant \alpha \leqslant 1$，因为

$$\alpha(x_1, y_1)+(1-\alpha)(x_2, y_2)=(\alpha x_1+(1-\alpha)x_2, \alpha y_1+(1-\alpha)y_2) \in C_1 \oplus C_2,$$

所以 $C_1 \oplus C_2$ 为凸集.

19. **证明** (1) 依据定理 2.6.2 的平行四边形公式，$\forall x, y \in H$，$x \neq y$ 且$\|x\|=\|y\|=1$，有

$$\|x+y\|^2+\|x-y\|^2=2\|x\|^2+2\|y\|^2,$$

所以

$$\|x+y\|^2=2\|x\|^2+2\|y\|^2-\|x-y\|^2<2\|x\|^2+2\|y\|^2=4,$$

即$\|x+y\|<2$. 因此 H 为严格凸空间.

(2) 若$\forall x_n, y_n\in X$ 且$\|x_n\|=\|y_n\|=1$, $x_n\neq y_n$, 当$\lim\limits_{n\to\infty}\|x_n+y_n\|=2$ 时, 有

$$\begin{aligned}\lim_{n\to\infty}\|x_n-y_n\|^2&=\lim_{n\to\infty}(2\|x_n\|^2+2\|y_n\|^2-\|x_n+y_n\|^2)\\&=\lim_{n\to\infty}(4-\|x_n+y_n\|^2)=0,\end{aligned}$$

因此 X 为的一致凸的线性赋范空间.

20. **证明** 假设存在两点 $x\neq y$ 且$\|x\|=\|y\|=1$, 使得

$$f(x)=f(y)=\|f\|.$$

因为

$$\|f\|=\frac{1}{2}(f(x)+f(y))=f\left(\frac{x+y}{2}\right)\leqslant\|f\|\left\|\frac{x+y}{2}\right\|,$$

所以

$$\left\|\frac{x+y}{2}\right\|\geqslant 1.$$

因为 X 为严格凸线性赋范空间, 所以$\left\|\frac{x+y}{2}\right\|<1$. 产生矛盾, 故满足$\|x\|=1$ 与$\|f(x)\|=\|f\|$的点 x 唯一存在.

21. **证明** 任取 $y\in Y$ 且 $y\neq 0$, 由依据推论 3.8.1 知, 存在 $f\in Y^*$, 使得

$$f(y)=\|y\|,\ \|f\|=1.$$

为了证明 f 的唯一性, 假设还存在 $g\in Y^*$, 使得

$$g(y)=\|y\|,\ \|g\|=1.$$

于是依据 Hahn-Banach 延拓定理 3.8.4 知, 存在 $F, G\in X^*$ 分别是 $f, g\in Y^*$ 在 X 上的保范延拓, 即

$$F(x)=G(x)=\|x\|,\ \|F\|=\|G\|=1,$$

因为 X 是光滑的, 所以 $F=G$, 由于 f, g 分别是F, G 在子空间 Y 上的限制, 可见 $f=g$, 因此 Y 是光滑的.

22. **证明** 假设 X 不是光滑的空间, 则存在 $x\in X$、$\|x\|=1$, 以及 $f, g\in X^*$、$\|f\|=\|g\|=1$, 使得 $f(x)=g(x)=1$. 由

$$2=|f(x)+g(x)|\leqslant\|f+g\|\|x\|=\|f+g\|,$$

可知$\|f+g\|\geqslant 2$. 而由 X^* 是严格凸的空间知$\|f+g\|<2$, 产生矛盾, 故 X 是光滑的空间.

23. **证明** 假设 X 不是严格凸的空间, 则存在

$$x, y\in X,\ \|x\|=\|y\|=1,\ x\neq y,$$

使得$\|x+y\|=2$. 依据 Hahn-Banach 延拓定理的推论 3.8.1, 存在 $f\in X^*$、$\|f\|=1$, 使得$f\left(\frac{x+y}{2}\right)=1$. 于是 $f(x)+f(y)=2$, 又因为

$$|f(x)|\leqslant\|f\|\|x\|=1,$$
$$|f(y)|\leqslant\|f\|\|y\|=1,$$

所以 $f(x)=f(y)=1$. 利用教材中定理 3.8.5 证明中的自然嵌入映射 $\varphi: X\to X^{**}$, 即

$$\varphi(x)=\tilde{x},\ \varphi(y)=\tilde{y},\ \tilde{x}, \tilde{y}\in X^{**} \text{ 且} \|\tilde{x}\|=\|\tilde{y}\|=1,$$

于是

$$\widetilde{x}(f)=f(x)=1,\ \widetilde{y}(f)=f(y)=1,$$

这与 X^* 是光滑空间相矛盾，故 X 是严格凸的空间.

24. **证明**　记 $\delta=d(x,Y)$，当 M 是空集或单点集，命题显然成立. 不妨设 M 非空且不为单点集. 对于 y，$z\in M$，则由最佳逼近定义知 $\|x-y\|=\|x-z\|=\delta$.

设 $w=\alpha y+(1-\alpha)z$，其中 $0\leqslant\alpha\leqslant 1$，则 $w\in Y$，且

$$\begin{aligned}\|x-w\|&=\|\alpha(x-y)+(1-\alpha)(x-z)\|\\&\leqslant\alpha\|x-y\|+(1-\alpha)\|x-z\|\\&=\alpha\delta+(1-\alpha)\delta=\delta,\end{aligned}$$

所以 w 也是 x 在 Y 中的最佳逼近，即 $w\in M$，因此 M 是凸集.

25. **证明**　设 $y=(\eta,\eta)\in Y$，则

$$d(x_0,y)=\|x_0-y\|=|1-\eta|+|-1-\eta|=|1-\eta|+|1+\eta|\geqslant 2.$$

当 $|\eta|\leqslant 1$ 时，$d(x_0,y)=2$，因此 x_0 关于 Y 的最佳逼近 $y_0\in\{(\eta,\eta)\mid\eta\in\mathbb{R},|\eta|\leqslant 1\}$，具有无穷多个最佳逼近.

26. **证明**　依据定理 5.5.3 知，只需证明最佳逼近的唯一性. 假设 y_1，$y_2\in Y$ 均是 x_0 关于 Y 的唯一最佳逼近，即 $d(x_0,y_1)=d(x_0,y_2)=d(x_0,Y)$，显然有

$$\left\|\frac{x_0-y_1}{d(x_0,Y)}\right\|=1,$$

$$\left\|\frac{x_0-y_2}{d(x_0,Y)}\right\|=1.$$

由

$$d(x_0,Y)\leqslant\left\|x_0-\frac{y_1+y_2}{2}\right\|\leqslant\left\|\frac{x_0-y_1}{2}\right\|+\left\|\frac{x_0-y_2}{2}\right\|=d(x_0,Y),$$

得 $\left\|x_0-\dfrac{y_1+y_2}{2}\right\|=d(x_0,Y)$. 于是

$$\left\|\frac{x_0-y_1}{d(x_0,Y)}+\frac{x_0-y_2}{d(x_0,Y)}\right\|=2,$$

这与 X 是严格凸空间相矛盾，故 x_0 关于 Y 的最佳逼近唯一存在.

27. **证明**　由于平移是同胚的，不妨设 $0\in E$ 且 0 是 E 的内点. 令

$$p(x):\mathbb{R}^n\to\mathbb{R}$$

为 E 的 Minkowski 泛函，依据性质 5.6.4 知，存在 a，$b>0$，使得 $\forall x\in\mathbb{R}^n$ 有

$$a\|x\|\leqslant p(x)\leqslant b\|x\|.$$

建立从 $\mathbb{R}^n$ 闭单位球 $\overline{O(0,1)}$ 到 E 上的映射 T：

$$T(x)=\begin{cases}\dfrac{\|x\|}{p(x)}x, & x\neq 0,\\ 0, & x=0,\end{cases}$$

易验证 T 为同胚映射，因此 E 同胚于 $\mathbb{R}^n$ 中的闭单位球.

28. **证明**　记

$$M=\left\{\sum_{i=1}^{n}\lambda_i x_i\,\middle|\,x_i\in E,\ \lambda_i\geqslant 0,\ 1\leqslant i\leqslant n,\ \sum_{i=1}^{n}\lambda_i=1,\ n\geqslant 1,\ n\in\mathbb{N}\right\},$$

由性质 5.5.1 知 M 是包含 E 的一个凸集，所以 $\mathrm{co}E\subseteq M$. 设 S 为凸集且 $E\subseteq S$，下面证明

$M\subseteq S$. 对于 $i=1, 2, \cdots, n$, 令 $x_i\in E$, $\lambda_i\geqslant 0$, $\sum\limits_{i=1}^{n}\lambda_i=1$, 由 $E\subseteq S$ 知 $x_i\in S$, 因为 S 为凸集, 所以 $\sum\limits_{i=1}^{n}\lambda_i x_i\in S$, 即得 $M\subseteq S$, 根据凸包的定义知 $M\subseteq \mathrm{co}E$, 因此 $\mathrm{co}E=M$.

29. **证明** 考虑 $C[a, b]$中的元素 $x(t)$和 $y(t)$, 其中

$$x(t)=1,\ y(t)=\frac{t-a}{b-a},\ t\in[a, b].$$

显然 $x\neq y$, $\|x\|=\max\limits_{a\leqslant t\leqslant b}\{|x(t)|\}=1$, $\|y\|=\max\limits_{a\leqslant t\leqslant b}\{|y(t)|\}=1$, 以及

$$\|x+y\|=\max_{a\leqslant t\leqslant b}\left\{\left|1+\frac{t-a}{b-a}\right|\right\}=\max_{a\leqslant t\leqslant b}\left\{\left|\frac{t+b-2a}{b-a}\right|\right\}=2,$$

因此依据定义知 $C[a, b]$不是严格凸空间.

30. **证明** 假设 $e_1, e_2, \cdots, e_n$ 线性相关, 不妨设 e_j 可由 $e_1, \cdots, e_{j-1}, e_{j+1}, \cdots, e_n$ 线性表示, 即

$$e_j=a_1e_1+\cdots+a_{j-1}e_{j-1}+a_{j+1}e_{j+1}+\cdots+a_ne_n,$$

于是$(k=1, 2, \cdots, n)$

$$(e_k, e_j)=\overline{a_1}(e_k, e_1)+\cdots+\overline{a_{j-1}}(e_k, e_{j-1})+\overline{a_{j+1}}(e_k, e_{j+1})+\cdots+\overline{a_n}(e_k, e_n),$$

所以格拉姆行列式的第 j 列是其他列的线性组合, 即 $G(e_1, e_2, \cdots, e_n)=0$, 因此由

$$G(e_1, e_2, \cdots, e_n)\neq 0$$

可得 $e_1, e_2, \cdots, e_n$ 线性无关.

设$\{e_1, e_2, \cdots, e_n\}$是 H 的线性独立系, 令 $Y=\mathrm{span}\{e_1, e_2, \cdots, e_n\}$, 显然 Y 是 H 的 n 维闭子空间. 依据定理 5.5.4, 知 $\forall x\in H$, 存在唯一的最佳逼近 $y\in Y$, 使得

$$d(x, Y)=\|x-y\|,$$

由投影定理 2.7.3 知 $x-y\perp Y$. 因为 $y\in Y=\mathrm{span}\{e_1, e_2, \cdots, e_n\}$, 所以存在 y 的唯一表示

$$y=a_1e_1+a_2e_2+\cdots+a_ne_n.$$

于是对于 $1\leqslant i\leqslant n$, 有

$$(e_i, x-y)=\left(e_i, x-\sum_{i}^{n}a_ie_i\right)=0,$$

即

$$(e_i, x)-\overline{a_1}(e_i, e_1)-\cdots-\overline{a_n}(e_i, e_n)=0,\ i=1, 2, \cdots, n.$$

令向量 $\vec{b}=((e_1, x), \cdots, (e_i, x), \cdots, (e_n, x))^{\perp}$, 则非齐次方程 $G\vec{w}=\vec{b}$ 存在唯一解

$$\vec{w}=(\overline{a_1}, \overline{a_2}, \cdots, \overline{a_n})^{\perp},$$

其中矩阵 G 表示题目条件中 $G(e_1, e_2, \cdots, e_n)$对应的矩阵, 因此行列式

$$G(e_1, e_2, \cdots, e_n)\neq 0.$$

31. **证明** 设 $z=x-y$, $y=a_1e_1+a_2e_2+\cdots+a_ne_n$, 由投影定理 2.7.3 知 $z\perp y$, 即 $(z, y)=0$, 于是

$$\|z\|^2=(x, z)-(y, z)=(x, x-y)=(x, x)-\left(x, \sum_{i=1}^{n}a_ie_i\right),$$

即

$$-\|z\|^2+(x,x)-\overline{a_1}(x,e_1)-\cdots-\overline{a_n}(x,e_n)=0.$$

对于 $1\leqslant i\leqslant n$，有$(e_i, x-y)=\left(e_i, x-\sum_i^n a_ie_i\right)=0$，即

$$(e_i,x)-\overline{a_1}(e_i,e_1)-\cdots-\overline{a_n}(e_i,e_n)=0,\ i=1,2,\cdots,n.$$

记矩阵 A 为

$$A=\begin{pmatrix}(x,x)-\|z\|^2 & (x,e_1) & \cdots & (x,e_n)\\ (e_1,x)+0 & (e_1,e_1) & \cdots & (e_1,e_n)\\ \vdots & \vdots & & \vdots\\ (e_n,x)+0 & (e_n,e_1) & \cdots & (e_n,e_n)\end{pmatrix},$$

所以齐次方程 $A\vec{w}=\vec{0}$ 存在唯一解 $\vec{w}=(1,\overline{a_1},\overline{a_2},\cdots,\overline{a_n})^{\perp}$，于是行列式$|A|=0$，即

$$\begin{aligned}|A|&=\begin{vmatrix}(x,x) & (x,e_1) & \cdots & (x,e_n)\\ (e_1,x) & (e_1,e_1) & \cdots & (e_1,e_n)\\ \vdots & \vdots & & \vdots\\ (e_n,x) & (e_n,e_1) & \cdots & (e_n,e_n)\end{vmatrix}+\begin{pmatrix}-\|z\|^2 & (x,e_1) & \cdots & (x,e_n)\\ 0 & (e_1,e_1) & \cdots & (e_1,e_n)\\ \vdots & \vdots & & \vdots\\ 0 & (e_n,e_1) & \cdots & (e_n,e_n)\end{pmatrix}\\ &=G(x,e_1,e_2,\cdots,e_n)-\|z\|^2G(e_1,e_2,\cdots,e_n)\\ &=0,\end{aligned}$$

因此

$$\|x-y\|^2=\|z\|^2=\frac{G(x,e_1,e_2,\cdots,e_n)}{G(e_1,e_2,\cdots,e_n)}.$$

32. **证明**　令 $x\in M$，因为M是凸集及$\mathbf{0}\in M$，所以 $\forall\mu\in[0,1]$，$\mu x\in M$，于是 $\forall\lambda\geqslant1$，$\lambda^{-1}x\in M$，即 $p(x)\leqslant1$.

令 $p(x)\leqslant1$ 时，不妨设 $x\neq0$，由 $p(x)$ 的定义可得 $p(x)>0$，且对于任意$\varepsilon>0$，存在于$\lambda>0$，使得

$$\lambda\geqslant p(x)+\varepsilon,\ \lambda^{-1}x\in M.$$

由于 M 是闭集，当 $\varepsilon\to0$ 时可得 $p(x)^{-1}x\in M$，因为 M 是凸集，$\mathbf{0}\in M$，$p(x)^{-1}\geqslant1$，所以

$$x=(1-p(x))0+p(x)[p(x)^{-1}x]\in M.$$

因此 $M=\{x\mid x\in X,\ p(x)\leqslant1\}$.

33. **证明**　若 $x\in X$ 且 $p(x)<1$，则由 Minkowski 泛函定义知，存在 $0<\lambda_0<1$，使得$\frac{1}{\lambda_0}x\in M$，于是由 M 是凸子集知

$$x=\lambda_0\frac{1}{\lambda_0}x+(1-\lambda_0)\theta\in M,$$

即

$$\{x\mid x\in X,\ p(x)<1\}\subset M.$$

34. **证明**　首先证明 $\mathrm{int}C\subset\{x\mid x\in X,\ p(x)<1\}$. 当 $x=\theta$ 时，$p(\theta)=0<1$. 当

$x \in \mathring{C}$ 且 $x \neq \theta$，则存在 $\delta > 0$，使得 $O(x, \delta) \subset C$. 显然 $\left\| \left(x + \frac{\delta}{2\|x\|}x\right) - x \right\| = \frac{\delta}{2}$，记

$$y = x + \frac{\delta}{2\|x\|}x = \frac{2\|x\| + \delta}{2\|x\|}x,$$

则 $y \in O(x, \delta)$，即 $\frac{2\|x\| + \delta}{2\|x\|}x \in C$. 由 Minkowski 泛函定义知

$$p(x) \leqslant \frac{2\|x\|}{2\|x\| + \delta} < 1.$$

其次证明 $\{x \mid x \in X, p(x) < 1\} \subset \mathrm{int}C$. 当 $p(x) < 1$ 时，由性质 5.6.4 知 $x \in C$. 取 $\varepsilon = 1 - p(x)$，由性质 5.6.4 知存在 $\delta > 0$，使得当 $\|y - x\| < \delta$ 时，

$$|p(y) - p(x)| < \varepsilon,\ p(y) = |p(y)| = |p(y) - p(x) + p(x)| < \varepsilon + |p(x)| = 1.$$

由性质 5.6.4 知 $y \in C$. 所以 $O(x, \delta) \subset C$，即 $x \in \mathrm{int}C$.

35. **证明** 令 $C = E - F = \{x - y \mid x \in E, y \in F\}$，则 $\theta \notin C$ 且可验证 C 为 X 的非空凸子集. 不妨设 $x_0 \in \mathring{E}$，则存在 $\delta > 0$，使得 $O(x_0, \delta) \subset E$. 于是任取 $y \in F$，有

$$O(x_0 - y, \delta) \subset C,$$

即 $x_0 - y \in \mathring{C}$.

由推论 5.7.1 知，存在 $f \in X^*$ 及 $\beta \in \mathbb{R}$，使得 $\forall x \in E, y \in F$ 有

$$f(x - y) \leqslant \beta \leqslant f(\theta) = 0,$$

于是 $\forall x \in E, y \in F, f(x) \leqslant f(y)$. 令

$$\alpha \in [\sup\{f(x) \mid x \in E\},\ \inf\{f(y) \mid y \in F\}],$$

则存在 $f \in X^*$ 及 $\alpha \in \mathbb{R}$，使得 P_f^α 分离 E 和 F.

36. **证明** 记 C 上的正交投影算子为 P_C，令

$$u = x - P_C x,$$

则 $u \in C^{\perp}$. 因为 $x \in H \backslash C$，所以 $u \neq \theta$，于是 $\forall y \in C$，有

$$y - x + u = y - P_C x \in C,$$

所以

$$0 = (y - x + u, u) = (y, u) - (x, u) + \|u\|^2,$$

即 $(y, u) = (x, u) - \|u\|^2 < (x, u)$，因此 C 和 $\{x\}$ 强可分.

37. **证明** 由于 $C \cap D = \phi$ 且 $C - D = \{x - y \mid x \in C, y \in D\}$，所以 $\theta \notin C - D$. 由习题 36 的结论知 $C - D$ 和 $\{\theta\}$ 强可分. 于是存在非零元素 $u \in H$，使得

$$\sup_{x \in C,\, y \in D}\{(x, u) - (y, u)\} = \sup_{x \in C,\, y \in D}\{(x - y, u)\} < (\theta, u) = 0,$$

于是有 $\sup\limits_{x \in C}\{(x, u)\} < \inf\limits_{y \in D}\{(y, u)\}$，因此 C 和 D 强可分.

38. **证明** ① $\forall x_1, x_2 \in C$，$\forall y_1, y_2 \in D$，$0 \leqslant \alpha \leqslant 1$，因为

$$\alpha(x_1 - y_1) + (1 - \alpha)(x_2 - y_2) = [\alpha x_1 + (1 - \alpha)x_2] - [\alpha y_1 + (1 - \alpha)y_2] \in C - D,$$

所以 $C - D$ 为凸集.

② 设 $z \in \overline{C - D}$，即存在 $z_n = x_n - y_n \in C - D$，使得 $\lim\limits_{n \to \infty} z_n = z$，其中 $x_n \in C$、$y_n \in D$.

因为 D 是列紧集，所以 $\{y_n\}$ 存在收敛子列 $y_{n_k} \to y_0 \in D(k \to \infty)$. 于是

$$x_{n_k} = z_{n_k} + y_{n_k} \to z + y_0 (k \to \infty).$$

因为 C 是闭集，所以 $x_0 = z + y_0 \in C(k \to \infty)$，于是点列

$$z_{n_k} = x_{n_k} - y_{n_k} \to z = x_0 - y_0 \in C - D(k \to \infty).$$

所以 $z \in C - D$，即 $C - D = \overline{C - D}$，$C - D$ 是闭集.

因此依据习题 37 的结论知，C 和 D 强可分.

39. **证明**　(1) 设 f 是定义在开区间 $I = (0, 1)$ 上的有界实函数，记

$$\omega_f(I) = \sup_{x \in I}\{f(x)\} - \inf_{x \in I}\{f(x)\}, \omega_f(x_0) = \inf\{\omega_f(J) \mid x_0 \in J \subseteq I, J \text{ 为开区间}\}.$$

首先证明 ① f 在点 x_0 处连续当且仅当 $\omega_f(x_0) = 0$；② $\forall \varepsilon > 0$，$\{x \in I \mid \omega_f(x) < \varepsilon\}$ 是开集.

① 设函数 f 在点 x_0 处连续，由连续定义知 $\forall \varepsilon > 0$，$\exists \delta > 0$，使得当 $|x - x_0| < \delta$ 时，有 $|f(x) - f(x_0)| < \varepsilon$. 于是

$$\omega_f(x_0) \leqslant \omega_f(x_0 - \delta, x_0 + \delta) < \varepsilon,$$

因此 $\omega_f(x_0) = 0$.

设 $\omega_f(x_0) = 0$，则 $\forall \varepsilon > 0$，存在一个开区间 $J \subseteq I$，$x_0 \in J$，满足 $\omega_f(J) < \varepsilon$. 于是 $\exists \delta > 0$，使得 $(x_0 - \delta, x_0 + \delta) \subseteq J$，当 $|x - x_0| < \delta$ 时，有

$$|f(x) - f(x_0)| \leqslant \omega_f(x_0 - \delta, x_0 + \delta) \leqslant \omega_f(J) < \varepsilon.$$

因此函数 f 在点 x_0 处连续.

② $\forall \varepsilon > 0$，设 $x_0 \in \{x \in I \mid \omega_f(x) < \varepsilon\}$. 令 J 是含有 x_0 的一个开区间并满足 $\omega_f(J) < \varepsilon$. 对于任意的 $y \in J$，有 $\omega_f(y) \leqslant \omega_f(J) < \varepsilon$，所以

$$J \subseteq \{x \in I \mid \omega_f(x) < \varepsilon\},$$

因此 $\{x \in I \mid \omega_f(x) < \varepsilon\}$ 是开集.

(2) 假设存在函数 f 在开区间 $(0, 1)$ 上的有理数点处连续，无理数点处不连续，由上述 (1) 的结论知

$$U_n = \left\{x \in (0, 1) \mid \omega_f(x) < \frac{1}{n}\right\} \ (n = 1, 2, \cdots)$$

是开集. 当 $x_0 \in \bigcap_{n=1}^{\infty} U_n$ 时，有 $\omega_f(x_0) = 0$，所以

$$\bigcap_{n=1}^{\infty} U_n = \mathbb{Q} \cap (0,1).$$

由于有理数在 $(0, 1)$ 上稠密，并注意到 $\mathbb{Q} \cap (0, 1) \subseteq U_n$，所以 U_n 在 $(0, 1)$ 上也稠密. 令 $V_n = (0, 1) \backslash U_n$，则

$$\bigcup_{n=1}^{\infty} V_n = \bigcup_{n=1}^{\infty} [(0, 1) \backslash U_n] = (0, 1) \backslash \bigcap_{n=1}^{\infty} U_n = (0, 1) \backslash \mathbb{Q},$$

由 $\mathbb{Q} \cap (0, 1) \subseteq U_n$，易验证 V_n 是稀疏集. 记 $\mathbb{Q} \cap (0, 1) = \{r_1, r_2, \cdots, r_n, \cdots\}$，于是

$$[0, 1] = \{0\} \cup \{1\} \cup V_1 \cup \{r_1\} \cup V_2 \cup \{r_2\} \cup \cdots \cup V_n \cup \{r_n\} \cup \cdots,$$

所以 $[0, 1]$ 是由稀疏集的并构成，这与 Baire 定理 3.6.3 相矛盾，故命题得证.

40. **证明**　设 $r > 0$，记线性赋范空间 X 中的开球和闭球为

$$O(\theta, r)_X = \{x \in X \mid \|x\| < r\}, \overline{O}(\theta, r)_X = \{x \in X \mid \|x\| \leqslant r\}.$$

因为 T 是开映射，所以单位球 $O(\theta, 1)_X$ 的像 $T[O(\theta, 1)_X]$ 为包含零元素 θ 的开集，于是 $\forall y \in Y$，存在 $\alpha \in \mathbb{R}$，使得 $\alpha y \in T[O(\theta, 1)_X]$，因此存在 $x \in O(\theta, 1)_X$，使得 $Tx = \alpha y$，可得 T 是满射.

记 $L = \{Tx \mid x \in X, \|x\| \leqslant 1\}$，易验证若 $p \in \overline{L}$，则 $-p \in \overline{L}$；若 $y_1, y_2 \in \overline{L}$，则 $\frac{1}{2}(y_1 + y_2) \in \overline{L}$. 下面证明 $O(\theta, \lambda)_Y \subseteq \overline{L}$. 因为 T 是满射，所以 $\forall y \in Y$，存在 $x \in X$，使得 $Tx = y$. 于是知 $y \in \|x\| L$，因此

$$Y = \bigcup_{n=1}^{\infty} n\overline{L}.$$

依据 Baire 纲定理 3.6.3，存在 $N \in \mathbb{N}$，使得 $N\overline{L}$ 含有开球，所以 $\overline{L}$ 含有开球. 因此存在 $p \in \overline{L}$ 和 $t > 0$，使得

$$p + O(\theta, t)_Y \subseteq \overline{L}.$$

令 $y \in O(\theta, t)_Y$，则 $p + y \in \overline{L}$. 因为 $-p \in \overline{L}$，$-O(\theta, t)_Y = O(\theta, t)_Y$，所以 $-p + O(\theta, t)_Y \subseteq \overline{L}$，可得 $y - p \in \overline{L}$，于是

$$y = \frac{1}{2}[(p + y) + (y - p)] \in \overline{L},$$

所以 $O(\theta, t)_Y \subseteq \overline{L}$，令 $\lambda = \frac{1}{2}t$，可得 $O(\theta, \lambda)_Y \subseteq \overline{L}$. 即

$$\left\{y \in Y \,\middle|\, \|y\| \leqslant \lambda\right\} \subseteq \overline{\{Tx \mid x \in X, \|x\| \leqslant 1\}}.$$

41. **证明** 记 $O(\theta, r)_X = \{x \in X \mid \|x\| < r\}$，$L = \{Tx \mid x \in X, \|x\| \leqslant 1\}$. 由习题 40 的结论知，存在 $\lambda > 0$，使得

$$\{y \in Y \mid \|y\| \leqslant 2\lambda\} \subseteq \overline{\{Tx \mid x \in X, \|x\| \leqslant 1\}},$$

于是 $\overline{O}(\theta, \lambda)_Y \subseteq \overline{L}$. 令 $y \in \overline{O}(\theta, \lambda)_Y$，因为 $\|2y\| \leqslant 2\lambda$，所以存在 $w_1 \in L$，使得

$$\|2y - w_1\| < \lambda.$$

因为 $\|2^2 y - 2w_1\| < 2\lambda$，即 $2^2 y - 2w_1 \in \overline{O}(\theta, 2\lambda)_Y \subseteq \overline{L}$，所以存在 $w_2 \in L$，使得

$$\|2^2 y - 2w_1 - w_2\| < \lambda.$$

以此类推，存在点列 $\{w_n\} \subseteq L$，使得 $\forall n \in \mathbb{N}$，有

$$\|2^n y - 2^{n-1} w_1 - 2^{n-2} w_2 - \cdots - w_n\| < \lambda.$$

于是 $\left\| y - \sum_{j=1}^{n} 2^{-j} w_j \right\| < 2^{-n}\lambda$，所以 $y = \sum_{j=1}^{\infty} 2^{-j} w_j$. 由 $w_n \in L$ 知存在 $x_n \in \overline{O}(\theta, 1)_X$，使得 $w_n = Tx_n$，其中 $n = 1, 2, \cdots$. 令 $s_n = \sum_{j=1}^{n} 2^{-j} x_j$，因为

$$\left\| \sum_{j=1}^{\infty} 2^{-j} x_j \right\| \leqslant \sum_{j=1}^{\infty} 2^{-j} = 1,$$

所以 $\{s_n\}$ 是柯西列，即 $\sum_{j=1}^{\infty} 2^{-j} x_j$ 收敛到 $x \in \overline{O}(\theta, 1)_X$. 于是

$$Tx = T\left(\sum_{j=1}^{\infty} 2^{-j} x_j \right) = \sum_{j=1}^{\infty} 2^{-j} T(x_j) = \sum_{j=1}^{\infty} 2^{-j} w_j = y,$$

因此 $y \in L$，即 $\{y \in Y \mid \|y\| \leqslant \lambda\} \subseteq \{Tx \mid x \in X, \|x\| \leqslant 1\}$.

42. **证明**　令 $Y=A\times B$ 是 A 和 B 的乘积空间，$(a,b)\in A\times B$ 范数定义为

$$\|(a,b)\|=\|a\|+\|b\|.$$

因为 A 和 B 是 Banach 空间的闭子空间，所以 $Y=A\times B$ 是 Banach 空间. 令

$$\varphi(a,b)=a+b:Y\to X,$$

由 $\|\varphi(a,b)\|=\|a+b\|\leqslant\|(a,b)\|$ 知 φ 连续，由 $X=A\oplus B$ 知 φ 是满射. 当

$$\varphi(a,b)=\theta\in X$$

时，意味着 $a+b=\theta$，即 $a=-b\in A$，因为 $b\in B$，B 是子空间，所以 $a=-b\in B$，由 $X=A\oplus B$ 知 $A\cap B=\{\theta\}$，所以 $a=b=\theta$，即 φ 是单射. 由逆算子定理 3.7.2 和定理 3.7.3 知，存在大于零的常数 $\lambda<\infty$，使得

$$\|(a,b)\|\leqslant\lambda\|\varphi(a,b)\|=\lambda\|a+b\|=\lambda\|x\|,$$

其中 $x=a+b$，即 $\|a\|+\|b\|\leqslant\lambda\|x\|$.

符 号 说 明

$d(x, y)$	x 和 y 两点间的距离
$O(x_0, \delta)$	x_0 的一个 δ 邻域
$\overline{O}(x_0, \delta)$	x_0 为中心、δ 为半径的闭球
$\mathrm{int}G$	集合 G 的内部
G° 或 $\mathring{G}$	集合 G 的内部
F^C 或 $X\backslash F$	集合 F 的补集
$G\backslash F$	集合的差
A'	集合 A 的导集
$\overline{A}$	集合 A 的闭包
$\mathrm{cl}A$	集合 A 的闭包
∂A	集合 A 的边界
(X, d)	度量空间
(X, τ)	拓扑空间
τ	拓扑空间中的开集族
$\{x_n\}$	点列
$\mathbb{N}$	自然数集
$\mathbb{R}$	实数集
$\mathbb{C}$	复数集
$\mathbb{F}$	实数集 $\mathbb{R}$ 或复数集 $\mathbb{C}$
$\mathbb{Q}$	有理数集
$\mathbb{Q}^C$	无理数集
$A\times B$	集合的笛卡尔积
$d(x, A)$	点 x 到集合 A 的距离
$\mathrm{dia}\ A$	集合 A 的直径
$f: X\to Y$	度量空间之间的映射
$A\subseteq B$	A 是 B 的子集
$A\subset B$	A 是 B 的子集(或真子集)
$X\cong Y$	空间 X 与 Y 同构
$\hat{X}$	X 的完备化空间
$\mathbb{R}^n$	n 维欧氏空间
l^p	p 次幂可和数列空间

l^{∞}	有界数列空间
$P_0[a, b]$	有理数系数多项式函数空间
$P[a, b]$	实系数多项式函数空间
$C[a, b]$	连续函数空间
$B[a, b]$	有界可测函数空间
$L^p[a, b]$	p 次幂可积函数空间
$f \circ g$	映射、泛函或算子的合成
$d(E, F)$	两个子集 E 和 F 的距离
ϕ	空集
θ 或 $\mathbf{0}$ 或 0	空间的零元素
$f^{-1}(F)$	集合 F 的原像
Λ	指标集
$\\|x\\|$	x 的范数
$(X, \\|\\|)$	线性赋范空间或 B^* 空间
$\mathrm{span}E$	集合 E 的线性张
$\overline{\mathrm{span}E}$	集合 E 的闭线性张
X/V	X 关于 V 的商空间
(x, y)	x 与 y 的内积
$x \perp y$	x 与 y 正交或垂直
$A \perp B$	集合 A 与 B 正交
$M^{\perp}$	子集 M 的正交补
$M + N$	子空间 M 与 N 的和
$M - N$	子空间 M 与 N 的差
$M \oplus N$	子空间 M 与 N 的直和
$D(T)$	算子 T 的定义域
$R(T)$	算子 T 的值域
$\ker(T)$	算子 T 的零空间或核
$L(X \to Y)$	线性算子空间
$B(X \to Y)$	线性有界算子空间
$B(X)$	X 上的线性有界算子空间
$\\|T\\|$	算子 T 的范数
T^n	算子 T 的 n 次幂($n \in \mathbb{N}$)
P_M	M 上的正交投影算子
X^*	X 的对偶空间
T^{-1}	算子 T 的逆算子
I_X	X 上的恒等算子
$G(T)$	算子 T 的图像
$w - \lim\limits_{n \to \infty} x_n = x$	$\{x_n\}$ 弱收敛到 x
$w^* - \lim\limits_{n \to \infty} f_n = f$	$\{f_n\}$ 弱 * 收敛于 f

$\rho(T)$	算子 T 的预解集或正则集
$R_\lambda(T)$	算子 T 的预解算子
$\sigma(T)$	算子 T 的谱集
$\sigma_p(T)$	算子 T 的点谱
$\sigma_r(T)$	算子 T 的剩余谱
$\sigma_c(T)$	算子 T 的连续谱
$\sigma_a(T)$	算子 T 的近似点谱
$r_\sigma(T)$	算子 T 的谱半径
T^*	算子 T 的伴随算子
$r_\omega(T)$	算子 T 的数值半径
$K(X \to Y)$	紧算子集合
$E(\lambda)$	特征 λ 对应的特征子空间
$V_f(\pi)$	f 关于划分 π 的变差函数
$V_a^b(f)$	f 在$[a,b]$上的全变差
$V[a,b]$	有界变差函数集
$\int_a^b f(x)\mathrm{d}w(x)$	f 关于 w 的 R-S 积分
P_f^α	$f^{-1}(\alpha)$ 形成的超平面
$P_\leqslant, P_\geqslant, P_<, P_>$	半空间
$x^\perp$	向量 x 的转置
$\mathrm{co}A$	集合 A 的凸包
$G(e_1, e_2, \cdots, e_n)$	格拉姆行列式

参 考 文 献

[1] 杨有龙. 泛函分析引论. 西安：西安电子科技大学出版社，2018.

[2] 汪林. 泛函分析中的反例. 北京：高等教育出版社，2014.

[3] 黎永锦. 泛函分析的问题与反例. 北京：科学出版社，2019.

[4] KRISHNAN.V.K. 泛函分析习题集. 步尚全，方宜，译. 北京：清华大学出版社，2008.

[5] 克里洛夫 A A，格维沙尼 A Д. 泛函分析理论习题解答. 陈光荣，刘吉善，孟伯秦，等译. 沈阳：辽宁大学出版社，1987.

[6] 徐森林，薛春华. 泛函分析学习指导. 合肥：中国科学技术大学出版社，2016.

[7] 程其襄，张奠宙，胡善文，等. 实变函数与泛函分析基础.4 版. 北京：高等教育出版社，2019.

[8] 郭坤宇. 算子理论基础. 上海：复旦大学出版社，2014.

[9] 孙清华，侯谦民，孙昊. 泛函分析内容、方法和技巧. 武汉：华中科技大学出版社，2005.

[10] 黄振友. 泛函分析. 南京：东南大学出版社，2019.

[11] 张世清. 泛函分析及其应用. 北京：科学出版社，2018.

[12] 时宝，王兴平，盖明久. 实用泛函分析基础. 北京：国防工业出版社，2016.

[13] 刘培德. 拓扑线性空间与算子谱理论. 北京：高等教育出版社，2013.

[14] CONWAY J B. A Course in Functional Analysis. 2nd ed. Berlin：Springer，1990.

[15] TAYLOR A E，LAY D C. Introduction to functional analysis. 2nd ed. New York：John Wiley & Sons，Inc.，1980.

[16] ZEIDLER E. Applied Functional Analysis：Applications to Mathematical Physics. Berlin：Springer，1995.

[17] KREYSZIG E. Introductory Functional Analysis with Applications. New York：John Wiley & Sons，Inc.，1978.

[18] SAXE K. Beginning functional analysis. Berlin：Springer，2001.

[19] RYNNE B P，YOUNGSON M A. Linear Functional Analysis. Berlin：Springer，2008.

[20] RUDIN W. Functional Analysis. 2nd ed. New York：McGraw-Hill Science/Engineering/Math，1991.

[21] COSTARA C，POPA D. Exercises in Functional Analysis. Boston：Kluwer Academic Publishers，2003.

[22] 江泽坚，孙善利. 泛函分析. 2 版. 北京：高等教育出版社，2005.

[23] 童裕孙. 泛函分析教程. 上海：复旦大学出版社，2001.

[24] 张恭庆，林源渠. 泛函分析讲义. 北京：北京大学出版社，2006.

[25] 姚泽清，苏晓冰，郑琴，等. 应用泛函分析. 北京：科学出版社，2007.

[26] 孙炯，王万义，赫建文. 泛函分析. 北京：高等教育出版社，2010.

[27] 孙永生，王昆扬. 泛函分析讲义. 2 版. 北京：北京师范大学出版社，2007.

[28] 夏道行，严绍宗，舒五昌，等. 泛函分析第二教程. 2 版. 北京：高等教育出版社，2008.
[29] 关肇直，张恭庆，冯德兴. 线性泛函分析入门. 上海：上海科学技术出版社，1978.
[30] ZEIDLER E. Applied Functional Analysis：Main Principles and Their Applications. New York：Springer-Verlag，1995.
[31] 定光桂，王芝. 泛函分析选讲. 天津：南开大学出版社，1992.
[32] 林源渠. 泛函分析学习指南. 北京：北京大学出版社，2009.
[33] 王声望，郑维行. 实变函数与泛函分析. 3 版. 北京：高等教育出版社，2005.
[34] 吕和祥，王天明. 实用泛函分析. 大连：大连理工大学出版社，2011.
[35] 王日爽. 泛函分析与最优化理论. 北京：北京航空航天大学出版社，2003.
[36] KUBRUSLY C S. Spectral Theory of Operators on Hilbert Spaces. Basle：Birkhäuser，2012.
[37] 徐景实，林诗游. 泛函分析引论. 北京：机械工业出版社，2014.
[38] 肖建中，朱杏花. 实分析与泛函分析习题详解. 北京：清华大学出版社，2011.
[39] 胡适耕. 应用泛函分析. 北京：科学出版社，2003.
[40] BERBERIAN S K. Lectures in Functional and Analysis and Operator Theory. Berlin：Springer，1974.
[41] 赵连阔，冯丽霞. 泛函分析初步教程. 合肥：中国科学技术大学出版社，2019.
[42] HIGDON J S. A Note on Hamel Bases. Knoxville：University of Tennessee，2008.
[43] OIKHBERG T，ROSENTHAL H. A Metric Characterization of Normed Linear Spaces. Journal of Mathematics，2007，37(2).
[44] ROLEWICZ S. Metric Linear Spaces. Warszawa：Polish Scientific Publishers，1985.
[45] ALABISO C，WEISS I. A Primer on Hilbert Space Theory. Berlin：Springer，2015.
[46] BAUSCHKE H H，COMBETTES P L. Convex Analysis and Monotone Operator Theory in Hilbert Spaces. Berlin：Springer，2011.